新世纪高校机械工程规划教材

机电一体化系统设计

主　编　姜培刚　盖玉先
副主编　王增才　董爱梅
参　编　战卫侠

机 械 工 业 出 版 社

本书以机械为基础，以机电结合为重点进行编写。主要内容包括：绪论、机械系统设计、传感器检测及其接口电路、控制电动机及其选择计算、工业控制计算机及其接口技术、机电一体化系统设计及应用举例。本书最大特色是以典型的机电一体化系统设计实例为例，详细介绍了机电一体化系统设计的思想和方法，力求使读者对机电一体化有全面的认识，系统地掌握机电一体化系统设计的基本原理和方法。

本书可作为高等院校机械类各专业高年级本科生、研究生教材，同时也可供相关专业技术人员与研究人员的参考书。

图书在版编目（CIP）数据

机电一体化系统设计/姜培刚，盖玉先主编. —北京：机械工业出版社，2003.9（2020.1重印）
新世纪高校机械工程规划教材
ISBN 978-7-111-12615-7

Ⅰ. 机…　Ⅱ. ①姜…②盖…　Ⅲ. 机电一体化-系统设计-高等学校-教材　Ⅳ. TH-39

中国版本图书馆CIP数据核字（2003）第060003号

机械工业出版社（北京市百万庄大街22号　邮政编码100037）
策划编辑：高文龙　王世刚
责任编辑：高文龙　版式设计：张世琴　责任校对：李秋荣
封面设计：姚　毅　责任印制：常天培
唐山三艺印务有限公司印刷
2020年1月第1版·第20次印刷
169mm×239mm·15.5印张·296千字
标准书号：ISBN 978-7-111-12615-7
定价：32.00元

凡购本书，如有缺页、倒页、脱页，由本社发行部调换

电话服务
服务咨询热线：010-88379833
读者购书热线：010-88379649

网络服务
机 工 官 网：www.cmpbook.com
机 工 官 博：weibo.com/cmp1952
教育服务网：www.cmpedu.com
金 书 网：www.golden-book.com

前　　言

机电一体化是多学科领域综合交叉的技术密集型系统工程，它是融合检测传感技术、信息处理技术、自动控制技术、伺服驱动技术、精密机械技术、计算机技术和系统总体技术等多种技术于一体的新兴综合性学科。随着机电一体化技术的产生与发展，在世界范围内掀起的机电一体化热潮，使机电一体化越来越显示出强大的威力，它使机械产品向着高技术密集——机电一体化的方向发展。当前，以柔性自动化为主要特征的机电一体化技术发展迅速，水平越来越高。任何一个国家、地区、企业如不拥有这方面的人才、技术和生产手段，就不具备国际、国内竞争所必须的基础。要彻底改变目前我国机械工业面貌，缩短与国外先进国家的差距，必须走发展机电一体化技术之路，这也是当代机械工业发展的必然趋势。

机电一体化的优势在于从系统、整体的角度出发，将各相关技术协调综合运用而取得整体优化效果，因此在机电一体化系统设计开发的过程中，特别强调技术融合和学科交叉的作用。面对着机械工业向机电一体化方向快速发展，作为培养这方面高级技术人才的高等院校就不应仅限于向学生分离的介绍机械技术、微电子技术、计算机技术等机电一体化共性基础知识，还应在此基础上系统设计的角度出发，通过《机电一体化系统设计》专业课教学及相应实践教学环节，使学生真正了解和掌握机电一体化的实质及其系统设计的理论和方法。只有这样，才能使学生能真正灵活地运用相关技术进行机电一体化产品的分析、设计与开发，达到知识能力结构的统一。

本书是为了适应高校机械类各专业及其他相近专业的《机电一体化系统设计》教学要求而编写。作为教材，编者在文字叙述上力求深入浅出，循序渐进；在内容安排上既注意了基础理论、基本概念的系统性阐述，同时也考虑到工程设计人员的实际需要，在介绍各种设计方法时尽可能具体实用。本书共分六章，主要内容包括：绪论、机械系统设计、检测传感器及其接口电路、控制电动机及其选择与计算、工业控制计算机系统及其接口技术、机电一体化系统设计及应用举例。

本书由姜培刚、盖玉先担任主编，哈尔滨工业大学盖玉先编写第一、二章，山东科技大学王增才、青岛理工大学战卫侠编写第三章，青岛理工大学姜培刚编写第四章、第六章，青岛理工大学姜培刚、战卫侠和山东理工大学董爱梅编写第五章。全书由姜培刚承担修改统稿工作。

由于编者水平和经验有限，加之时间仓促，书中定有错误疏漏之处，敬请读者批评指正。

编者

目　　录

第一章 绪 论

第一节 机电一体化的定义

机电一体化一词（メカトロニクス（Mechatronics））最早（1971 年）起源于日本。它取英语 Mechanics（机械学）的前半部和 Electronics（电子学）的后半部拼合而成，字面上表示机械学和电子学两个学科的综合，在我国通常称为机电一体化或机械电子学。但是机电一体化并不是机械技术和电子技术的简单叠加，而是有着自身体系的新型学科。

目前，人们对机电一体化存在不同的认识，随着生产和科学技术的发展，机电一体化本身的含义还在赋予新的内容。因此，机电一体化这一术语尚无统一的定义，其基本概念和涵义可概括为：机电一体化是在微型计算机为代表的微电子技术、信息技术迅速发展，向机械工业领域迅猛渗透，机械电子技术深度结合的现代工业的基础上，综合应用机械技术、微电子技术、信息技术、自动控制技术、传感测试技术、电力电子技术、接口技术和软件编程技术等群体技术，从系统的观点出发，根据系统功能目标和优化组织结构目标，以智能、动力、结构、运动和感知组成要素为基础，对各组成要素及其间的信息处理、接口耦合、运动传递、物质运动、能量变换机理进行研究使得整个系统有机结合与综合集成，并在系统程序和微电子电路的有序信息流控制下，形成物质和能量的有规则运动，在高功能、高质量、高精度、高可靠性、低能耗意义上实现多种技术功能复合的最佳功能价值系统工程技术。

机电一体化的产生与迅速发展的根本原因在于社会的发展和科学技术的进步。系统工程、控制论和信息论是机电一体化的理论基础，也是机电一体化技术的方法论。微电子技术的发展，半导体大规模集成电路制造技术的进步，则为机电一体化技术奠定了物质基础。机电一体化技术的发展有一个从自发状况向自为方向发展的过程。早在机电一体化这一概念出现之前，世界各国从事机械总体设计、控制功能设计和生产加工的科技工作者，已为机械与电子的有机结合自觉不自觉的做了许多工作，目前人们对机电一体化的认识早已不是机械技术、微电子技术以及其它新技术的简单组合，而是有机的相互结合或融合，是有其客观规律的。以汽车工业为例，20 世纪 60 年代开始研究在汽车产品中应用电子技术，20 世纪 70 年代前后实现了充电机电调压器和点火装置的集成电路化以及电子控制的燃料喷射装置。20 世纪 70 年代后期，由于计算机的发展，使汽车产品的机电一体化进入实用阶段。从汽车发动机系统看，安装在汽车上的微型计算机可以通过各个传感器检测出曲轴位置、气缸负压、冷却水温度、发动机转速、吸入空气量、排气中的氧浓度等参量，然后计算并发出最佳控制信号，控制执行机构调整发动机燃油与空气的混合比例、点火时间等，使发动机获得最佳技术经济性能。微电子控制是汽车工业的产品技术改造的重要领域，电子技术和产品将会越来越广泛的应用到汽车发动机、悬架、转向、制动等各个部位，机电一体化技术将在高速、安全可靠、操作方便、乘坐舒适、低油耗、少污染及易于维修等方面大幅度提高现代汽车的技术性能。

第二节　机电一体化系统的基本功能要素

机电一体化系统的形式多种多样，其功能也各不相同。一个较完善的机电一体化系统，应包括以下几个基本要素：机械本体、动力单元、传感检测单元、执行单元、驱动单元、控制及信息处理单元，各要素和环节之间通过接口相联系。这些基本要素的关系及功能如图 1-1 所示。

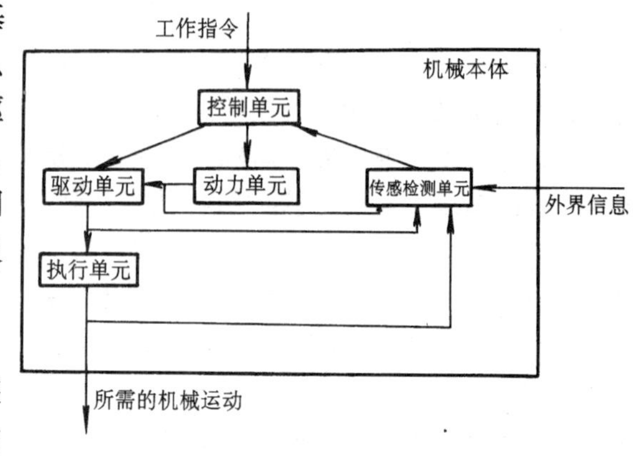

图 1-1　机电一体化系统的组成及工作原理

一、机械本体

机械本体包括机械传动装置和机械结构装置。其主要功能是使构造系统的各子系统、零部件按照一定的空间和时间关系安置在一定位置上，并保持特定的关系。由于机电一体化产品技术性能、水平和功能的提高，机械本体需在机械结构、材料、加工工艺性以及几何尺寸等方面适应产品高效、多功能、可靠和节能、小型、轻量、美观等要求。

二、动力单元

动力单元的功能是按照机电一体化系统的控制要求，为系统提供能量和动力以保证系统正常运行。机电一体化系统的显著特征之一，是用尽可能小的动力输入获得尽可能大的功能输出。

三、传感检测单元

传感检测单元的功能是对系统运行过程中所需要的本身和外界环境的各种参数及状态进行检测，并转换成可识别信号，传输到控制信息处理单元，经过分析、处理产生相应的控制信息。传感器检测单元通常由专门的传感器和仪器仪表组成。

四、执行单元

执行单元的功能是根据控制信息和指令完成所要求的动作。执行单元是运动部件，一般采用机械、电磁、电液等方式将输入的各种形式的能量转换为机械能。根据机电一体化系统的匹配性要求，需要考虑改善执行机构的工作性能，如提高刚性、减轻重量、实现组件化、标准化和系列化，以提高系统整体工作可靠性等。

五、驱动单元

驱动单元的功能是在控制信息作用下，驱动各种执行机构完成各种动作和功能。机电一体化系统一方面要求驱动单元具有高效率和快速响应等特性，同时又要求其对水、油、温度、尘埃等外部环境的适应性和可靠性。由于几何上、动作范围狭窄等限制，还需考虑维修方便和实行标准化。由于电力电子技术的高度发展，高性能步进电动机、直流和交流伺服驱动电动机将大量应用于机电一体化系统。

六、控制与信息处理单元

控制与信息处理单元是机电一体化系统的核心单元。其功能是将来自各传感器的检测信息和外部输入命令进行集中、存储、分析、加工，根据信息处理结果，按照一定的程序发出相应的控制信号，通过输出接口送往执行机构，控制整个系统有目的地运行，并达到预期的性能。控制与信息处理单元一般由计算机、可编程控制器（PLC）、数控装置以及逻辑电路等组成。

七、接口

接口的作用是将各要素或子系统连接成为一个有机整体，使各个功能环节有目的地协调一致运动，从而形成机电一体化的系统工程。如上所述，机电一体化系统由许多要素或子系统组成，各子系统之间必须能够顺利地进行物质、能量和信息的传递和交换，为此，各要素或各子系统相接处必须具备一定的连接部件，这个部件就可称为接口，其基本功能主要有三个：一是变换，在需要进行信息交换和传输的环节之间，由于信号的模式不同（如数字量与模拟量、串行码和并行码、连续脉冲与序列脉冲等），无法直接实现信息或能量的交流，通过接口完成信号或能量的转换、统一；二是放大，在两个信号强度相差悬殊的环节间，经接口放大，达到能量匹配；三是传递，变换和放大后的信号在环节间能可靠、快速、准确地交换，必须遵循协调一致的时序、信号格式和逻辑规范。接口具有保证信息传递的逻辑控制功能，使信息按规定模式进行传递。

第三节　机电一体化的相关技术

机电一体化是多学科技术领域综合交叉的技术密集型系统工程。其主要的相关技术可以归纳为六个方面：机械技术、传感检测技术、信息处理技术、自动控制技术、伺服驱动技术和系统总体技术。

一、机械技术

机械技术是机电一体化的基础。机电一体化的机械产品与传统的机械产品的区别在于：机械结构更简单、机械功能更强、性能更优越。现代机械不但要求具有更新颖的结构、更小的体积、更轻的重量，还要求精度更高、刚度更大、动态性能更好。因此，机械技术的出发点在于如何与机电一体化技术相适应，利用其他高新技术来更新概念，实现结构上、材料上、性能上以及功能上的变更。在设计和制造机械系统时除了考虑静态、动态刚度及热变形等问题外，还应考虑采用新型复合材料和新型结构以及新型的制造工艺和工艺装置。

二、传感检测技术

传感检测装置是机电一体化系统的感觉器官，即从待测对象那里获取能反映待测对象特征与状态的信息。它是实现自动控制、自动调节的关键环节，其功能越强，系统的自动化程度就越高。传感检测技术的研究内容包括两方面：一是研究如何将各种被测量（包括物理量、化学量和生物量等）转换为与之成比例的电量；二是研究如何将转换的电信号的加工处理，如放大、补偿、标定变换等。

机电一体化系统要求传感检测装置能快速、准确、可靠地获取信息，与计算机技术相比，传感检测技术发展显得缓慢，难以满足控制系统的要求，因而不少机电一体化系统不能达到满意的效果或无法实现设计要求。大力开展对传感检测技术的研究对于机电一体化技术的发展具有十分重要的意义。

三、信息处理技术

信息处理技术包括信息的交换、存取、运算、判断和决策。实现信息处理的主要工具是计算机，因此信息处理技术与计算机技术是密切相关的。

计算机技术包括计算机的软件技术、硬件技术、网络与通讯技术和数据技术。机电一体化系统中主要采用工业控制机（包括可编程控制器，单、多回路调节器，单片微控制器，总线式工业控制机，分布式计算机测控系统）进行信息处理。计算机应用及信息处理技术已成为促进机电一体化技术发展和变革的最重要因素，信息处理的发展方向是如何提高信息处理的速度、可靠性和智能化程度。人工智能技术、专家系统技术、神经网络技术等都属于计算机信息处理技术的范畴。

四、自动控制技术

自动控制技术的目的在于实现机电一体化系统的目标最佳化。自动控制所依据的理论是自动控制原理（包括经典控制理论和现代控制理论），自动控制技术就是在此理论的指导下对具体控制装置或控制系统进行设计，之后进行系统仿真、现场调试，最后使研制的系统可靠地投入运行。由于控制对象种类繁多，所以自动控制技术的内容极其丰富。机电一体化系统中的自动控制技术主要包括位置控制、速度控制、最优控制、自适应控制、模糊控制、神经网络控制等。

随着计算机技术的高速发展，自动控制技术与计算机技术的结合越来越密切，因而成为机电一体化中十分重要的关键技术。

五、伺服驱动技术

伺服驱动技术就是在控制指令的指挥下，控制驱动元件，使机械的运动部件按照指令要求运动，并具有良好的动态性能。伺服驱动包括电动、气动、液压等各种类型的传动装置。这些传动装置通过接口与计算机相连接，在计算机控制下，带动工作机械做回转、直线以及其它各种复杂运动。伺服驱动技术是直接执行操作的技术，伺服系统是实现电信号到机械动作的转换装置或部件，对机电一体化系统的动态性能、控制质量和功能具有决定性的作用。常见的伺服驱动系统主要有电气伺服（如步进电动机、直流伺服电动机、交流伺服电动机等）和液压伺服（如液压马达、脉冲液压缸等）两类。由于变频技术的进步，交流伺服驱动技术取得突破性进展，为机电一体化系统提供了高质量的伺服驱动单元，极大地促进了机电一体化技术的发展。

六、系统总体技术

系统总体技术是以整体的概念组织应用各种相关技术的应用技术。即从全局的角度和系统的目标出发，将系统分解为若干个子系统，从实现整个系统技术协调的观点来考虑每个子系统的技术方案，对于子系统与子系统之间的矛盾或子系统和系统整体之间的矛盾都要从总体协调的需要来选择解决方案。机电一体化系统是一个技术综合体，它利用系统总体技术将各有关技术协调配合、综合运用而达到整体系统的最佳化。

第四节　机电一体化系统设计的目标与方法

一、机电一体化产品和系统的分类

机电一体化产品和系统种类繁多。按机电一体化产品和系统的用途分类，有产业机械，信息机械，民用机械等；按机械和电子的功能和含量分类，有以机械装置为主体的机械电子产品和以电子装置为主体的电子产品；按机电结合的程度分类，有功能附加型、功能替代型和机电融合型。

目前机电一体化产品和系统的分类如图 1-2 所示。

二、现代机械的机电一体化目标

现代机械的机电一体化目标是综合利用机、电、信息、控制等各种相关技术的优势，扬长避短，以达到系统优化效果，取得显著的社会效益和技术经济效益。具体说来有以下几点：

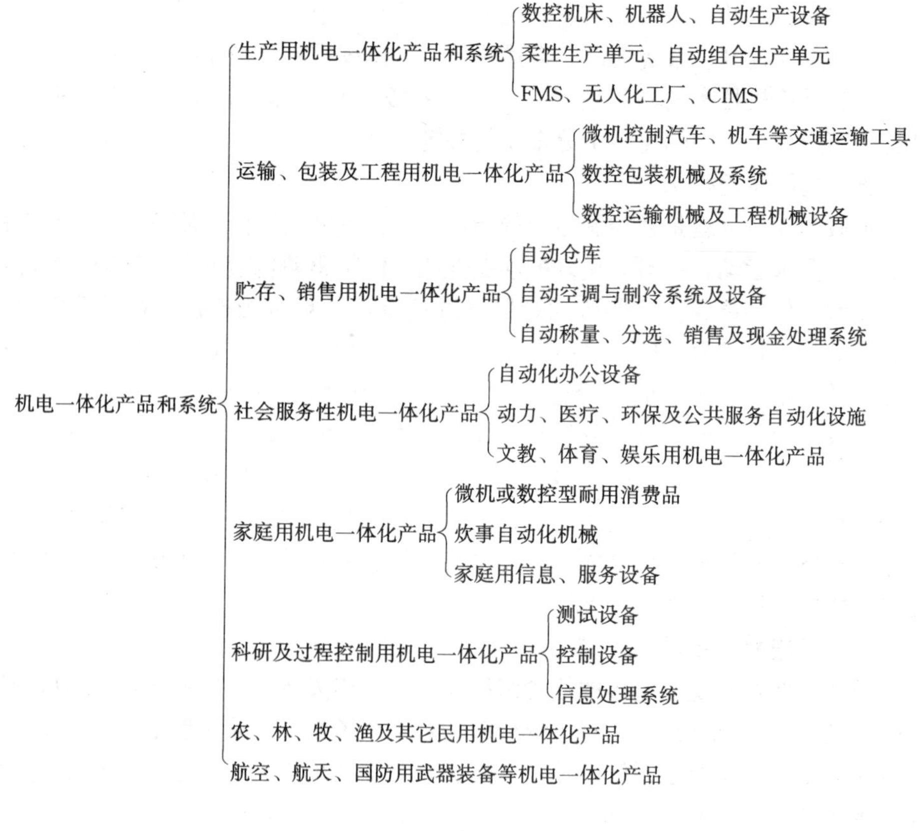

图 1-2 机电一体化产品和系统分类

1. 提高精度

机电一体化技术使机械传动部件减少，因而使由机械磨损、配合间隙及变形而引起的误差大为减小，同时由于机电一体化技术采用电子技术实现自动检测和自动控制，校正和补偿由各种干扰因素造成的动态误差，从而达到单纯机械装备所不能实现的工作精度。例如，采用微机分离技术的电子圆度仪，其测量精度可由原来的 0.025μm 提高到 0.01μm；大型镗铣床装上感应同步数显装置可将加工精度从 0.06mm/1000mm 提高到 0.02mm/1000mm。

2. 增强功能

现代高新技术的引入使机械产品具有多种复合功能，成为机电一体化产品和系统的一个显著特点。例如，数控加工中心可以在一次装夹中完成由多台普通机床才能完成的多道工序，同时还有自动检测工件和刀具、自动显示刀具运动轨迹、自动保护和自动故障诊断等极强的应用功能；又如超市中使用的电子秤，集称重、计价、打印等功能于一身。

3. 提高生产效率

机电一体化系统可以有效地减少生产准备时间和辅助时间，缩短新产品的开发周期，提高产品的合格率，减少操作人员，从而提高生产效率，降低生产成本。

4. 节约能源，降低能耗

通过采用低能耗的驱动机构、最佳调节控制和提高能源利用率等措施，机电一体化产品和系统可以取得良好的节能效果。例如，在微型计算机的控制下，风机、水泵能够随工况变速运行，其节电率可达30%；由于汽车电子点火器的点火时间和状态得到最佳控制，因而大大节约了耗油量。

5. 提高安全性、可靠性

机电一体化系统通常具有自动检测、监控子系统，因而可以对各种故障和危险自动采取保护措施并及时修正参数，提高系统的安全可靠性。特别是对于重型、大型设备和与人民生活生命息息相关的设备的故障预测、预报、遥测更是具有重要的意义。

6. 改善操作性和实用性

机电一体化系统的各相关子系统的动作顺序和功能协调关系由控制系统决定。随着计算机技术和自动控制技术的发展，可以通过简便的人—机界面操作实现复杂的功能控制和良好的使用效果。

7. 减轻劳动强度，改善劳动条件

减轻劳动强度包括繁重的体力劳动和复杂的脑力劳动。机电一体化系统能够由计算机完成设计制造和生产过程中极为复杂的人的智力活动和资料记忆查找工作，同时又能通过过程控制自动运行，从而替代人的紧张和单调重复操作以及在危险环境下的工作。

8. 简化结构，减轻重量

机电一体化系统采用先进的电力电子器件和传动技术，替代老式笨重的电气控制和机械变速结构，由微处理器和集成电路等微电子元件和程序逻辑软件，完成过去靠机械传动链来实现的关联运动，从而使机电一体化产品和系统的体积小，结构简化，重量减轻。

9. 降低价格

由于机械结构简化，材料消耗减少，制造成本降低，而且电子器件的价格下降迅速，因此机电一体化产品和系统的价格日趋低廉，而使用性能、维修性能日趋完善，使用寿命不断延长。例如，石英晶振电子表以其功能强、使用方便和价格低廉等优势迅速占领了计时商品市场。

10. 增强柔性应用功能

为了满足市场多样性的要求，机电一体化系统可以通过编制用户程序来实现机电产品工作方式的改变，适应各种用户对象及现场参数变化的需要。机电一体化系统的这种柔性应用功能构成了机械控制“软件化”和“智能化”特征。

三、机电一体化技术方向

按照微电子技术的发展、机电结合的深度以及机械产品发展的要求，机械系统的机电一体化技术方向可分为以下几类：

1）在原有机械系统的基础上采用微型计算机控制装置，使系统的性能提高，功能增强。例如，模糊控制洗衣机能根据衣物的洁净度自动控制洗涤过程，从而实现节水、节电、节时、节洗衣粉的功能；机床的数控化是另一个典型的例子。

2）用电子装置局部替代机械传动装置和机械控制装置，以简化结构，增强控制灵活性。例如，数控机床的进给系统采用伺服系统，简化了传动链，提高了进给系统的动态性能；将传统电动机的电刷用电子装置替代形成的无刷电动机，具有性能可靠、结构简单、尺寸减小等优点。

3）用电子装置完全替代原来执行信息处理功能的机构，既减化了结构，又极大地丰富了信息传输的内容，提高了速度。例如，石英电子钟表、电子秤、按键式电话等。

4）用电子装置替代机械的主功能，形成特殊的加工能力。例如，电火花加工机床、线切割加工机床、激光加工机床等。

5）将机电技术完全融合形成新型机电一体化产品。例如，生产机械中的激光快速原形机；信息机械中的传真机、打印机、复印机；检测机械中的CT扫描诊断仪、扫描隧道显微镜等。

四、机电一体化系统开发的设计思想

机电一体化的优势，在于它吸收了各相关学科之长并加以综合运用而取得整体优化效果，因此在机电一体化系统开发的过程中，要特别强调技术融合，学科交叉的作用。机电一体化系统开发是一项多级别、多单元组成的系统工程。把系统的各单元有机的结合成系统后，各单元的功能不仅相互叠加，而且相互辅助、相互促进、相互提高，使整体的功能大于各单元功能的简单的和，即“整体大于部分的和”。当然，如果设计不当，由于各单元的差异性，在组成系统后会导致单元间的矛盾和摩擦，出现内耗，内耗过大，则可能出现整体小于部分之和的情况，从而失去了一体化的优势。因此，在开发的过程中，一方面要求设计机械系统时，应选择与控制系统的电气参数相匹配的机械系统参数；同时也要求设计控制系统时，应根据机械系统的固有结构参数来选择和确定电气参数。综合应用机械技术和微电子技术，使二者密切结合、相互协调、相互补充，充分体现机电一体化的优越性。

五、机电一体化系统设计方法

拟定机电一体化系统设计方案的方法有取代法、整体设计法和组合法。

1. 取代法

这种方法是用电气控制取代原传统中机械控制机构。这种方法是改造传统机械产品和开发新型产品常用的方法。如用电气调速控制系统取代机械式变速机构，用可编程序控制器或微型计算机来取代机械凸轮控制机构、插销板、步进开关、继电器等，以弥补机械技术的不足，这种方法不但能大大简化机械结构，而且还可以提高系统的性能和质量。这种方法的缺点是跳不出原系统的框架，不利于开拓思路，尤其在开发全新的产品时更具有局限性。

2. 整体设计法

这种方法主要用于全新产品和系统的开发。在设计时完全从系统的整体目标考虑各子系统的设计，所以接口简单，甚至可能互融一体。例如，某些激光打印机的激光扫描镜，其转轴就是电动机的转子轴，这是执行元件与运动机构结合的一个例子。在大规模集成电路和微机不断普及的今天，随着精密机械技术的发展，完全能够设计出将执行元件、运动机构、检测传感器、控制与机体等要素有机地融为一体的机电一体化新产品。

3. 组合法

这种方法就是选用各种标准模块，像积木那样组合成各种机电一体化系统。例如，设计数控机床时可以从系统整体的角度选择工业系列产品，诸如数控单元、伺服驱动单元、位置传感检测单元、主轴调速单元以及各种机械标准件或单元等，然后进行接口设计，将各单元有机的结合起来融为一体。在开发机电一体化系统时，利用此方法可以缩短设计与研制周期、节约工装设备费用，有利于生产管理、使用和维修。

第五节　本课程的目的和要求

机电一体化系统设计是多学科的交叉和综合，涉及的学科和技术非常广泛，且其应用领域众多。要全面精通它，不但需要强化训练学科融合的思维能力、加强相应的实践环节，还要及时学习掌握新概念、新技术，将来才能成为机电一体化复合型人才。

本课程的目的是研究怎样利用系统设计原理和综合集成技巧，将控制电动机、传感器、机械系统、微机控制系统、接口及控制软件等机电一体化要素组成各种性能优良的、可靠的机电一体化产品或系统。为了突出重点，本教材以机械为基础，以机电结合为重点，以机械系统设计、检测传感器、控制电机及选择、工业控制计算机系统、机电一体化系统设计实例作为该书的主要内容。学习本课程之前，应具有机械、电子、控制和微机方面的基础知识。

本课程的具体要求是：

1）掌握机电一体化系统设计的基本概念、基本原理和基本知识。

2）掌握机电一体化系统设计中常用的机械量检测传感器、控制电动机的原理、结构、性能和应用。

3）掌握机电一体化系统设计中常用的机械系统设计、工业控制、计算机控制、接口设计的基本方法。

4）初步掌握机电一体化系统设计原理和综合集成技巧，进行总体方案的分析和设计。

第二章　机械系统设计

机械系统是机电一体化系统的最基本要素，主要用于执行机构、传动机构和支承部件，以完成规定的动作，传递功率、运动和信息，支承连接相关部件等。机械系统通常是微型计算机控制伺服系统的有机组成部分，因此，在机械系统设计时，除考虑一般机械设计要求外，还必须考虑机械结构因素与整个伺服系统的性能参数、电气参数的匹配，以获得良好的伺服性能。

本章首先介绍机械系统数学模型的建立；其次分析机械传动系统的特性；最后介绍机电一体化系统中常用的新型机械传动装置。

第一节　机械系统数学模型的建立

一、机械移动系统

机械移动系统的基本元件是质量、阻尼和弹簧，建立机械移动系统数学模型的基本原理是牛顿第二定律。下面举例说明机械平移系统的建模方法。

图 2-1a 所示的是组合机床动力滑台铣平面的情况。

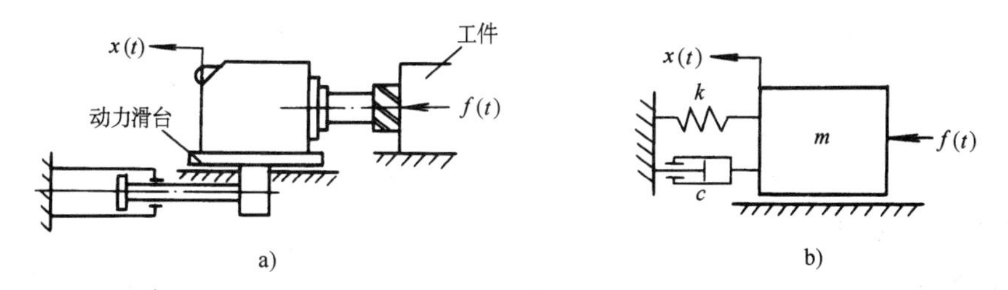

图 2-1　动力滑台铣平面及其力学模型

a）动力滑台铣平面　b）系统力学模型

设动力滑台的质量为 m，液压缸的刚度为 k，粘性阻尼系数为 c，外力为 $f(t)$。若不计动力滑台与支承之间的摩擦力，则系统可以简化为如图 2-1b 所示的力学模型。由牛顿第二定律知，系统的运动方程为

$$m\ddot{x} + c\dot{x} + kx = f(t) \tag{2-1}$$

对上式取拉氏变换，得到系统的传递函数

$$\frac{X(s)}{F(s)} = \frac{1}{ms^2 + cs + k} \tag{2-2}$$

如图 2-2 所示的是单自由度隔振系统，同样可以得到与式(2-1)完全相同的运动方程，与式(2-2)完全相同的传递函数。

根据式(2-2)得到的系统传递函数框图如图 2-3 所示。

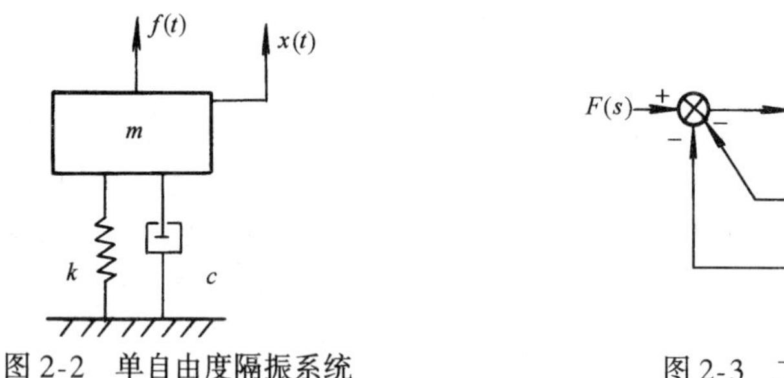

图 2-2　单自由度隔振系统

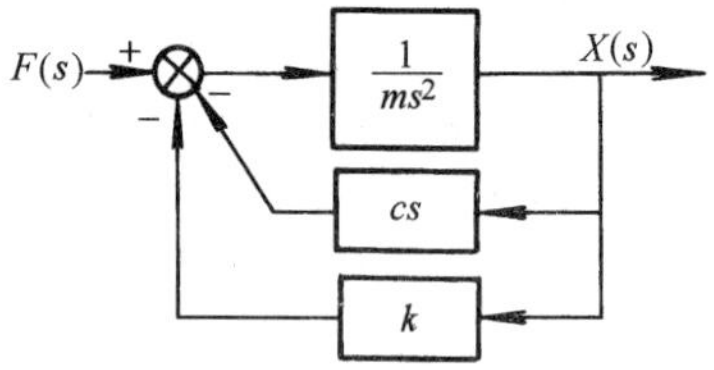

图 2-3　二阶系统框图

如图 2-4 所示是单轮汽车支承系统的力学模型。图中，m_1 为汽车质量；c 为减振器阻尼系数；k_1 为弹簧刚度；m_2 为汽车轮子的质量；k_2 为轮胎弹性刚度；$x_1(t)$和 $x_2(t)$分别为 m_1 和 m_2 的绝对位移。由此可以得到系统的动力学方程为

$$m_1\ddot{x}_1 + c(\dot{x}_1 - \dot{x}_2) + k_1(x_1 - x_2) = 0 \tag{2-3}$$

$$m_2\ddot{x}_2 + c(\dot{x}_2 - \dot{x}_1) + k_1(x_2 - x_1) + k_2x_2 = f(t) \tag{2-4}$$

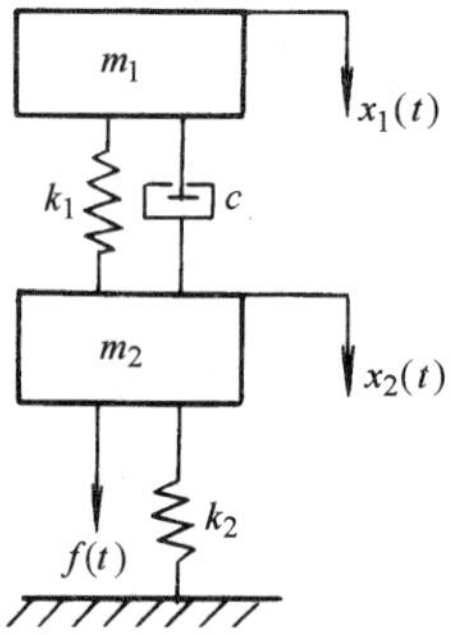

图 2-4　单轮汽车支承系统的力学模型

对应于式(2-3)和式(2-4)的拉氏变换为

$$m_1s^2X_1(s) + cs[X_1(s) - X_2(s)] + k_1[X_1(s) - X_2(s)] = 0 \tag{2-5}$$

$$m_2s^2X_2(s) + cs[X_2(s) - X_1(s)] + k_1[X_2(s) - X_1(s)] + k_2X_2(s) = F(s) \tag{2-6}$$

根据式(2-5)和式(2-6)可以画出如图 2-5 所示的框图。

因此可以得到以作用力 $f(s)$为输入，分别以 $X_1(s)$和 $X_2(s)$为输出的传递函数

$$\frac{X_1(s)}{F(s)} = \frac{cs + k_1}{m_1m_2s^4 + (m_1 + m_2)cs^3 + (m_1k_1 + m_1k_2 + m_2k_1)s^2 + ck_2s + k_1k_2} \tag{2-7}$$

$$\frac{X_2(s)}{F(s)} = \frac{m_1s^2 + cs + k_1}{m_1m_2s^4 + (m_1 + m_2)cs^3 + (m_1k_1 + m_1k_2 + m_2k_1)s^2 + ck_2s + k_1k_2} \tag{2-8}$$

二、机械转动系统

机械转动系统的基本元件是转动惯量、阻尼器和弹簧。建立机械转动系统数学模型的基本原理仍是牛顿第二定律。下面举例说明机械转动系统的建模方法。

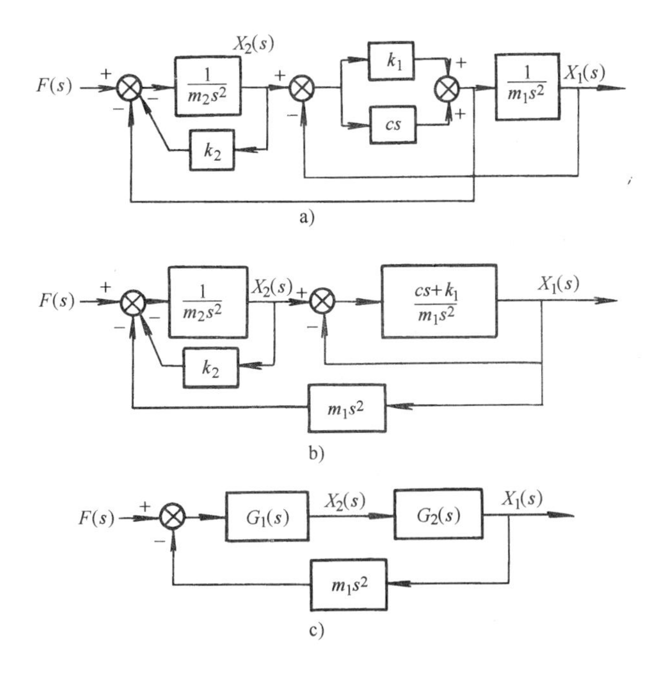

图 2-5　单轮汽车支承系统框图

a)系统框图　b)框图化简　c)化简后的框图

简单扭摆的工作原理如图 2-6 所示，图中 J 为摆锤的转动惯量；c 为摆锤与空气间的粘性阻尼系数；k 为扭簧的弹性刚度；$T(t)$ 为加在摆锤上的扭矩；$\theta(t)$ 为摆锤转角。则系统的运动方程为

$$J\ddot{\theta}+c\dot{\theta}+k\theta=T(t) \tag{2-9}$$

对上式取拉氏变换，得系统的传递函数为

$$\frac{\theta(s)}{T(s)}=\frac{1}{Js^2+cs+k} \tag{2-10}$$

可以看出，式(2-10)与式(2-2)具有相同的形式。

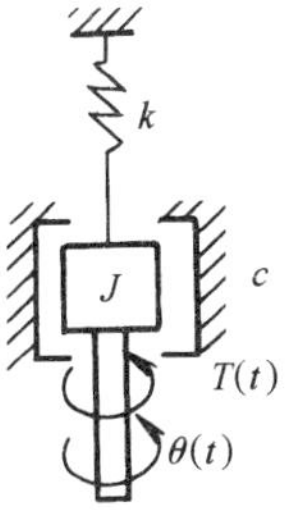

图 2-6　扭摆工作原理图

打印机中的步进电动机—同步齿形带驱动装置可以简化为如图 2-7 所示的示意图。图中，k、c 分别为同步齿形带的弹性刚度和阻尼系数；$T(t)$ 为步进电动机的驱动力矩；J_m、J_L 分别为步进电动机轴和负载的转动惯量；$\theta_i(t)$ 与 $\theta_o(t)$ 分别为输入轴和输出轴的转角。

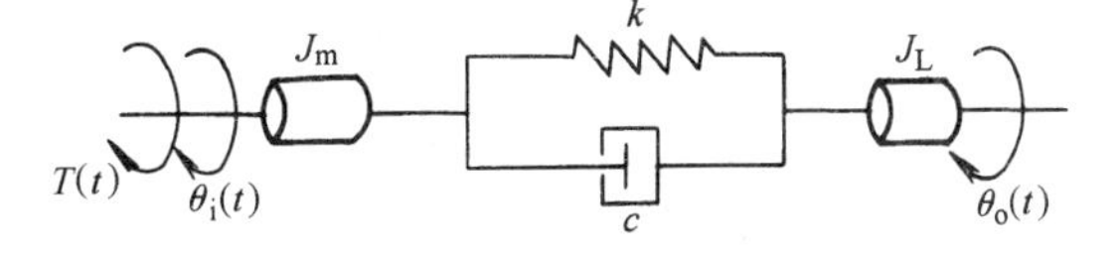

图 2-7　同步齿形带驱动系统

输入轴和输出轴的动力学方程分别为：

$$J_m\ddot{\theta}_i+c(\dot{\theta}_i-\dot{\theta}_o)+k(\theta_i-\theta_o)=T(t) \tag{2-11}$$

$$J_L \ddot{\theta}_o + c(\dot{\theta}_o - \dot{\theta}_i) + k(\theta_o - \theta_i) = 0 \tag{2-12}$$

对以上两式取拉氏变换得

$$J_m s^2 \theta_i(s) + (cs + k)[\theta_i(s) - \theta_o(s)] = T(s) \tag{2-13}$$

$$J_L s^2 \theta_o(s) + (cs + k)[\theta_o(s) - \theta_i(s)] = 0 \tag{2-14}$$

根据式(2-13)和式(2-14)可以得到同步齿形带系统框图如图 2-8 所示。系统的以外力矩为输入、输出轴转角为输出的传递函数为

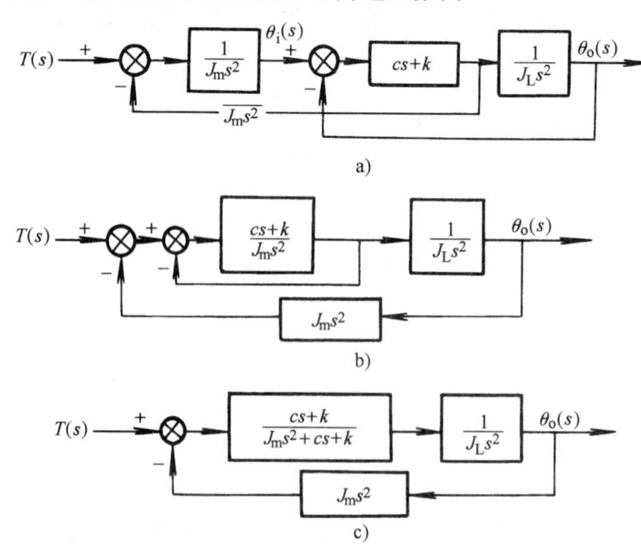

图 2-8　同步齿形带系统框图

a)系统框图　b)框图化简　c)化简后的框图

$$\frac{\theta_o(s)}{T(s)} = \frac{\dfrac{cs + k}{J_L s^2 (J_m s^2 + cs + k)}}{1 + \dfrac{J_m s^2 + cs + k}{J_L s^2 (J_m s^2 + cs + k)}}$$

$$= \frac{cs + k}{J_L s^2 (J_m s^2 + cs + k) + J_m s^2 (cs + k)}$$

$$= \frac{cs + k}{(J_L + J_m) s^2 \left[\dfrac{J_L J_m}{J_L + J_m} s^2 + cs + k \right]} \tag{2-15}$$

三、基本物理量的折算

在建立机械系统数学模型的过程中,经常会遇到基本物理量的折算问题,在此结合数控机床进给系统,介绍建模中的基本物理量的折算问题。

数控机床进给系统如图 2-9 所示,电动机通过两级减速齿轮 z_1、z_2、z_3、z_4 及丝杠螺母机构驱动工作台作直线运动。

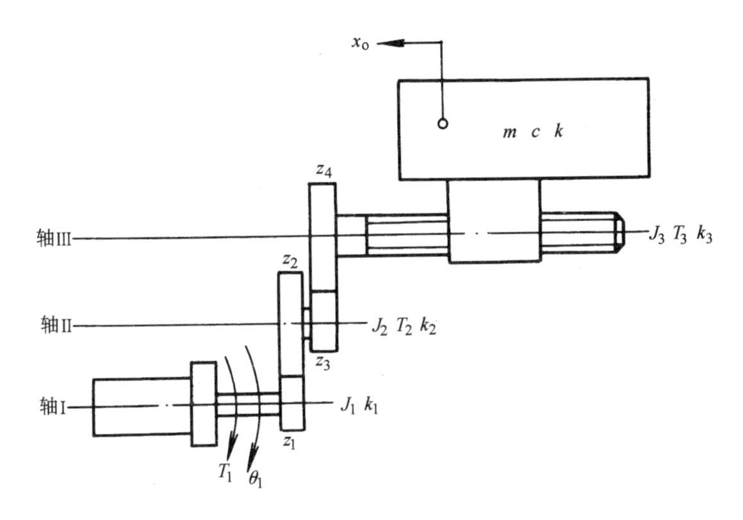

图 2-9 数控机床进给系统

图 2-9 中,J_1 为轴Ⅰ部件和电动机转子构成的转动惯量;J_2、J_3 分别为轴Ⅱ、Ⅲ部件的转动惯量;k_1、k_2、k_3 分别为轴Ⅰ、Ⅱ、Ⅲ的扭转刚度系数;k 为丝杠螺母副的轴向刚度系数;m 为工作台质量;c 为工作台导轨粘性阻尼系数;T_1、T_2、T_3 分别为轴Ⅰ、Ⅱ、Ⅲ的输入转矩。

1. 转动惯量的折算

将轴Ⅰ、Ⅱ、Ⅲ上的转动惯量和工作台的质量都折算到轴Ⅰ上,作为系统总转动惯量。设 T'_1、T'_2、T'_3分别为轴Ⅰ、Ⅱ、Ⅲ的负载转矩,ω_1、ω_2、ω_3 分别为轴Ⅰ、Ⅱ、Ⅲ的角速度,v 为工作台的运动速度。

(1) 轴Ⅰ、Ⅱ、Ⅲ转动惯量的折算　根据动力平衡原理,对于轴Ⅰ有

$$T_1 = J_1\dot{\omega}_1 + T'_1 \tag{2-16}$$

对于轴Ⅱ有

$$T_2 = J_2\dot{\omega}_2 + T'_2 \tag{2-17}$$

由于轴Ⅱ的输入转矩是从轴Ⅰ上的负载转矩获得的,且与它们的转速成反比,所以有

$$T_2 = \frac{z_2}{z_1}T'_1 \tag{2-18}$$

又由传动关系知

$$\omega_2 = \frac{z_1}{z_2}\omega_1 \tag{2-19}$$

将式(2-18)和式(2-19)代入式(2-17)得

$$T'_1 = J_2\left(\frac{z_1}{z_2}\right)^2\dot{\omega}_1 + \left(\frac{z_1}{z_2}\right)T'_2 \tag{2-20}$$

对于轴Ⅲ有

$$T_3 = J_3\dot{\omega}_3 + T_3' \tag{2-21}$$

根据力学原理和传动关系，整理得

$$T_2' = J_3\left(\frac{z_1}{z_2}\right)\left(\frac{z_3}{z_4}\right)^2\dot{\omega}_1 + \left(\frac{z_3}{z_4}\right)T_3' \tag{2-22}$$

(2) 工作台质量的折算　根据动力平衡关系，丝杠转动一周所做的功等于工作台前进一个导程时其惯性力所做的功，对于工作台和丝杠有

$$T_3' 2\pi = m\dot{v}L \tag{2-23}$$

式中　L——丝杠导程(mm)。

根据传动关系有

$$v = \frac{L}{2\pi}\omega_3 = \frac{L}{2\pi}\left(\frac{z_1 z_3}{z_2 z_4}\right)\omega_1 \tag{2-24}$$

将式(2-24)代入式(2-23)得

$$T_3' = \left(\frac{L}{2\pi}\right)^2\left(\frac{z_1 z_3}{z_2 z_4}\right)m\dot{\omega}_1 \tag{2-25}$$

(3) 折算到轴Ⅰ上的总转动惯量　将式(2-20)、式(2-22)、式(2-25)代入式(2-16)并整理得

$$\begin{aligned} T_1 &= \left[J_1 + J_2\left(\frac{z_1}{z_2}\right)^2 + J_3\left(\frac{z_1 z_3}{z_2 z_4}\right)^2 + m\left(\frac{z_1 z_3}{z_2 z_4}\right)^2\left(\frac{L}{2\pi}\right)^2\right]\dot{\omega}_1 \\ &= J_\Sigma\dot{\omega}_1 \end{aligned} \tag{2-26}$$

式中　J_Σ——系统折算到轴Ⅰ上的总转动惯量($kg \cdot m^2$)。

$$J_\Sigma = J_1 + J_2\left(\frac{z_1}{z_2}\right)^2 + J_3\left(\frac{z_1 z_3}{z_2 z_4}\right)^2 + m\left(\frac{z_1 z_3}{z_2 z_4}\right)^2\left(\frac{L}{2\pi}\right)^2 \tag{2-27}$$

其中，第二项为轴Ⅱ转动惯量折算到轴Ⅰ上的当量转动惯量；第三项为轴Ⅲ转动惯量折算到轴Ⅰ上的当量转动惯量；第四项为工作台质量折算到轴Ⅰ上的当量转动惯量。

2. 粘性阻尼系数的折算

机械系统的相对运动元件之间存在着粘性阻尼，并以一定的形式表现出来。在机械系统的数学建模过程中，粘性阻尼同样需要折算到某一部件上，求出系统的当量阻尼系数。其基本方法是将摩擦阻力、流体阻力及负载阻力折算成与速度有关的粘性阻尼力，再利用摩擦阻力与粘性阻尼力所消耗的功相等这一原则，求出粘性阻尼系数，最后进行相应的当量阻尼系数折算。

在本例中工作台的摩擦损失占主导地位，其它各环节的摩擦损失相对而言可以忽略不计。

当只考虑阻尼力时，根据工作台和丝杠之间动力关系有

$$T_3 2\pi = cvL \tag{2-28}$$

即丝杠旋转一周所做的功等于工作台前进一个导程时其阻尼力所做的功。

根据力学原理和传动关系有

$$T_3 = \left(\frac{z_2 z_4}{z_1 z_3}\right) T_1, \quad v = \left(\frac{z_1 z_3}{z_2 z_4}\right) \omega_1 \frac{L}{2\pi}$$

将以上两式代入式(2-28),并整理得

$$T_1 = \left(\frac{z_1 z_3}{z_2 z_4}\right)^2 \left(\frac{L}{2\pi}\right)^2 c\omega_1 = c'\omega_1 \tag{2-29}$$

式中　c'——工作台导轨折算到轴Ⅰ上的粘性阻尼系数

$$c' = \left(\frac{z_1 z_3}{z_2 z_4}\right)^2 \left(\frac{L}{2\pi}\right)^2 c \tag{2-30}$$

3. 刚度系数的折算

机械系统中各元件在工作时受到力和(或)力矩的作用,将产生伸长(或压缩)和/或扭转等弹性变形,这些变形将影响整个系统的精度和动态性能。在机械系统的数学建模中,需要将其折算成相应的当量扭转刚度系数和(或)线性刚度系数。

在本例中,首先将各轴的扭转角折算到轴Ⅰ上,丝杠与工作台之间的轴向弹性变形会使轴Ⅲ产生一个附加扭转角,所以也要折算到轴Ⅰ上,然后求出折算到轴Ⅰ上的系统的当量刚度系数。

(1) 轴向刚度系数的折算　当系统受到载荷作用时,丝杠螺母副和螺母座都会产生轴向弹性变形,其示意图如图2-10所示。设丝杠的输入转矩为T_3,丝杠和工作台之间的弹性变形为δ,相应的丝杠附加转角为$\Delta\theta_3$。根据动力平衡和传动关系,对于丝杠轴Ⅲ有

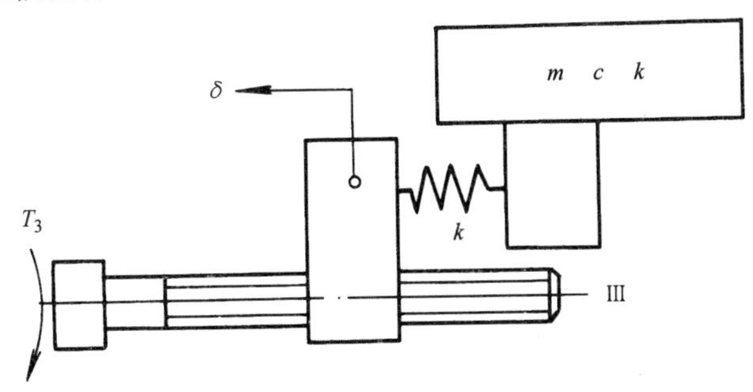

图2-10　弹性变形等效示意图

$$T_3 2\pi = k\delta L \tag{2-31}$$

$$\delta = \frac{\Delta\theta_3}{2\pi} L \tag{2-32}$$

所以

$$T_3=\left(\frac{1}{2\pi}\right)^2 k\Delta\theta_3=k'\Delta\theta_3 \text{ 即 } \Delta\theta_3=\frac{T_3}{k'} \tag{2-33}$$

式中　k'——附加扭转刚度系数

$$k'=\left(\frac{1}{2\pi}\right)^2 k \tag{2-34}$$

(2) 扭转刚度系数的折算　设 θ_1、θ_2、θ_3 分别为轴Ⅰ、Ⅱ、Ⅲ在输入转矩 T_1、T_2、T_3 作用下产生的扭转角,根据动力平衡和传动关系有

$$\theta_1=\frac{T_1}{k_1} \tag{2-35}$$

$$\theta_2=\frac{T_2}{k_2}=\left(\frac{z_2}{z_1}\right)\frac{T_1}{k_2} \tag{2-36}$$

$$\theta_3=\frac{T_3}{k_3}=\left(\frac{z_2 z_4}{z_1 z_3}\right)\frac{T_1}{k_3} \tag{2-37}$$

因为丝杠和工作台之间的轴向弹性变形,使得轴Ⅲ产生了一个附加扭转角 $\Delta\theta_3$,所以轴Ⅲ上的实际扭转角 $\theta_{Ⅲ}$ 为

$$\theta_{Ⅲ}=\theta_3+\Delta\theta_3 \tag{2-38}$$

将式(2-33)和式(2-37)代入式(2-38)得

$$\theta_{Ⅲ}=\frac{T_3}{k_3}+\frac{T_3}{k'}=\left(\frac{z_2 z_4}{z_1 z_3}\right)\left(\frac{1}{k_3}+\frac{1}{k'}\right)T_1 \tag{2-39}$$

将各轴的扭转角折算到轴Ⅰ上,得到系统的当量扭转角

$$\theta=\theta_1+\left(\frac{z_2}{z_1}\right)\theta_2+\left(\frac{z_2 z_4}{z_1 z_3}\right)\theta_{Ⅲ} \tag{2-40}$$

将式(2-35)、式(2-36)和式(2-39)代入式(2-40)得

$$\begin{aligned}\theta &=\frac{T_1}{k_1}+\left(\frac{z_2}{z_1}\right)^2\frac{T_1}{k_2}+\left(\frac{z_2 z_4}{z_1 z_3}\right)^2\left(\frac{1}{k_3}+\frac{1}{k'}\right)T_1\\ &=\left[\frac{1}{k_1}+\left(\frac{z_2}{z_1}\right)^2\frac{1}{k_2}+\left(\frac{z_2 z_4}{z_1 z_3}\right)^2\left(\frac{1}{k_3}+\frac{1}{k'}\right)\right]T_1\\ &=\frac{T_1}{T_\Sigma}\end{aligned} \tag{2-41}$$

式中　T_Σ——折算到轴Ⅰ上的当量转矩(N·m)。

折算到轴Ⅰ上的当量扭转刚度系数

$$k_\Sigma=\frac{1}{\frac{1}{k_1}+\left(\frac{z_2}{z_1}\right)^2\frac{1}{k_2}+\left(\frac{z_2 z_4}{z_1 z_3}\right)^2\left(\frac{1}{k_3}+\frac{1}{k'}\right)} \tag{2-42}$$

4. 系统的数学模型

将基本物理量折算到某一部件后,即可按单一部件对系统进行建模。在本例

中，设输入量为轴Ⅰ的转角 x_i，输出量为工作台的线位移 x_o，则可以得到数控机床进给系统的数学模型

$$J_{\Sigma}\ddot{x}_o + c'\dot{x}_o + k_{\Sigma}x_o = \left(\frac{z_1 z_3}{z_2 z_4}\right)\left(\frac{L}{2\pi}\right)k_{\Sigma}\theta_i \tag{2-43}$$

对应于该二阶线性微分方程的传递函数为

$$G(s) = \frac{X_o(s)}{X_i(s)} = \frac{\left(\frac{z_1 z_3}{z_2 z_4}\right)\left(\frac{L}{2\pi}\right)k_{\Sigma}}{J_{\Sigma}s^2 + c's + k_{\Sigma}} = \left(\frac{z_1 z_3}{z_2 z_4}\right)\frac{L}{2\pi}\frac{\omega_n^2}{s^2 + 2\zeta\omega_n + \omega_n^2} \tag{2-44}$$

式中　ω_n——系统的固有频率，$\omega_n = \sqrt{k_{\Sigma}/J_{\Sigma}}$；

ζ——系统的阻尼比，$\zeta = c'/(2\sqrt{k_{\Sigma}/J_{\Sigma}})$。

ω_n 和 ζ 是二阶系统的两个特征参数，对于不同的系统可由不同的物理量确定，对于机械系统而言，它们是由质量、阻尼系数和刚度系数等结构参数决定的。

第二节　机械传动系统的特性

一、机电一体化对机械传动的要求

机械的主功能是完成机械运动。一部机器必须完成相互协调的若干机械运动，每个机械运动可由单独的控制电动机、传动件和执行机构组成的若干子系统来完成，若干个机械运动则由计算机来协调与控制。这就要求设计机械的总体布局、机械选型和结构造型更加合理和多样化。

受技术发展水平的限制，机电一体化的各种元器件还不能完全满足需要，机械传动链还不能完全取消。但是，机电一体化机械系统中的机械传动装置，已不仅仅是变换转速和转矩的变换器，而成为伺服系统的组成部分，要根据伺服控制的要求来进行选择设计。近年来，由控制电动机直接驱动负载的“直接驱动”技术得到发展。但一般机械都需要低转速、大转矩的伺服电动机，并要考虑负载的非线性耦合性等因素对执行电动机的影响，从而增加了控制系统的复杂性，所以在一般情况下，应尽可能缩短传动链，但还不能取消传动链。在伺服控制中，还要考虑其对伺服系统的精度、稳定性和快速性的影响。开环伺服系统中传动链的传动精度，不仅取决于组成系统的各单个传动件的精度，还取决于传动链的系统精度。闭环伺服系统中的传动链，虽然对单个传动件的精度要求可以降低，但对系统精度仍有相当高的要求，以免在控制时因误差随机性太大不能补偿。此外，机电一体化系统中的传动链还需满足小型、轻量、高速、低冲击振动、低噪声和高可靠性等要求。

传动的主要性能取决于传动类型、传动方式、传动精度、动态特性及可靠性等。影响机电一体化系统中传动链动力学性能的因素一般有以下几个：

(1) 负载的变化　负载包括工作负载、摩擦负载等。要合理选择驱动电动机和传动链，使之与负载变化相匹配。

(2) 传动链惯性　惯性既影响传动链的启停特性，又影响控制系统的快速性、定位精度和速度偏差的大小。

(3) 传动链固有频率　固有频率影响系统谐振和传动精度。

(4) 间隙、摩擦、润滑和温升　它们影响传动精度和运动平稳性。

二、机械传动系统的特性

为满足机电一体化机械系统的良好伺服性能，不仅要求机械传动部件满足转动惯量小、摩擦小、阻尼合理、刚度大、抗振动性能好、间隙小的要求，还要求机械部分的动态特性与电机速度环的动态特性相匹配。

1. 转动惯量

在满足系统刚度的条件下，机械部分的质量和转动惯量越小越好。转动惯量大会使机械负载增大、系统响应速度变慢、灵敏度降低、固有频率下降，容易产生谐振。同时，转动惯量的增大会使电气驱动部件的谐振频率降低，而阻尼增大。

机械传动部件的转动惯量与小惯量电动机驱动系统谐振频率的关系如图 2-11 所示。纵坐标为折算到电动机轴上的外载荷转动的谐振频率 ω_{oa}与不带外载荷的谐振频率 ω_{oa}^*之比。

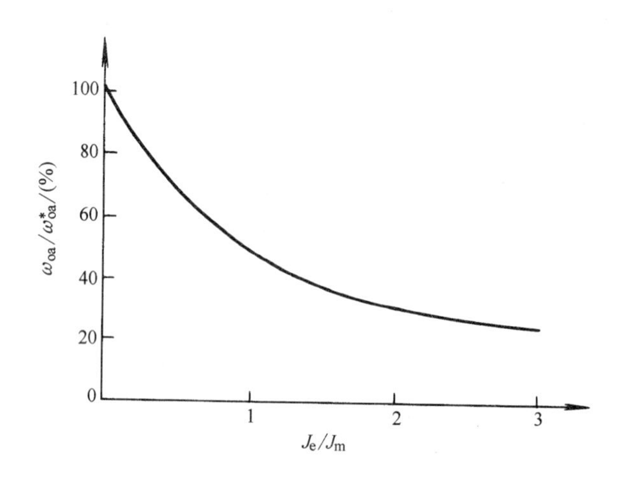

图 2-11　外载荷对谐振频率的影响

(1) 转动惯量的几种折算形式

1) 圆柱体的转动惯量

$$J=\frac{1}{8}md^2 \tag{2-45}$$

式中　m——质量（kg）；

　　　d——圆柱体直径（mm）。

2）直线运动物体的转动惯量　如图 2-12a 所示，由导程为 L_0 的丝杠驱动质量为 m_r 的工作台和质量为 m_ω 的工件，折算到丝杠上的总折算转动惯量 $J_{T\omega}$为

$$J_{T\omega}=(m_r+m_\omega)\left(\frac{L_0}{2\pi}\right)^2 \tag{2-46}$$

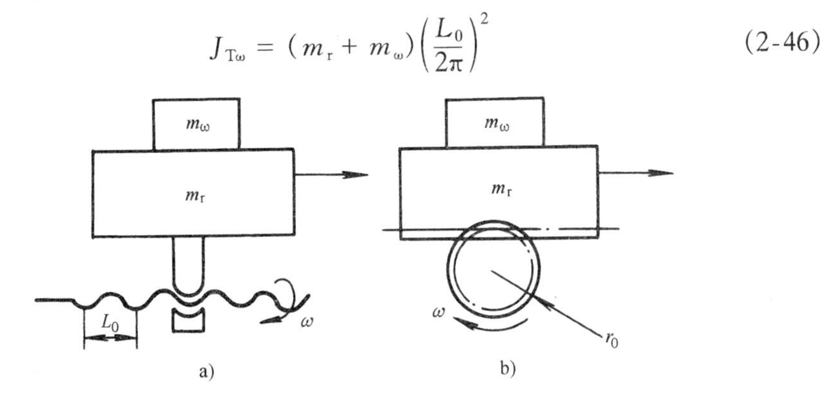

图 2-12　直线运动物体的转动惯量

a）丝杠传动　b）齿轮齿条传动

如图 2-12b 所示，由齿轮齿条驱动的工作台与工件质量折算到节圆半径为 r_0 的小齿轮上的转动惯量 $J_{T\omega}$为

$$J_{T\omega}=(m_r+m_\omega)r_0^2 \tag{2-47}$$

3）传动齿轮　轴 1 上的传动齿轮 1 的转动惯量 J_1，折算到轴 2 上的折算转动惯量 J_{1c}为

$$J_{1c}=i_{12}^2J_1 \tag{2-48}$$

式中　i_{12}——轴 1 与轴 2 间的总传动比。

(2) J_L　J_L 即转动物体的重量 G 与回转直径 D 的平方的乘积。J_L 与转动惯量 J 等价关系为

$$J_L=4gJ \tag{2-49}$$

式中　g——重力加速度(m/s^2)。

1）转动物体的 J_L　典型形状转动物体的 J_L 如表 2-1 所示。

2）直线运动物体的 J_L　如图 2-13 所示，在导程为 L_0(m)的丝杠传动条件下，总重量为 W(N)的工作台与工件折算到丝杠上的等效 J_L 为

$$J_L=W\left(\frac{L_0}{\pi}\right)^2 \tag{2-50}$$

如图 2-14 所示，传送带上重量为 W(N)的物体折算到驱动轴上的等效 J_L 为

表 2-1 典型形状转动物体的 J_L

物体形状	W、各轴 J_L
	$W=\frac{\pi}{4}rD^{2t}$ $J_x=J_y=W\left(\frac{D^2}{4}+\frac{l^2}{3}\right)$ $J_x=\frac{1}{2}WD^2$
	$W=\frac{x}{4}r(D_2^2-D_1^2)l$ $J_x=GY_y^2=W\left(\frac{D_1^2+D_1^2}{4}+\frac{l^2}{3}\right)$ $J_2=\frac{1}{2}W(D_2^2+D_1^2)$
	$W=\frac{\pi}{6}rabl$ $J_x=W\left(\frac{b^2}{4}+\frac{l^2}{3}\right),J_y=W\left(\frac{a^2}{4}+\frac{l^2}{3}\right)$ $J_2^2=\frac{W}{4}(a^2+b^2)$
	$W=rabc$ $J_x=\frac{1}{3}W(b^2+c^2),J_y=\frac{1}{3}W(c^2+a^2)$ $J_2=\frac{1}{3}W(a^2+b^2)$
$\frac{c(2b_1+b_2)}{3(b_1+b_2)}$	$W=\frac{1}{2}ra(b_1+b_2)c$ $J_x=\frac{1}{6}W(b_1^2+b_2^2)+\frac{1}{9}Wc^2\left(3-\left(\frac{b_2-b_1}{b_2+b_1}\right)^2\right]$ $J_y=\frac{1}{3}Wa^2+\frac{1}{9}Wc^2\left(3-\left(\frac{b_2-b_1}{b_2+b_1}\right)^2\right]$ $J_2=\frac{1}{3}Wa^2+\frac{1}{6}(b_1^2+b_2^2)$

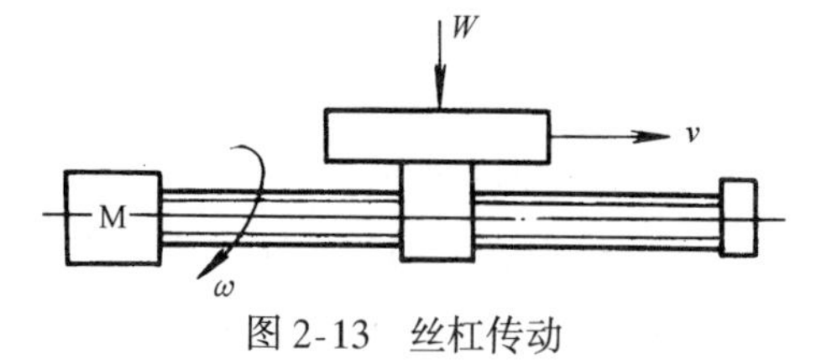

图 2-13 丝杠传动

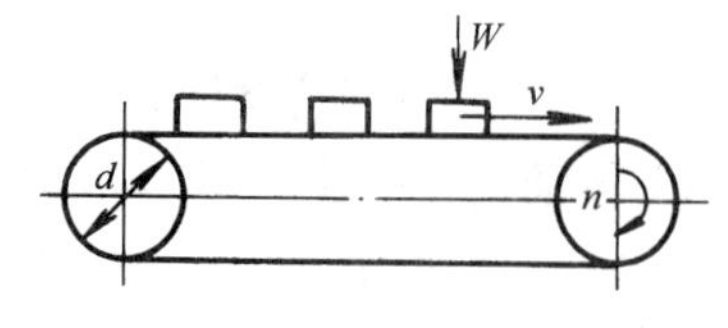

图 2-14 传动带传动

$$J_L=4W\left(\frac{v}{\omega}\right)^2=365W\left(\frac{v}{n}\right)^2 \tag{2-51}$$

式中 v——传送带上物体的速度(m/s);

ω——驱动轴的角速度(rad/s);

n——驱动轴的转速(r/min)。

如图 2-15 所示,车体重量为 W(N),车轮直径为 d(m)的自行式台车的等效 J_L 为

$$J_L = Wd^2 \tag{2-52}$$

2. 摩擦

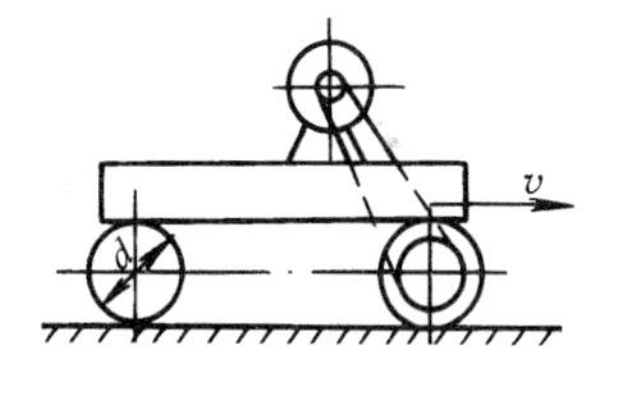

图 2-15 自动式台车

两物体接触面间的摩擦力在应用上可简化为粘性摩擦力、库仑摩擦力与静摩擦力三类,方向均与运动方向(或由运动趋势方向)相反。粘性摩擦力大小与两物体相对运动的速度成正比,如图 2-16a 所示;库仑摩擦力是接触面对运动物体的阻力,大小为一常数,如图 2-16b 所示;静摩擦力是有相对运动趋势但仍处于静止状态时摩擦面间的摩擦力,其最大值发生在相对开始运动前的一瞬间,运动开始后静摩擦力即消失。

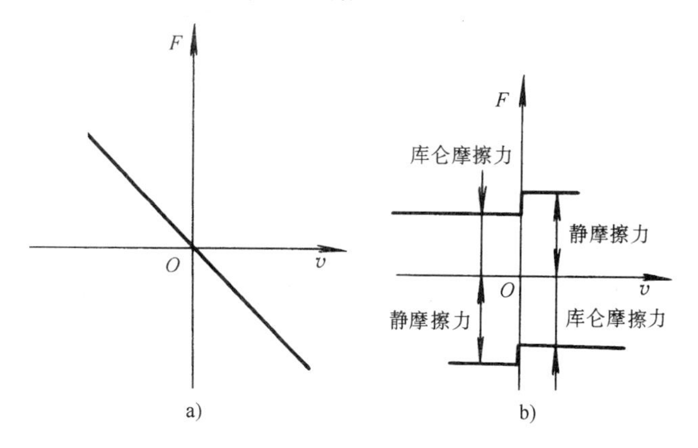

图 2-16 三类摩擦力与速度的关系

a)粘性摩擦 b)静摩擦与库仑摩擦

机械系统的摩擦特性随材料和表面状态的不同有很大差异。例如机械导轨在质量为 3200kg 的重物作用下,不同导轨表现出不同的摩擦特性,如图 2-17 所示。滑动摩擦导轨易产生爬行现象,低速运动稳定性差。滚动摩擦导轨和静压摩擦导轨不产生爬行,但有微小超程。贴塑导轨的特性接近于滚动导轨,但是各种高分子塑料与金属的摩擦特性有较大的差别。另外,摩擦力与机械传动部件的弹性变形产生位置误差,运动反向时,位置误差形成回程误差(回差)。

综上所述,机电一体化系统对机械传动部件的摩擦特性的要求为:静摩擦力尽可能小。动摩擦力应为尽可能小的正斜率,反之若为负斜率则易产生爬行、降低精度、减少寿命。

3. 阻尼

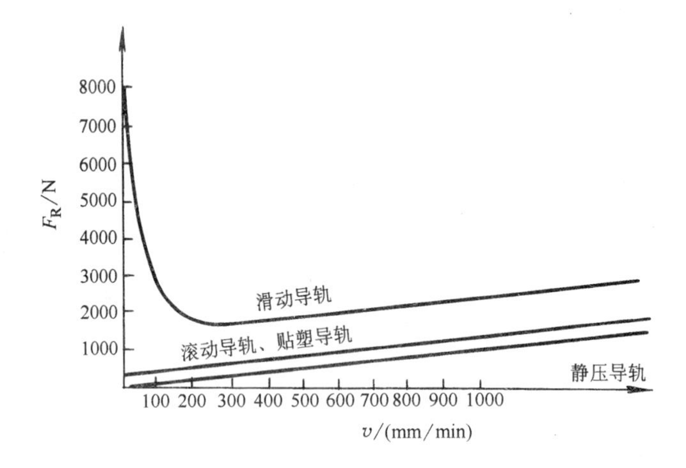

图 2-17　不同导轨的摩擦特性

由振动理论知，运动中的机械部件易产生振动，其振幅取决于系统的阻尼和固有频率，系统的阻尼越大，最大振幅越小，且衰减越快；线性阻尼下的振动为实模态，非线性阻尼下的振动为复模态。机械部件振动时，金属材料的内摩擦较小（附加的非金属减振材料内摩擦较大），而运动副（特别是导轨）的摩擦阻尼占主导地位的。在实际应用中一般将摩擦阻尼简化为粘性摩擦的线性阻尼。

阻尼对弹性系统的振动特性的主要影响如下：

1）系统的静摩擦阻尼越大，系统的失动量和反转误差越大，使定位精度降低，加上摩擦—速度特性的负斜率，易产生爬行，降低机械的性能。

2）系统的粘性阻尼摩擦越大，系统的稳态误差越大，精度越低。

3）对于质量大刚度低的机械系统，为了减小振幅、加速振动衰减，可增大粘性摩擦阻尼。

机械传动部件一般可简化为式（2-1）所示的二阶振动系统，其阻尼比 ζ 为

$$\zeta=\frac{c}{2\sqrt{mk}} \tag{2-53}$$

式中　c——粘性阻尼系数；

m——系统的质量（kg）；

k——系统的刚度。

实际应用中一般取 $0.4\leqslant\zeta\leqslant0.8$ 的欠阻尼，既能保证振荡在一定的范围内过渡过程较平稳、过渡过程时间较短，又具有较高的灵敏度。

4. 刚度

由力学知识知，刚度为使弹性体产生单位变形量所需的作用力。机械系统的刚度包括构件产生各种基本变形时的刚度和两接触面的接触刚度两类。静态力和变形之比为静刚度；动态力（交变力、冲击力）和变形之比为动刚度。

对于伺服系统的失动量来说，系统刚度越大，失动量越小。对于伺服系统的稳定性来说，刚度对开环系统的稳定性没有影响，而对闭环系统的稳定性有很大影响，提高刚度可增加闭环系统的稳定性。但是，刚度的提高往往伴随着转动惯量、摩擦和成本的增加，在方案设计中要综合考虑。

5. 谐振频率

包括机械传动部件在内的弹性系统，若阻尼不计，可简化为质量、弹簧系统。对于质量为 m、拉压刚度系数为 k 的单自由度直线运动弹性系统，其固有频率 ω 为

$$\omega = \frac{1}{2\pi}\sqrt{\frac{k}{m}} \tag{2-54}$$

对于转动惯量为 J、扭转刚度系数为 k 的单自由度扭转运动弹性系统，其固有频率 ω 为

$$\omega = \frac{1}{2\pi}\sqrt{\frac{k}{J}} \tag{2-55}$$

当外界的激振频率接近或等于系统的固有频率时，系统将产生谐振而不能正常工作。机械传动部件实际上是个多自由度系统，有一个基本固有频率和若干高阶固有频率，分别称为机械传动部件的一阶谐振频率（$\omega_{0\mathrm{mech}1}$）和 n 阶谐振频率（$\omega_{0\mathrm{mech}n}$）。

电气驱动部件是位于位置调节环之内的速度调节环。为减少机械传动部件的转矩反馈对电动机动态性能的影响，机械部件的谐振频率 $\omega_{0\mathrm{mech}}$ 必须大于电气驱动部件的谐振频率 $\omega_{0\mathrm{A}}$。以进给驱动系统为例，系统中各谐振频率的相互关系如表 2-2 所示。

表 2-2　进给驱动系统各谐振频率的相互关系

位置调节环的谐振频率 ω_{op}	40～120rad/s
电气驱动部件(速度环)的谐振频率 ω_{oA}	$(2\sim3)\omega_{\mathrm{op}}$
机械传动部件第一个谐振频率 ω_{omech1}	$(2\sim3)\omega_{\mathrm{oA}}$
机械传动部件第 n 个谐振频率 $\omega_{\mathrm{omech}n}$	$(2\sim3)\omega_{\mathrm{omech}(n-1)}$

6. 间隙

间隙将使机械传动系统中间隙产生回程误差，影响伺服系统中位置环的稳定性。有间隙时，应减小位置环增益。

间隙的主要形式有齿轮传动的齿侧间隙、丝杠螺母的传动间隙、丝杠轴承的轴向间隙、联轴器的扭转间隙等。在机电一体化系统中，为了保证系统良好的动态性能，要尽可能避免间隙的出现。当间隙出现时，要采取消隙措施。

（1）齿轮传动齿侧间隙的消除

1) 刚性消隙法　刚性消隙法是在严格控制轮齿齿厚和齿距误差的条件下进行的，调整后齿侧间隙不能自动补偿，但能提高传动刚度。

偏心轴套式消隙机构如图 2-18 所示。电动机 1 通过偏心轴套 2 装在箱体上。转动偏心轴套可调整两齿轮中心距，消除齿侧间隙。

锥齿轮消除间隙的结构如图 2-19 所示。将齿轮 1、2 的分度圆柱改为带锥度的圆锥面，使齿轮的齿厚在轴向产生变化。装配时通过改变垫片 3 的厚度，来改变两齿轮的轴向相对位置，以消除侧隙。

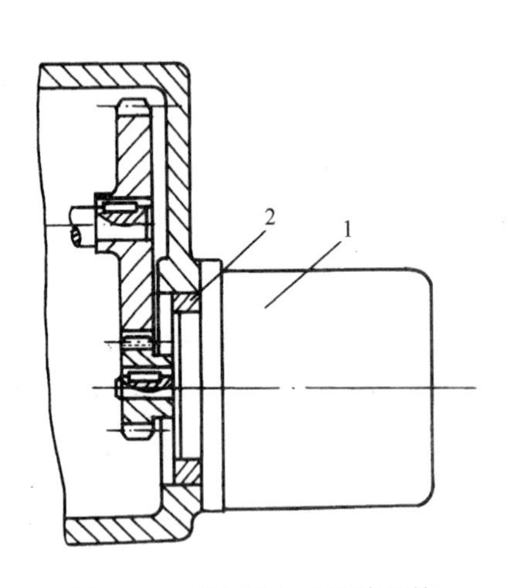

图 2-18　偏心轴套式消隙机构
1—电动机　2—偏心轴套

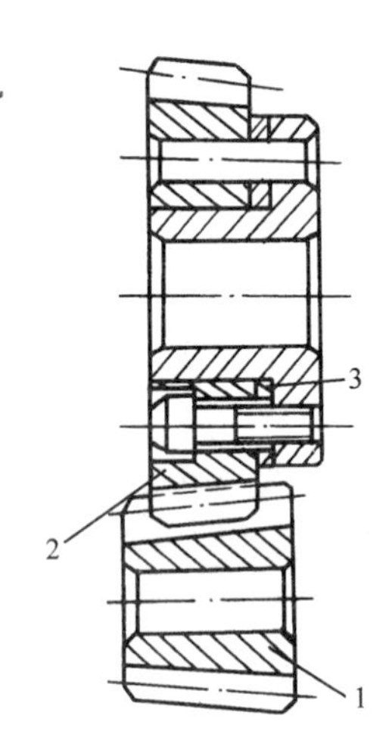

图 2-19　锥度齿轮消隙机构
1、2—齿轮　3—垫片

斜齿圆柱齿轮消隙机构如图 2-20 所示。宽齿轮 4 同时与两相同齿数的窄斜齿圆柱齿轮 1 和 2 啮合。斜齿圆柱齿轮 1 和 2 的齿形和键槽均拼装起来同时加工，加工时在两窄斜齿圆柱齿轮间装入厚度为 t 的垫片 3。装配时，通过改变垫片 3 的厚度，使两齿轮的螺旋面错位，两齿轮的左右两齿面分别与宽齿轮齿面接触，以消除齿侧间隙。

2) 柔性消隙法　柔性消隙法指调整后齿侧间隙可以自动补偿。采用这种消隙方法时，对齿轮齿厚和齿距的精度要求可适当降低，但对影响传动平稳性有负面影响，且传动刚度低，结构也较复杂。

双齿轮错齿式消隙机构如图 2-21 所示。相同齿数的两薄片齿轮 1 和 2 同时与另一宽齿轮啮合，两齿轮薄片套装在一起，并可作相对转动。每个齿轮断面均布四个螺孔，分别安装凸耳 4 和 3。弹簧 8 两端分别钩在凸耳 4 和调节螺钉 5 上，由螺母 6 调节弹簧 8 的拉力，再由螺母 7 锁紧。在弹簧的拉力作用下，两薄齿轮的左右齿面分别与宽齿轮的左右齿面接触，从而消除侧隙。需要指出，弹簧拉力必须保证能承受最大转矩。

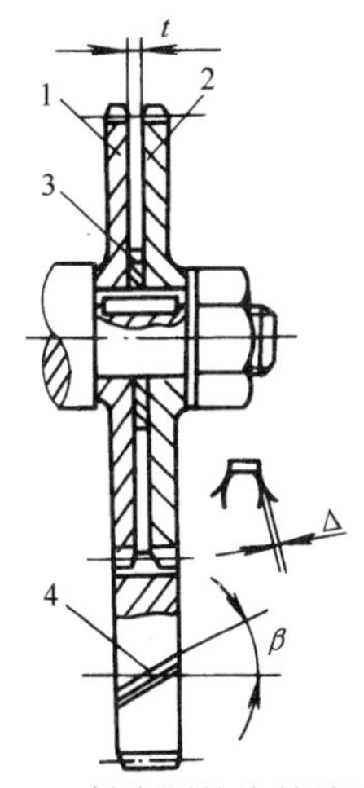

图 2-20 斜齿圆柱齿轮消隙机构

1、2—窄斜齿圆柱齿轮

3—垫片 4—宽齿轮

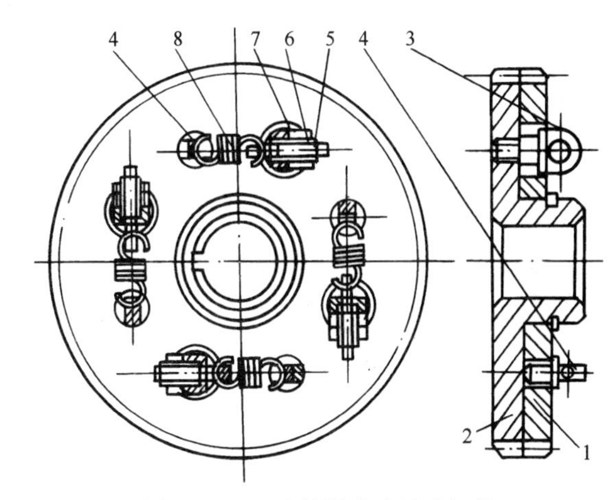

图 2-21 双齿轮错齿式消隙机构

1、2—薄片齿轮 3、4—凸耳 5—调节螺钉 6、7—螺母 8—弹簧

碟形弹簧消除斜齿圆柱齿轮侧隙的机构如图 2-22 所示。薄片斜齿圆柱齿轮 1 和 2 同时与宽齿轮 6 啮合，螺母 5 通过垫片 4 调节碟形弹簧 3 的压力，以达到消除侧隙的目的。

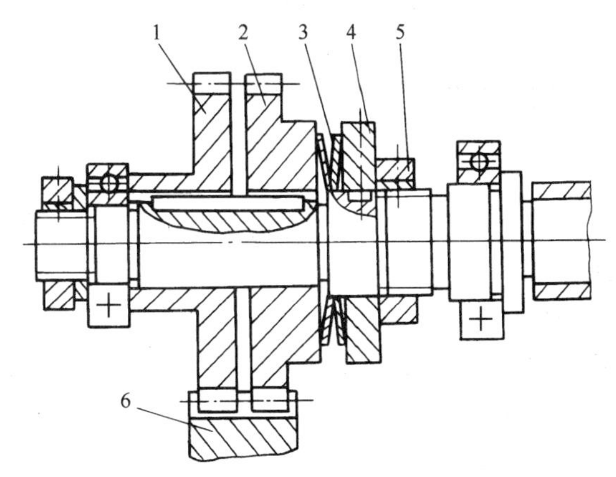

图 2-22 碟形弹簧消隙机构

1、2—薄片斜齿圆柱齿轮 3—碟形弹簧

4—垫片 5—螺母 6—宽齿轮

压力弹簧消隙机构如图 2-23 所示，这种消隙机构适用于锥齿轮传动。一个锥齿轮由内外两个可在切向相对转动的锥齿圈 1 和 2 组成。齿轮的外圈 1 有三个周向圆弧槽 8，齿轮的内圈 2 端面有三个凸爪 4，套装在圆弧槽内。弹簧 6 的两端分别顶在凸爪 4 和镶块 7 上，使内外两齿圈切向错位进行消隙。螺钉 5 在安装时用，用毕卸去。

双斜齿圆柱齿轮消隙机构如图 2-24 所示。轴 2 输入进给运动，通过两对斜齿圆柱齿轮将运动传给轴 1 和轴 3，再由直齿圆柱齿轮 4 和 5 驱动齿条运动。轴 2 上两个斜齿圆柱齿轮的螺旋方向相反。轴 2 在弹簧力 F 的作用下产生轴向位移，使斜齿圆柱齿轮产生微量轴向运动，轴 1 和轴 3 以相反方向转过微小角度，使齿轮 4 和 5 分别与同一根齿条的两齿面贴紧，消除侧隙。

(2) 丝杠螺母间隙的调整　丝杠螺母传动系统的轴向间隙为丝杠静止时螺母

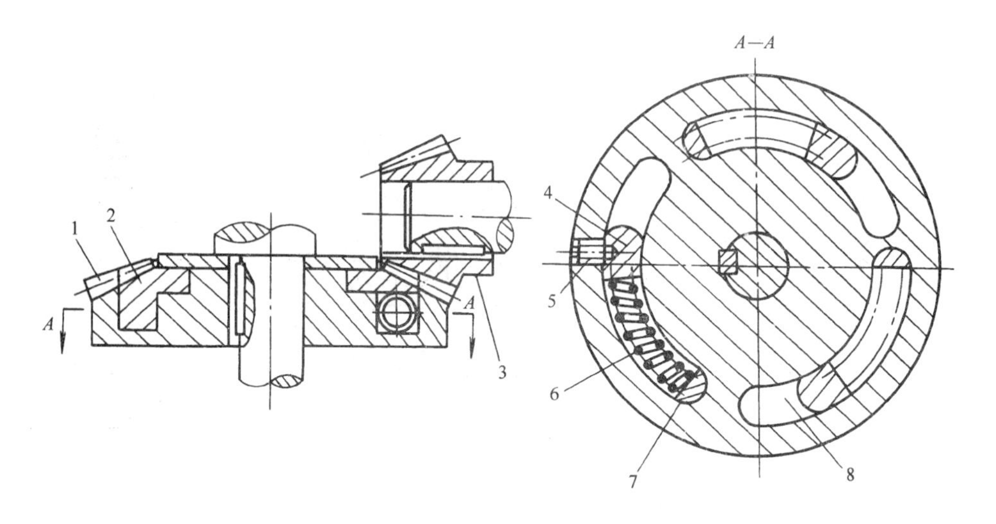

图 2-23　压力弹簧消隙机构

1—锥齿轮外圈　2—锥齿轮内圈　3—锥齿轮　4—凸爪

5—螺钉　6—弹簧　7—镶块　8—圆弧槽

沿轴向的位移量。机电一体化系统中常用滚珠丝杠螺母传动，其间隙的调整既要考虑轴向间隙又要考虑滚珠与滚道的接触弹性变形。丝杠螺母传动系统的调隙一般采用双螺母结构。

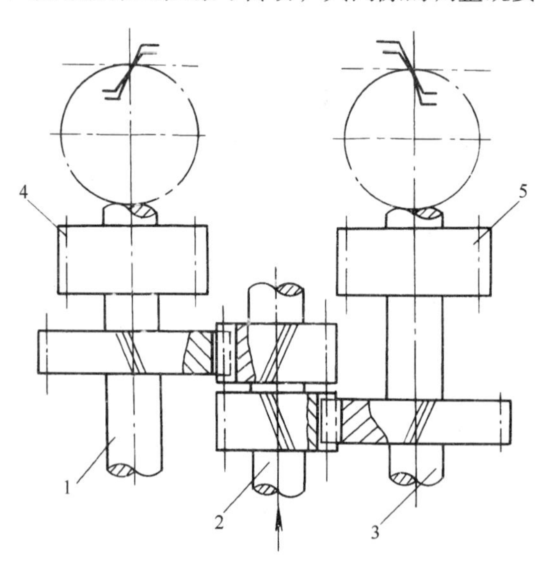

图 2-24　双斜齿圆柱齿轮消隙机构

1、3—从动斜齿圆柱齿轮轴　2—主动斜齿圆柱齿轮轴　4、5—直齿圆柱齿轮

垫片式调隙机构如图 2-25 所示。通过调整垫片的厚度，使两螺母产生轴向相对位移，以消隙和预紧。这种结构简单可靠，装卸方便，刚性好，但调整费时，且不能在工作中调整。

螺纹式调隙机构如图 2-26 所示。双螺母结构中的右螺母带有外螺纹套筒，两螺母用平键联接以防止转动，以右端两锁紧螺母调隙并预紧。这种结构紧凑可靠，调整方便，但调隙不精确。

齿差式调隙机构如图 2-27 所示。两螺母的凸缘上分别切出齿数差为 1 的两齿轮，并分别与固定在外套两端面上的两内齿圈啮合。转动其中一个螺母，改变两螺母的轴向相对位置，以调隙和预紧。调整时先脱开一个内齿

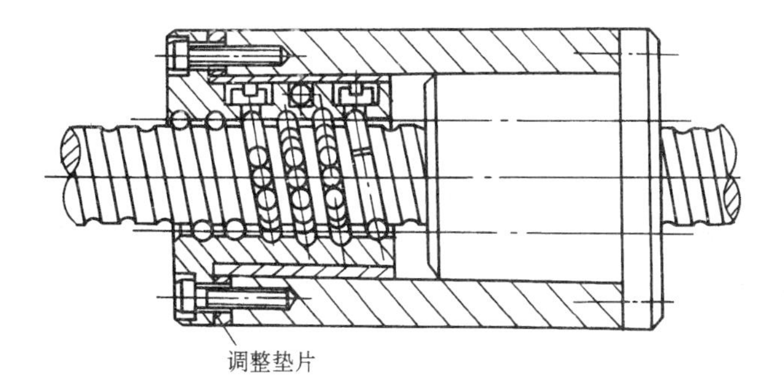

图 2-25　垫片式调隙机构

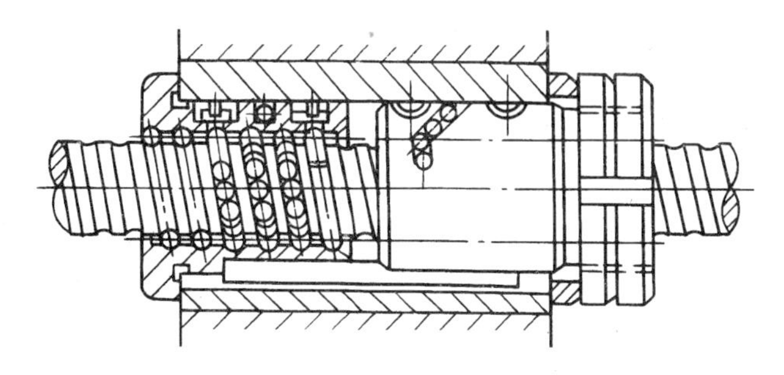

图 2-26　螺纹式调隙机构

圈，转动螺母，再合上内齿圈。若该螺母转过一齿，则其轴向位移量为 $S = L/z_1$（L 为丝杠导程，z_1 为齿轮齿数）；若两个齿轮沿同一方向各转过一齿，则其轴向相对位移量为 $S = \left(\frac{1}{z_1} - \frac{1}{z_2}\right)L = \frac{(z_2 - z_1)\ L}{z_1 z_2} = \frac{L}{z_1 z_2}$（$z_2$ 为另一齿轮齿数，且 $|z_2 - z_1| = 1$）。例如 $z_1 = 99$，$z_2 = 100$，$L = 10\text{mm}$，则 $S = 10/9900\text{mm} \approx 1\mu\text{m}$。这种结构调整准确可靠，精度较高，但结构较复杂。

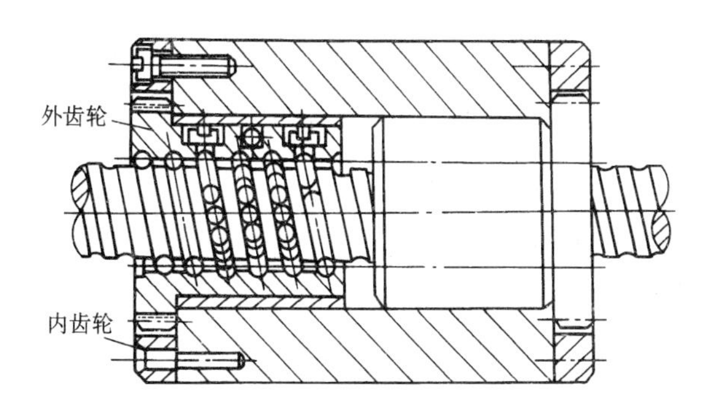

图 2-27　齿差式调隙机构

第三节 机械传动装置

机电一体化系统中的机械传动装置不仅是转矩和转速的变换器，而且是伺服系统的重要组成部分，所以机电一体化系统的机械传动装置应具有良好的伺服性能，要求其转动惯量小、摩擦小、阻尼合理、刚性大、抗振性好、间隙小，并满足小型、轻量、高速、低噪声和高可靠性。

一、齿轮传动

齿轮传动是机电一体化系统中使用最多的机械传动装置，主要原因是齿轮传动的瞬时传动比为常数，传动精确，且强度大、能承受重载、结构紧凑、摩擦力小、效率高。

1. 齿轮传动总传动比的选择

用于伺服系统的齿轮传动一般是减速系统，其输入是高速、小转矩，输出是低速、大转矩。要求齿轮系统不但有足够的强度，还要有尽可能小的转动惯量，在同样的驱动功率下，其加速度响应为最大。此外，齿轮副的啮合间隙会造成不明显的传动死区。在闭环系统中，传动死区能使系统以 1～5 倍的间隙角产生低频振荡，为此，要调小齿侧间隙，或采用消隙装置。在上述条件下，通常采用负载角加速度最大原则选择总传动比，以提高伺服系统的响应速度。

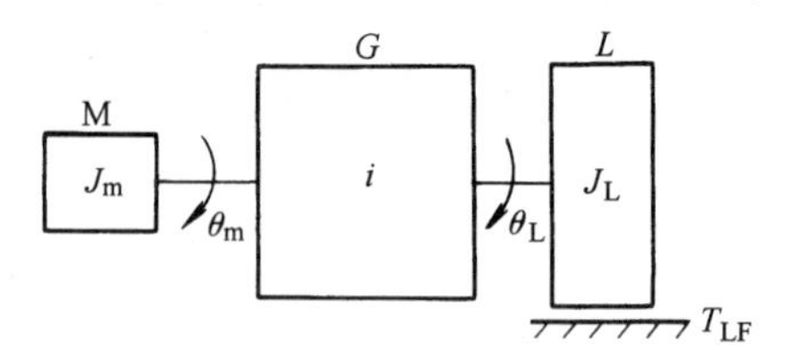

图 2-28 电动机驱动齿轮系统和负载的计算模型

设惯量为 J_m 的伺服电动机，通过传动比为 i 的齿轮系 G 克服摩擦阻抗力矩 T_{LF}驱动惯性负载 J_L，其传动模型如图 2-28 所示。

其传动比为

$$i=\theta_m/\theta_L=\dot{\theta}_m/\dot{\theta}_L=\ddot{\theta}_m/\ddot{\theta}_L>1 \tag{2-56}$$

式中 θ_m、$\dot{\theta}_m$、$\ddot{\theta}_m$——电动机的角位移(°)、角速度((°)/s)、角加速度((°)/s^2)；

θ_L、$\dot{\theta}_L$、$\ddot{\theta}_L$——负载的角位移(°)、角速度((°)/s)、角加速度((°)/s^2)。

T_{LF}折算到电动机轴上的阻抗力矩为 T_{LF}/i。J_L折算到电动机轴上的转动惯量为 J_L/i^2，所以电动机轴上的等效转动惯量为

$$T_d=T_m-\frac{T_{LF}}{i}=\left(J_m+\frac{J_L}{i^2}\right)\ddot{\theta}_a=\left(J_m+\frac{J_L}{i^2}\right)i\ddot{\theta}_L \tag{2-57}$$

或

$$\ddot{\theta}_m=\frac{T_m i-T_{LF}}{J_m i^2+J_L}=\frac{iT_c}{J_m i^2+J_L} \tag{2-58}$$

根据负载角加速度最大原则，令$\frac{\partial \dot{\theta}_L}{\partial i}=0$，则

$$i=\frac{T_{LF}}{T_m}+\sqrt{\left(\frac{T_{LF}}{T_m}\right)^2+\frac{J_L}{J_m}}$$

若不计摩擦，即 $T_{LF}=0$，则

$$i=\sqrt{J_L/J_m}$$

2. 齿轮传动链的级数和各级传动比的分配

虽然周转轮系可以满足总传动比的要求，且结构紧凑，但由于效率等原因，常用多级圆柱齿轮传动副串联组成齿轮系。齿轮副级数的确定和各级传动比的分配，按以下三种不同原则进行。

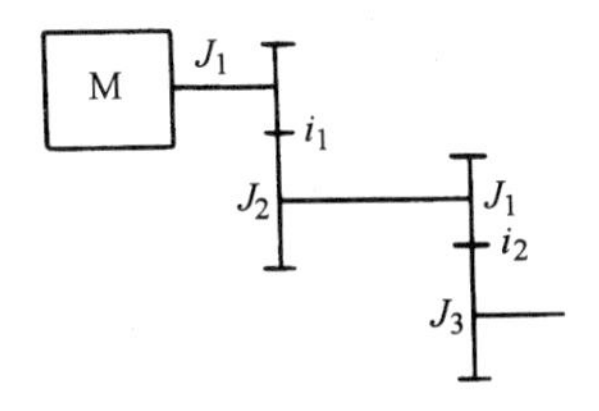

图 2-29　电动机驱动的两级齿轮机构

(1) 最小等效转动惯量原则

1) 小功率传动装置　电动机驱动的二级齿轮传动系统如图 2-29 所示。假定各主动小齿轮具有相同的转动惯量 J_1，轴与轴承转动惯量不计，各齿轮均为实心圆柱体，且齿宽和材料均相同，效率为 1，则

当 $i_1^4 \geqslant 1$ 时：
$$i_2 \approx i_1^2/\sqrt{2} \tag{2-59}$$

或
$$i_1 \approx (\sqrt{2}i)^{1/3} \tag{2-60}$$

式中　i_1、i_2——齿轮系中第一、二级齿轮副的传动比；

i——齿轮系总传动比，$i=i_1 i_2$。

同理，对于 n 级齿轮传动系统

$$i=2^{\frac{2^n-n-1}{2(2^n-1)}} i^{\frac{1}{2^n-1}} \tag{2-61}$$

$$i_k=\sqrt{2}\left(\frac{i}{2^{n/2}}\right)^{\frac{2^{(k-1)}}{2^n-1}} \qquad (k=2\sim n) \tag{2-62}$$

由此可见，各级传动比分配的结果应为“前大后小”。

2) 大功率传动装置　大功率传动装置传递的转矩大，各级齿轮副的模数、齿宽、直径等参数逐级增加。这时小功率传动的假定不适用，可用图 2-30 来确定传动级数和传动比，分配结果仍为“前小后大”。

(2) 质量最小原则

1) 小功率传动装置　仍以图 2-29 所示的传动齿轮系为例，假设条件不变，若齿轮直径为 $d_i(i=1,2,3,4)$，宽度为 b，密度为 ρ，则齿轮的质量和为

$$m=\sum_{i=1}^{4} m_i=\pi\rho b\sum_{i=1}^{4}(d_i/2)^2 \tag{2-63}$$

根据假设条件 $d_1=d_3$，而 $i=i_1i_2$

则
$$m=\pi\rho bd_1^2(2+i_1^2+i^2/i_1^2)/4$$

令 $\mathrm{d}m/\mathrm{d}i_1=0$ 得

$$i_1=i_2 \tag{2-64}$$

同理对 n 级传动可得

$$i_1=i_2=\cdots=i_n \tag{2-65}$$

2）大功率传动装置 仍以图 2-29 所示的齿轮系为例。假设所有主动小齿轮的模数 m_1、m_3，分度圆直径 d_1、d_3，齿宽 b_1、b_3，都与所在轴上的转矩 T_1、T_3 的三次方根成正比，即

$$m_3/m_1=d_3/d_1=b_3/b_1=\sqrt[3]{T_3/T_1}=\sqrt[3]{i_1} \tag{2-66}$$

另设每个齿轮副中齿宽相等，即 $b_1=b_2$，$b_3=b_4$，可得

$$i=i_1\sqrt{2i_1+1} \tag{2-67}$$

$$i_2=\sqrt{2i_1+1} \tag{2-68}$$

所得各级传动比应为“前大后小”。

(3) 输出轴的转角误差最小原则

在减速齿轮传动链中，从输入端到输出端的各级传动比按“前小后大”原则排列，则总转角误差较小，且低速级的转角误差占的比重很大。因此，为了提高齿轮传动精度，应减少传动级数，并使末级齿轮的传动比尽可能大，制造精度尽量高。

(4) 三种原则的选择

上述三项原则的选择，应根据具体的工作条件综合考虑。

1）对于以提高传动精度和减小回程误差为主的降速齿轮传动链，可按输出轴转角误差最小原则设计。若为增速传动链，则应在开始几级就增速。

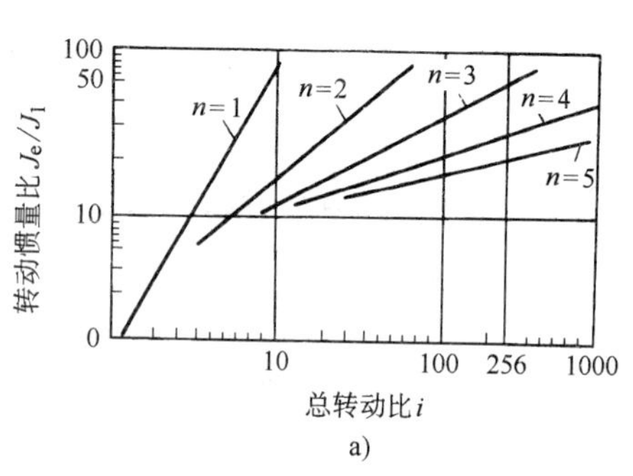

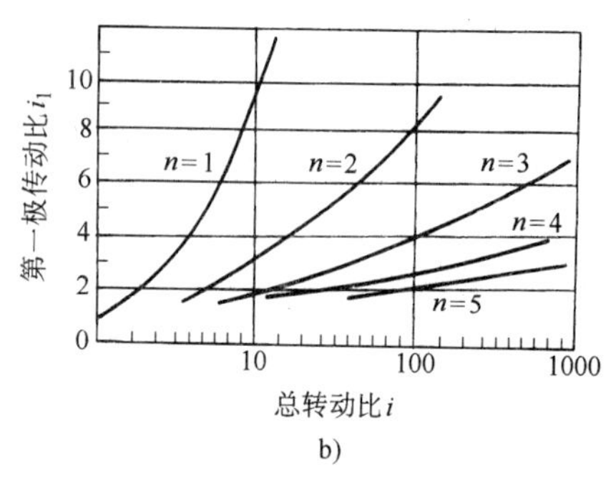

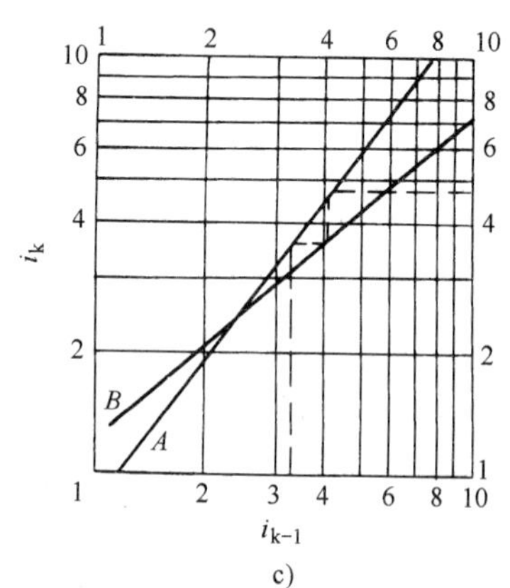

图 2-30 大功率传动系统级数和传动比曲线

a)级数曲线 b)第一级传动比曲线 c)其他级传动比曲线

2）对于要求运动平稳、启停频繁和动态性能好的伺服减速传动链，可按最小等效转动惯量和输出轴转角误差最小原则进行设计。对于负载变化的齿轮传动装置，各级传动比最好采用不可约的比数，避免同时啮合。

3）对于要求质量尽可能小的降速传动链，可按质量最小原则进行设计。

4）对于传动比很大的齿轮传动链，可把定轴轮系和行星轮系结合使用。

二、滚珠花键

滚珠花键结构如图 2-31 所示。花键轴的外圆上均布三条凸起轨道，配有六条负荷滚珠列，相对应有六条退出滚珠列。轨道横截面为近似滚珠的凹圆形，以减小接触应力。承受载荷转矩时，三条负荷滚珠列自动定心。反转时，另三条负载列自动定心。这种结构使切向间隙（角冲量）减小，必要时还可用一个花键螺母的旋转方向施加预紧力后再锁紧，刚度高，定位准确。外筒上开键槽，以备联接其他传动件。保持架使滚珠互不摩擦，且拆卸时不会脱落。用橡胶密封垫防尘，以提高使用寿命，通过油孔润滑以减少磨损。

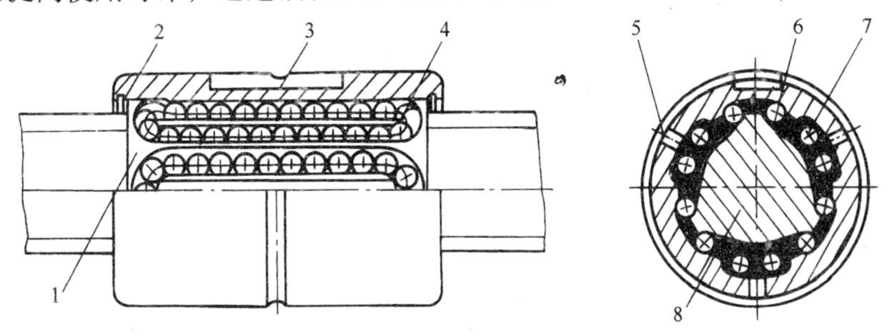

图 2-31　滚珠花键传动

1—保持架　2—橡胶密封圈　3—键槽　4—外筒　5—油孔
6—负荷滚珠列　7—退出滚珠列　8—花键轴

外筒与花键轴之间即可以轴带筒或以筒带轴作回转运动，又可以作灵活、轻便的相对直线运动，所以滚动花键既是一种传动装置，又是一种直线运动支承。可用于机器人、机床、自动搬运车等各种机械。

三、谐波齿轮减速器

谐波齿轮减速器的工作原理如图 2-32 所示。若将刚轮 4 固定，外装柔性轴承 3 的波发生器凸轮 2 装入柔轮 1，使原为圆环形的柔轮产生弹性变形。柔轮两端的齿与刚轮的齿完全啮合，而柔轮短轴两端的齿与刚轮的齿完全脱开，长轴与短轴间的齿侧逐渐啮入和啮出。当高速轴带动波发生器凸轮和柔性轴承逆时针连续转动时，柔轮上原来与刚轮啮合的齿对开始啮出后脱开，再转入啮入，然后重新啮合，这样柔轮就相对于刚轮沿着与波发生器相反的方向低速旋转，通过低速轴输出运动。若将柔轮 1 固定，由刚轮 4 输出运动，其工作原理完全相同，只是刚轮的转向将与波发生器的转向相同。

谐波齿轮减速器的结构如图 2-33 所示，轴 1 带动波发生器凸轮 3，经柔性轴承 4，使柔轮 2 的齿在产生弹性变形的同时，与刚轮 5 的齿相互作用，完成减速功能，柔轮的低速自转通过输出轴输出。

谐波齿轮传动与一般齿轮传动相比较，有下列特点：

(1) 传动比大　单级谐波齿轮传动比为 50～500。多级或复式传动比更大，可达 30000 以上。

(2) 承载能力大　在传输额定输出转矩时，谐波齿轮传动同时啮合的齿对数可达总齿对数的 30%～40%。

(3) 传动精度高　在同样的制造精度条件下，谐波齿轮的传动精度比一般齿轮的传动精度至少要高一级。

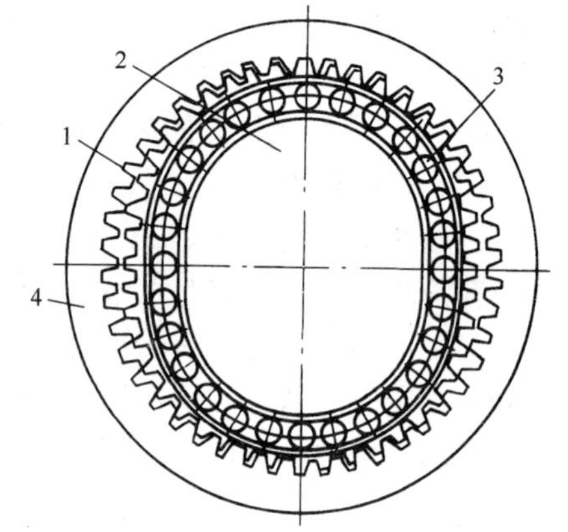

图 2-32　谐波齿轮传动的工作原理
1—柔轮　2—波发生器凸轮
3—柔性轴承　4—刚轮

(4) 齿侧间隙小　通过调整齿侧隙可减到最小，以减少传动回差。

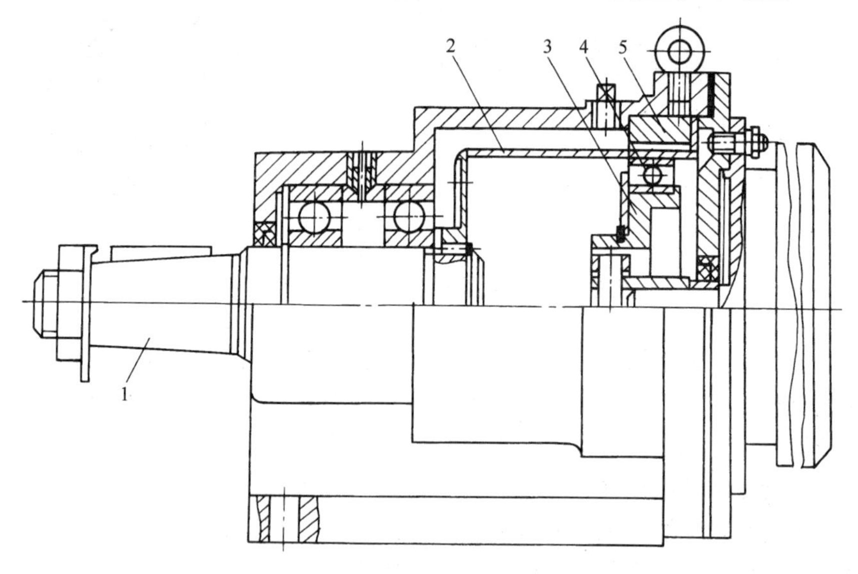

图 2-33　谐波齿轮减速器
1—输入轴　2—柔轮　3—波发生器凸轮　4—柔性轴承　5—刚轮

(5) 传动平稳　基本上无冲击振动。

(6) 结构简单、体积小、重量轻　在传动比和承载能力相同的条件下，谐波齿轮减速器比一般齿轮减速器的体积和质量减少约 1/2～1/3。

四、机械传动系统方案的选择

机电一体化系统或产品对机械系统要求精度高、运行平稳、工作可靠，这不仅是机械传动和结构本身的问题，而且要通过控制装置，使机械传动部分与伺服电机的动态性能相匹配，在设计过程中要综合考虑这几部分的相互影响。

如前所述，对于伺服机械传动系统，一般要求具有高的机械固有频率、高刚度、合适的阻尼、线性的传递性能、小惯量等，这些都是保证伺服系统具有良好的伺服特性（精度、快速响应、稳定性）所必需的。设计过程中应考虑多种设计方案，优化评价决策，反复比较，选出最佳方案。

以数控机床进给系统为例，可以有以下几种选择：丝杠传动、齿条传动和蜗杆传动（蜗轮、旋转工作台）。如图 2-34 所示，若丝杠行程大于 4m，则刚度难以保证，所以可选择齿条传动。

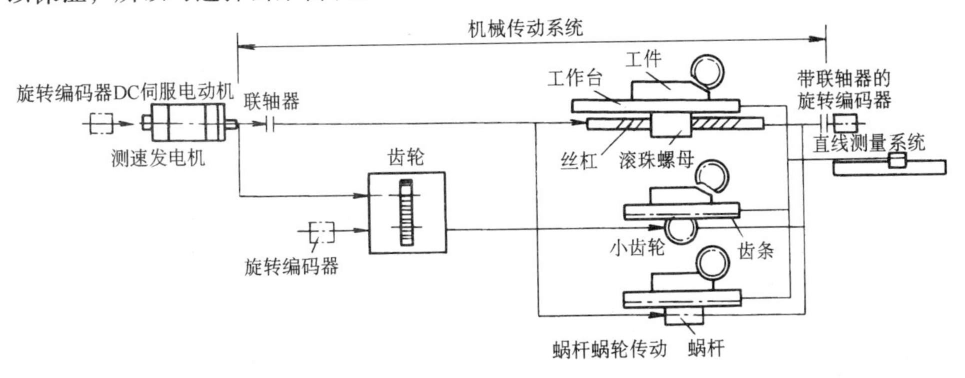

图 2-34　机床进给系统方案举例

当选择丝杠传动后，丝杠与伺服电动机的联接关系有直接传动和中间用齿轮或同步带传动两种。在同样的工作条件下，选择不同类型的电动机，相应的丝杠尺寸和齿轮传动比也不同。例如，要求进给力 $F_v = 12.5$kN，快速行程速度 $v =$ 12m/min 时，可采用不同的伺服电动机与传动方案，见表 2-3。表中 T_R 为额定转矩，n_R 为额定转速，E 为能量，ε_m 为线加速度，F_v 为进给力，v 为快进速度，ω_n 为固有频率。成本比较只是三相全波与三相半波无环流反并联式线路成本，不包括齿轮传动装置。

表 2-3　不同传动方案比较

传　动	电动机	T_R/(N·m)	n_R/(r/min)	E/J	ε_m (m/s^2)	F_v/kN	v/(m/min)	ω_{nm}/(rad/s)	成本比较(%) 6脉冲	成本比较(%) 3脉冲
L_0=10mm	1HU3104	25	1200	364	3.5	12.5	12	137	100	112

（续）

传　　动	电动机	T_R/(N·m)	n_R/(r/min)	E/J	ε_m (m/s^2)	F_v/kN	v/(m/min)	ω_{nm}/(rad/s)	成本比较(%)	
									6 脉冲	3 脉冲
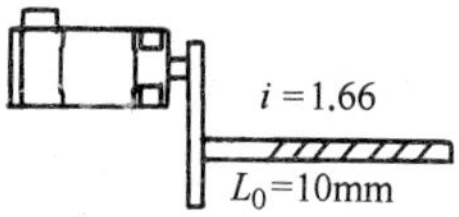 $i=1.66$ $L_0=10mm$	1HU3078	14	2000	250	4.7	11.6	12	244	88	98
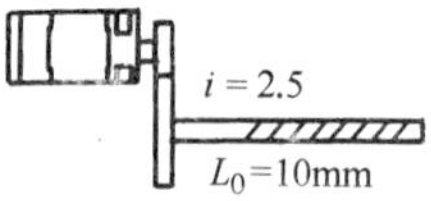 $i=2.5$ $L_0=10mm$	1HU3076	10	3000	510	2.5	12.5	12	308	85	98
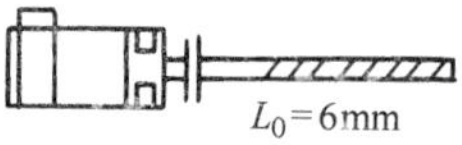 $L_0=6mm$	1HU3078	14	2000	290	4	11.6	12	232	88	98
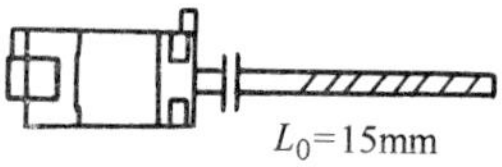 $L_0=15mm$	1HU3108	38	800	210	6.1	12.5	18	107	121	138
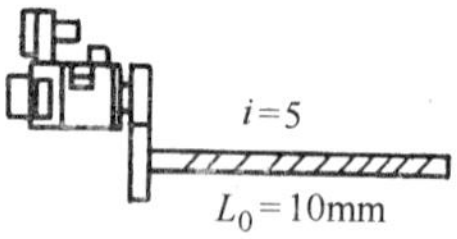 $i=5$ $L_0=10mm$	1GS3107	6.8	6000	590	2.9	17	12	143	106	114

注：1. 1HU 型为永磁式 DC 伺服电动机；1GS 型为电磁式 DC 伺服电动机，均为德国电动机型号。

2. 工作台与工件质量为 3000kg。

第三章　传感器检测及其接口电路

传感器在机电一体化设备中是不可缺少的组成部分 。它是整个设备的感觉器官，监视监测着整个设备的工作过程，使其保持最佳工作状况，同时可用作数显装置。在闭环伺服系统中，传感器又用作位置环的检测反馈元件，其性能直接影响到工作机械的运动性能、控制精度和智能水平。因而要求传感器灵敏度高、动态特性好，特别要求其稳定可靠、抗干扰性强且能适应不同环境。

检测传感器种类很多，而在机电一体化产品中，控制系统的控制对象主要是伺服驱动单元和执行机构，传感器主要用于检测位移、速度、加速度、运动轨迹以及机器操作和加工过程参数等机械运动参数，本章在介绍了传感器的相关知识的基础上，重点介绍了位移、速度、加速度、位置四种类型的机械量检测与控制传感器，及后续处理接口电路。

第一节　传　感　器

一、传感器技术

传感器是借助于检测元件接收一种形式的信息，并按一定规律将它转换成另一种信息的装置。它获取的信息，可以是各种物理量、化学量和生物量，而且转换后的信息也是有各种形式。由于电信号是最易于处理和便于传输的，所以目前大多数的传感器将获取的信息转换为电信号。

目前，传感器应用领域已经十分广泛，在国防、航空、航天、交通运输、能源、机械、石油、化工、轻工、纺织等工业部门和环境保护、生物医学工程等方面都大量地采用各种各样的传感器。

二、传感器的分类及要求

用于测量与控制的传感器种类繁多，同一被测量，可以用不同的传感器来测量；而同一工作原理的传感器，又可测量不同类型的被测量。因此，分类的方法也又很多。通常采用两种方法来分类：一种是以被测参量来分；另一种是以传感器的工作原理来分。表 3-1 列出了目前的一些分类方法。

表 3-1　传感器的分类

分类法	形式	说　明
按构成原理分	结构型	以其转换元件结构参数变化实现信号转换
	物理型	以其转换元件物理特性变化实现信号转换

（续）

分类法	形式	说　明
按基本效应分	物理型、化学型、生物型等	分别以转换中的物理效应、化学效应等命名
按能量关系分	能量转换型（自源型）	传感器输出量直接由被测量能量转换而得
	能量控制型（外源型）	传感器输出量能量有外源供给，但受被测输入量控制
按作用原理	应变式、电容式、压电式、热电式等	以传感器对信号转换的作用原理命名
按输入量分	位移、压力、温度、流量、气体等	以被测量命名，也就是按用途来分类的
按输出量分	模拟式 数字式	输出量为模拟信号 输出量为数字信号

三、传感器性能与选用原则

1. 传感器的性能

传感器的输入—输出特性即是传感器的基本特性。由于输入信息的状态不同，传感器所表现的基本特性也不同，因此存在所谓的静态特性和动态特性。

（1）传感器的静态特性　传感器在静态信号作用下，其输入—输出关系称为静态特性。如图 3-1 所示，图 a 为理想传感器特性曲线，图 b 为只包含偶次项的特性，图 c 为只包含奇次项的特性曲线。衡量传感器静态特性的重要指标是线性度、灵敏度、迟滞和重复性。

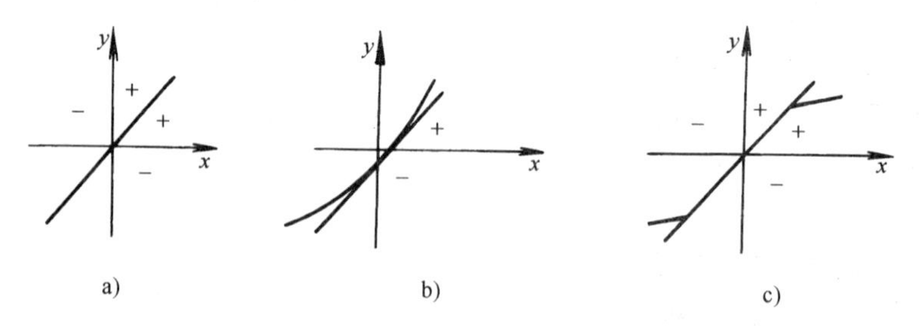

图 3-1　传感器的静态特性

1）线性度　传感器的实际特性曲线与拟合直线之间的偏差称为传感器的非线性误差（线性度），如图 3-2 所示。

2）灵敏度　灵敏度是指传感器在静态信号输入情况下，输出变化对输入变化的比值 s，即：

$$s=\frac{输出变化量}{输入变化量}=\frac{\mathrm{d}y}{\mathrm{d}x}$$

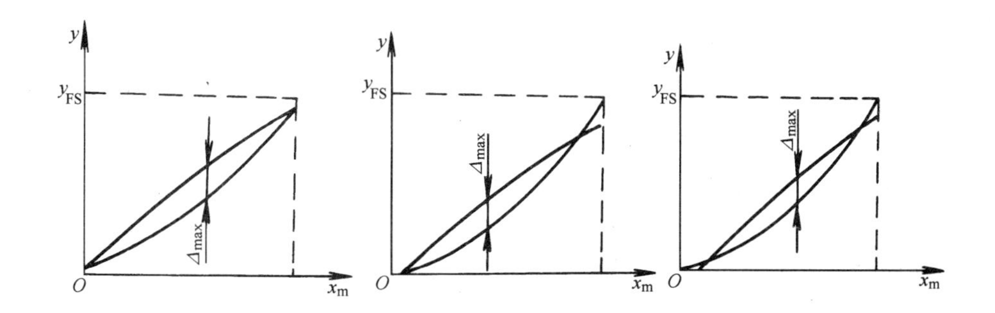

图 3-2　输出—输入特性的非线性

对线性传感器，它的灵敏度就是它的静态特性的斜率，非线性传感器的灵敏度为一变量。一般希望传感器的灵敏度高一些，并且在满量程范围内是恒定的，即传感器的输入—输出特性为直线。

3）迟滞性　迟滞性表明传感器在正（输入量增大）、反（输入量减少）行程期间输入—输出特性曲线不重合的程度，如图 3-3 所示。产生迟滞性现象的主要原因是机械的间隙、摩擦或磁滞等因素。

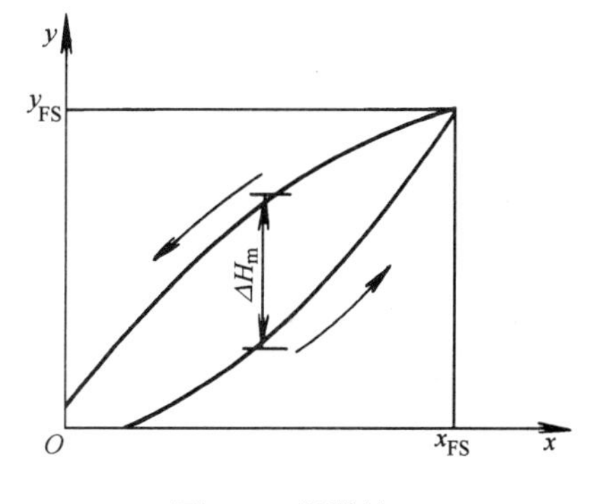

图 3-3　迟滞性

4）重复性　重复性表示传感器在输入量按同一方向作全程多次测试时所得特性曲线的不一致程度，如图 3-4 所示。

（2）传感器的动态特性　在传感器实际测试工作中，大量的被测信号是动态信号，不仅需要精确地测量信号幅值的大小，而且需要测量和记录动态信号的变化过程，这就要求传感器能迅速准确地测出信号幅值的大小和不失真地再现被测信号随时间变化的实时、准确波形。

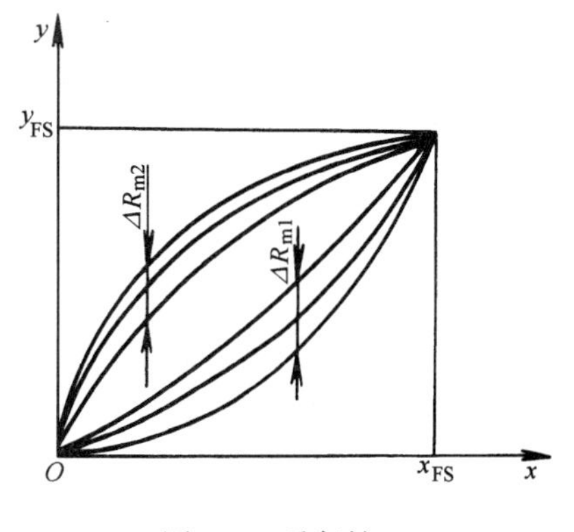

图 3-4　重复性

传感器的动态特性是指传感器对输入信号响应的特性，一个动态特性好的传感器其输出能再现输入变化规律（变化曲线）。但实际上除了具有理想的比例特性环节外，输出信号不可能与输入信号具有完全相同的时间函数，这种输出与输入之间的差异叫做动态误差。

2. 传感器的选用原则

传感器是测量与控制系统的首要环节，通常应该具有快速、准确、可靠而又经济地实现信息转换的基本要求，即：

1）足够的容量　传感器的工作范围或量程要足够的大，具有一定过载的能力。

2）与测量或控制系统的匹配性好，转换灵敏度高　要求其输出信号与被测输入信号成确定关系（通常为线性），且比值要大。

3）精度适当，且稳定性高　传感器的静态响应与动态响应的准确度能满足要求，并且长期稳定。

4）反应速度快，工作可靠性好。

5）适用性和适应性强　动作能量小，对被测对象的状态影响小，内部噪声小又不易受外界干扰的影响，使用安全等。

6）使用经济　成本低，寿命长，且易于使用、维修和校准。

在实际的传感器选用过程中，能完全满足上述要求的传感器是很少的。我们应根据应用的目的、使用环境、被测对象情况、精度要求和信号处理等具体条件做全面综合考虑。

第二节　位移测量传感器

位移测量传感器是线性位移和角位移测量的总称，位移测量在机电一体化领域中应用十分广泛。常用直线位移测量传感器有：电感传感器、电容传感器、感应同步器、光栅传感器等；常用角位移传感器有：电容传感器、光电编码盘等。

一、电容传感器

电容式传感器是将被测非电量的变化转换为电容量变化的一种传感器。这种传感器具有结构简单、高分辨力、可实现非接触测量，并能在高温、辐射和强烈振动等恶劣条件下工作等优点，因此在自动检测中得到普遍应用。

现以平板式电容器来说明电容式传感器的工作原理。电容是由两个金属电极和中间的一层电介质构成的。当两极板间加上电压时，电极上就会贮存有效电荷，所以电容器实际上是一个储存电场能的元件。平板式电容器在忽略边缘效应时，其电容量可表示为

$$C=\frac{\varepsilon_0\varepsilon_r A}{\delta} \tag{3-1}$$

式中　ε_0——真空介电常数，等于 8.85×10^{-12}F/m；

ε_r——极板间介质的相对介电常数；

A——极板的有效面积（mm^2）；

δ——两极板间的距离（mm）。

从上式可知，当其中的 δ、A、ε_r 三个变量中任意一个发生变化时，都会引起电容量的变化，通过测量电路就可转换为电量输出。根据上述工作原理，电容

式传感器可分为变极距型、变面积型和变介质型三种类型。

1. 变极距型电容传感器

如图 3-5a 为变极距型电容传感器的原理图。图中一个电极板固定不动，成为固定极板，另一极板可左右移动，引起极板间距离相应变化，从而引起电容量的变化。因此只要测出电容变化量，便可测得极板间距的变化量，即动极板的位移量。变极距电容传感器的初始电容 C_0 可由下式表达

$$C_0=\frac{\varepsilon_0\varepsilon_r A}{\delta_0} \tag{3-2}$$

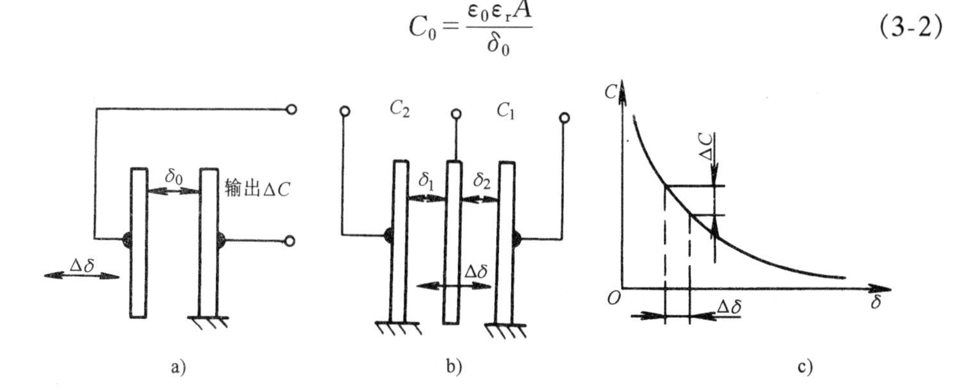

图 3-5 变极距型电容传感器原理图

当动极板因被测量变化而向左移动使 δ_0 减小 $\Delta\delta$ 时，电容量增大 ΔC，则有

$$C_0+\Delta C=\frac{\varepsilon_0\varepsilon_r A}{\delta_0-\Delta\delta}=C_0\frac{1}{(1-\Delta\delta/\delta_0)} \tag{3-3}$$

可见，传感器输出特性 $C=f(\delta)$ 是非线性的，如图 3-5c，电容相对变化量为

$$\frac{\Delta C}{C_0}=\frac{\Delta\delta}{\delta_0}\left(1-\frac{\Delta\delta}{\delta_0}\right)^{-1} \tag{3-4}$$

如果满足条件（$\Delta\delta/\delta_0$）$\ll 1$，式（3-4）可按级数展开

$$\frac{\Delta C}{C_0}=\frac{\Delta\delta}{\delta_0}\left[1+\frac{\Delta\delta}{\delta_0}+\left(\frac{\Delta\delta}{\delta_0}\right)^2+\left(\frac{\Delta\delta}{\delta_0}\right)^3+\cdots\right] \tag{3-5}$$

略去高次（非线性）项，可得近似的线性关系和灵敏度 S 分别为

$$\frac{\Delta C}{C_0}\approx\frac{\Delta\delta}{\delta_0} \tag{3-6}$$

$$S=\frac{\Delta C}{\Delta\delta}=\frac{C_0}{\delta_0}=\frac{\varepsilon_0\varepsilon_r A}{\delta_0^2} \tag{3-7}$$

如果考虑级数展开式中的线性项及二次项，则

$$\frac{\Delta C}{C_0}=\frac{\Delta\delta}{\delta_0}\left(1+\frac{\Delta\delta}{\delta_0}\right) \tag{3-8}$$

因此，以式（3-6）为传感器的特性使用时，其相对非线性误差 e_f 为

$$e_f = \frac{|(\Delta\delta/\delta_0)^2|}{|(\Delta\delta/\delta_0)|} \times 100\% = |\Delta\delta/\delta_0| \times 100\% \tag{3-9}$$

由上讨论可知：①变极距型电容传感器只有在 $\Delta\delta/\delta_0$ 很小（小测量范围）时，才有近似的线性输出。②灵敏度 S 与初始极距的平方成正比，故可减小 δ_0 的办法来提高灵敏度。

由式（3-9）可见，δ_0 的减小会导致非线性误差增大。为了改善这种状况，可采用差动变极距式电容传感器，这种传感器的结构如图 3-5b 所示。它有三个极板，其中两个极板固定不动，只有中间极板可以产生移动。当中间活动极板处在平衡位置时，即 $\delta_1 = \delta_2 = \delta_0$，则 $C_1 = C_2 = C_0$，如果活动极板向右移动 $\Delta\delta$，则 $\delta_1 = \delta_0 - \Delta\delta$，$\delta_2 = \delta_0 + \Delta\delta$，采用上述相同的近似线性处理方法，可得传感器电容总的相对变化为

$$\frac{\Delta C}{C_0} = \frac{C_1 - C_2}{C_0} = 2\frac{\Delta\delta}{\delta_0} \tag{3-10}$$

传感器相对非线性误差 e_f 为

$$e_f = \pm \left|\frac{\Delta\delta}{\delta_0}\right|^2 \times 100\%$$

不难看出，变极距式电容传感器改成差动式之后，非线性误差大大减少，而且灵敏度也提高了一倍。

2. 变面积型电容传感器

变面积型电容传感器原理结构如图 3-6 所示。它与变极距型不同的是，被测量通过动极板移动，引起两极板有效覆盖面积 A 改变，从而得到电容的变化。设动极板相对定极板沿长度 X_0 方向平移 ΔX 时，则电容为

$$C = C_0 - \Delta C = \frac{\varepsilon_0\varepsilon_r (X_0 - \Delta X) b_0}{\delta_0} \tag{3-11}$$

式中，$C_0 = \varepsilon_0\varepsilon_r X_0 b/\delta_0$ 为初始电容。电容的相对变化量为

$$\frac{\Delta C}{C_0} = \frac{\Delta X}{X_0} \tag{3-12}$$

很明显，这种传感器的输出特性呈线性。因而其量程不受线性范围的限制，适合于测量较大的直线位移和角位移。它的灵敏度为

$$S = \frac{\Delta C}{\Delta l} = \frac{\varepsilon_0\varepsilon_r b}{\delta_0} \tag{3-13}$$

必须指出，上述讨论只在初始极距 δ_0 精确保持不变时成立，否则将导致测量误差。为减小这种影响，可以采用如图 3-6 中所示的中间极移动的结构。

二、电感式传感器

电感式传感器利用电磁感应原理，把被测位移量变化成线圈自感或互感变化

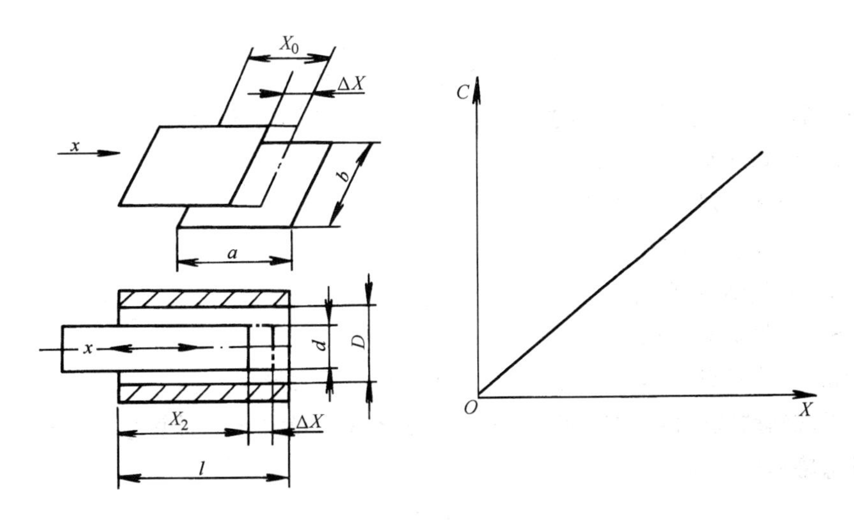

图 3-6　变面积型电容传感器原理图

的装置。电感式传感器结构简单，输出功率大，输出阻抗小，抗干扰能力强，但它的动态响应慢，不宜作快速动态测试。

1. 自感式传感器原理

由物理学磁路知识，线圈的自感系数为

$$L = W^2/R_M \tag{3-14}$$

式中　W——线圈匝数；

R_M——磁路总磁阻。

如图 3-7 所示，当铁心与衔铁之间有一很小空气隙 δ 时，可以认为气隙间磁场是均匀的，磁路是封闭的。不考虑磁路损失时，总磁阻为

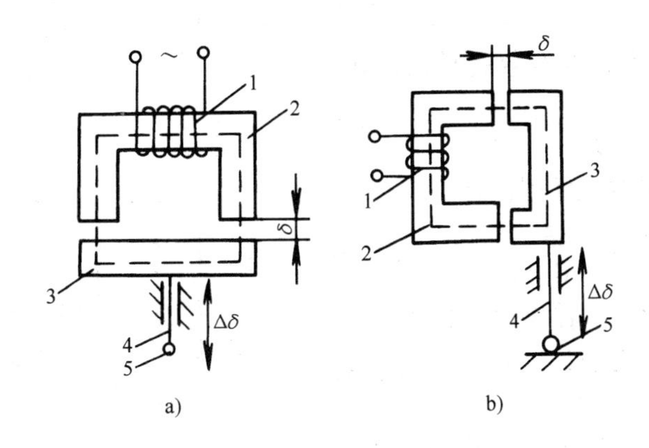

图 3-7　自感式传感器原理图

a) 气隙型　b) 截面型

1—线圈　2—铁心　3—衔铁　4—测杆　5—被测件

$$R_M = \sum_{i=1}^{n} \frac{l_i}{\mu_i S_i} + 2\frac{\delta}{\mu_0 S} \tag{3-15}$$

式中　第一项为导磁材料的磁阻（Ω）；第二项为气隙的磁阻（Ω）；

l_i——铁磁材料各段长度（mm）；

S_i——相应段的截面积（mm^2）；

μ_i——相应段的磁导率；

δ——气隙厚度（mm）；

S——气隙截面积（mm^2）；

μ_0——真空磁导率，空气磁导率近似等于真空磁导率。

考虑到铁磁材料的磁导率 μ_i 比空气磁导率 μ_0 大得多，计算总磁阻时，第一项可忽略不计，则

$$R_M \approx 2\delta / \mu_0 S \tag{3-16}$$

$$L = W^2 \frac{\mu_0 S}{2\delta} \tag{3-17}$$

根据式（3-17），可以分别改变气隙厚度 δ、气隙截面积 S 来改变 L。自感系数 L 与气隙厚度 δ 成反比，有非线性误差，灵敏系数 K_L 高。自感系数 L 与截面积 S 成正比，成线性关系，灵敏系数 K_L 较低。

另外利用某些铁磁材料的压磁效应改变磁导率，可设计成压磁式传感器。

2. 变气隙式电感传感器

图 3-7a 为变气隙式电感传感器示意图。由式（3-17）可知，当气隙减少 $\Delta\delta$ 时，使电感值 L 增加 ΔL。一般取 $\delta = 0.1 \sim 0.5$mm。由此可得

$$\Delta L = \frac{W^2 \mu_0 S}{2}\left(\frac{1}{\delta - \Delta\delta} - \frac{1}{\delta}\right) = L\frac{\Delta\delta}{\delta - \Delta\delta} = L\frac{\Delta\delta/\delta}{1 - \Delta\delta/\delta} \tag{3-18}$$

显然，$\Delta\delta/\delta < 1$，利用幂级数展开式，有

$$\frac{\Delta L}{L} = \frac{\Delta\delta}{\delta}\left[1 + \frac{\Delta\delta}{\delta} + \left(\frac{\Delta\delta}{\delta}\right)^2 + \left(\frac{\Delta\delta}{\delta}\right)^3 + \cdots\right] \tag{3-19}$$

去掉高次项，做线性化处理，有

$$\frac{\Delta L}{L} \approx \frac{\Delta\delta}{\delta} \tag{3-20}$$

定义变气隙式电感传感器灵敏系数为

$$K_L = \frac{\Delta L / L}{\Delta\delta} = \frac{1}{\delta} \tag{3-21}$$

在实际中大都采用差动式，如图 3-8 所示。当衔铁由平衡位置变动 $\Delta\delta$，上气隙为 $\delta_0 - \Delta\delta$，上线圈电感增加 ΔL；下气隙为 $\delta_0 +$

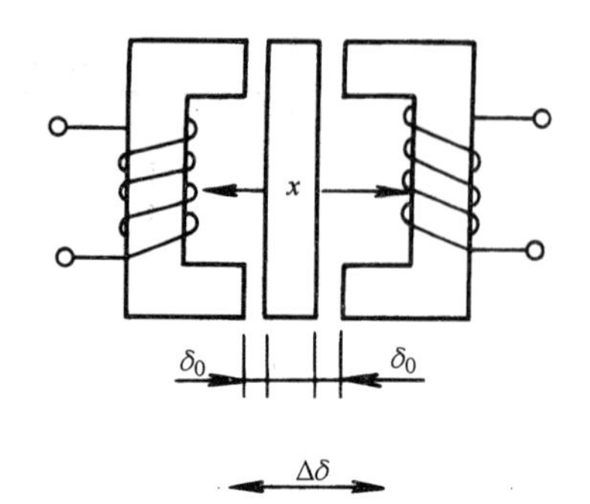

图 3-8　差动式变气隙传感器

$\Delta\delta$ 下线圈电感减少 ΔL，则电感总变化量为

$$\Delta L' = L_0 \frac{2\Delta\delta}{\delta_0 - \frac{(\Delta\delta)^2}{\delta_0}} \tag{3-22}$$

不计分母中 $(\Delta\delta)^2/\delta_0$，则有

$$\Delta L' = L_0 \frac{2\Delta\delta}{\delta_0} \tag{3-23}$$

定义差动式的灵敏系数为

$$K_L' = \frac{\Delta L'/L_0}{\Delta\delta} = \frac{2}{\delta_0} \tag{3-24}$$

灵敏度提高一倍，非线性误差减小。

三、光栅

光栅是一种新型的位移检测元件，它的特点是测量精确度高（可达 $\pm 1\mu$m）、响应速度快和量程范围大等。

光栅由主光栅 1、指示光栅 2、光源 3 和光电器件 4 组成，两者的光刻密度相同，但体长相差很多，其结构如图 3-9 所示。光栅条纹密度一般为每毫米 25 条，50 条，100 条，250 条等。

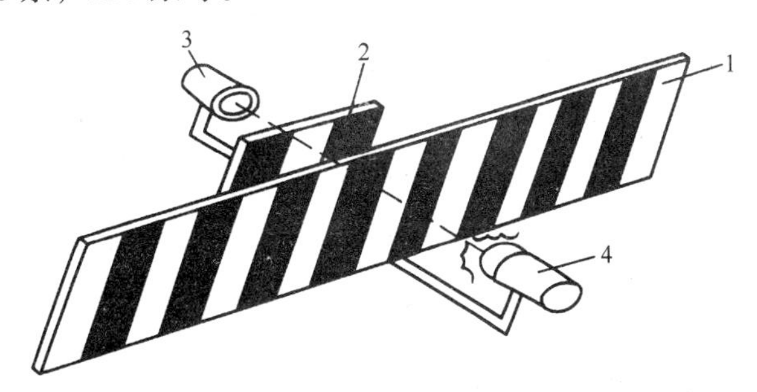

图 3-9　光栅结构原理图

1—主光栅　2—指示光栅　3—光源　4—光电器件

把指示光栅平行地放在主光栅侧面，并且使它们的刻线相互倾斜一个很小的角度，这时在指示光栅上就出现几条较粗的明暗条纹，称为莫尔条纹。它们是沿着与光栅条纹几乎成垂直的方向排列，如图 3-10 所示。主光栅和被测物体相连，它随被测物体的直线位移而产生移动。当主光栅产生位移时，莫尔条纹便随着产生上、下位移，莫尔条纹与光栅的关系如表 3-2 所示。若用光电器件记录下莫尔条纹通过某点的数目，便可知主光栅移动的距离，也就测得了被测物体的位移量。

光栅莫尔条纹的特点是起放大作用，用 W 表示条纹宽度（mm），P 表示栅距（mm），θ 表示光栅条纹间的夹角，则有

$$W \approx \frac{P}{\theta} \tag{3-25}$$

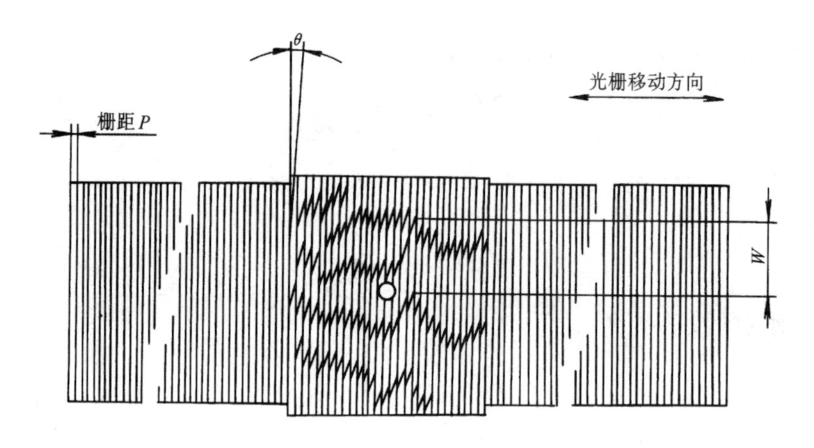

图 3-10　莫尔条纹

表 3-2　莫尔条纹与光栅的关系

光栅的相对指示光栅的转角方向	主光栅的移动方向	莫尔条纹移动方向
顺时针方向	←向左	↑向上
	→向左	↓向下
逆时针方向	←向左	↓向下
	→向左	↑向上

若 $P=0.01$mm 把莫尔条纹的宽度调成 10mm，则放大倍数相当于 1000 倍，即利用光的干涉现象把光栅间距放大 1000 倍，因而大大减轻了电子线路的负担。

光栅可分透射和反射光栅两种。透射光栅的线条刻制在透明的光学玻璃上反射光栅的线条刻制在具有强反射力的金属板上，一般用不锈钢。

光栅测量系统的基本构成如图 3-11 所示。光栅移动时产生的莫尔条纹明暗信号可以用光电元件接受，图 3-11 中的 a、b、c、d 是四块光电池，产生的信号相位彼此差 90°，对这些信号进行适当的处理后，即可变成光栅位移量的测量脉冲。

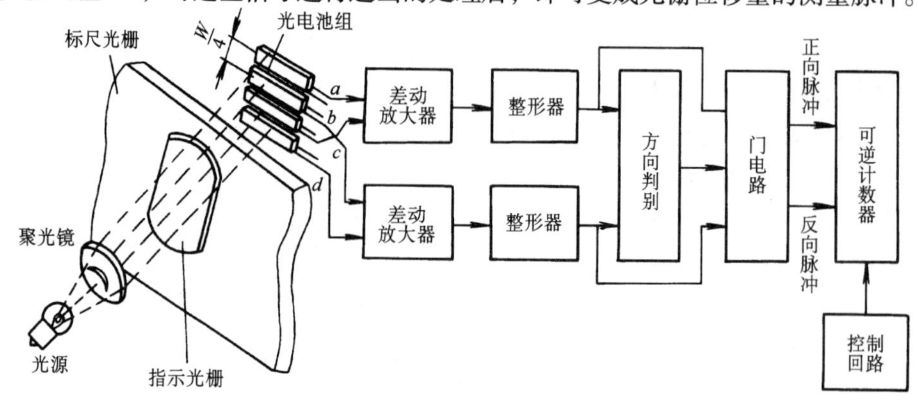

图 3-11　光栅测量系统

四、感应同步器

感应同步器是一种应用电磁感应原理把两个平面绕组间的位移量转换成电信号的一种检测元件，有直线式和圆盘式两种，分别用作检测直线位移和转角。

直线感应同步器由定尺和滑尺两部分组成。定尺一般长为250mm，上面均匀分布节距为2mm的绕组；滑尺长100mm，表面布有两个绕组，即正弦绕组和余弦绕组，如图3-12所示。当余弦绕组与定子绕组相位相同时，正弦绕组与定子绕组错开1/4节距。

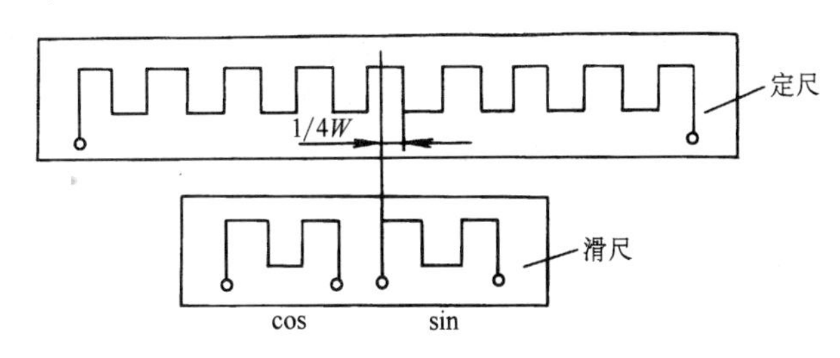

图3-12　直线感应同步器

感应同步器的工作方式根据其激磁绕组供电电压形式不同，分为鉴相测量方式和鉴幅测量方式。

1. 鉴相式

所谓鉴相式就是根据感应电势的相位来鉴别位移量。如果将滑尺的正弦和余弦绕组分别供给幅值、频率均相等，但相位相差90°的激磁电压，即 $U_A = U_m\cos\omega t$，$U_B = U_m\sin\omega t$ 时，则定尺上的绕组由于电磁感应作用产生与激磁电压同频率的交变感应电势。

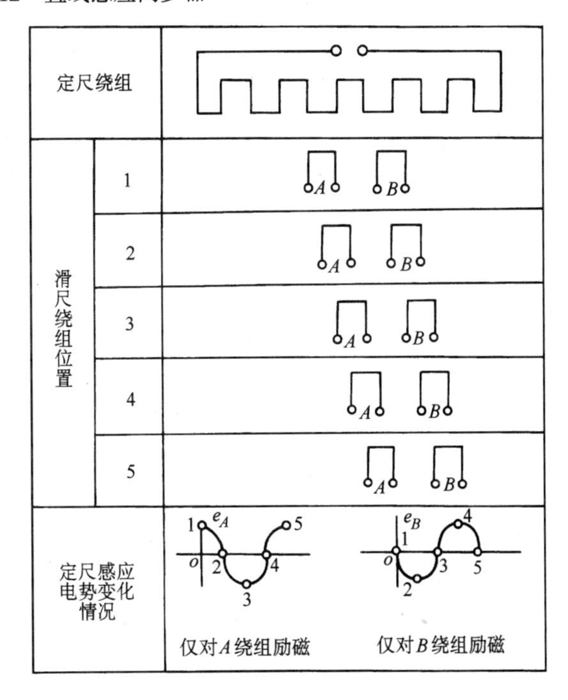

图3-13　感应电势幅值与定尺和滑尺相对位置的关系

图3-13说明了感应电势幅值与定尺和滑尺相对位置的关系。如果只对余弦绕组 A 加交流励磁电压 U_A，则绕组 A 中有电流通过，因而在绕组 A 周围产生交变磁场。在图中1位置，定尺和滑尺绕组 A 完全重合，此时磁通交链最多，因而

感应电势幅值最大。在图中2位置，定尺绕组交链的磁通相互抵消，因而感应电势幅值为零。滑尺继续滑动的情况见图中3，4，5位置。可以看出，滑尺在定尺上滑动一个节距，定尺绕组感应电势变化了一个周期，即

$$e_A = KU_A\cos\theta \tag{3-26}$$

式中　K——滑尺和定尺的电磁耦合系数；

　　θ——滑尺和定尺相对位移的折算角。

若绕组的节距为 W，相对位移为 L，则 $\theta=(L/W)\ 360°$

同样，当仅对正弦绕组 B 施加交流励磁电压 U_B 时，定尺绕组感应电势为

$$e_B = -KU_B\sin\theta \tag{3-27}$$

对滑尺上两个绕组同时加励磁电压，则定尺绕组上所感应的总电势为

$$\begin{aligned} e &= KU_A\cos\theta - KU_B\sin\theta \\ &= KU_m\sin\omega t\cos\theta - KU_m\cos\omega t\sin\theta \\ &= KU_m\sin(\omega t-\theta) \end{aligned} \tag{3-28}$$

从上式可以看出，感应同步器把滑尺相对定尺的位移 L 的变化转成感应电势均相角 θ 的变化。因此，只要测得相角 θ，就可以知道滑尺的相对位移

$$L = \frac{\theta}{360°}W \tag{3-29}$$

2.鉴幅式

在滑尺的两个绕组上施加频率和相位均相同，但幅值不同的交流励磁电压 U_A 和 U_B

$$U_A = U_m\sin\theta_1\sin\omega t \tag{3-30}$$

$$U_B = U_m\cos\theta_1\sin\omega t \tag{3-31}$$

式中　θ_1——指令位移角。

设此时滑尺绕组与定尺绕组的相对位移角为 θ，则定尺绕组上的感应电势为

$$\begin{aligned} e &= KU_A\cos\theta - KU_B\sin\theta \\ &= KU_m(\sin\theta_1\cos\theta - \cos\theta_1\sin\theta)\sin\omega t \\ &= KU_m\sin(\theta_1-\theta)\sin\omega t \end{aligned} \tag{3-32}$$

上式把感应同步器的位移与感应电势幅值 $KU_m\sin(\theta_1—\theta)$ 联系起来，当 $\theta=\theta_1$ 时，$e=0$。这就是鉴幅测量方式的基本原理。

第三节　速度、加速度传感器

一、直流测速机

直流测速机是一种测速元件，实际上它就是一台微型的直流发电机。根据电

机磁极激磁方式的不同，直流测速机可分为电磁式和永磁式两种。如以电枢的结构不同来分，有无槽电枢、有槽电枢、空心杯电枢和圆盘电枢等。近年来，又出现了永磁式直线测速机。常用的为永磁式测速机。

测速机的结构有多种，但原理基本相同。图 3-14 所示为永磁式测速机原理电路图。恒定磁通由定子产生，当转子在磁场中旋转时，电枢绕组中即产生交变的电势，经换向器和电刷转换成与转子速度成正比的直流电势。

直流测速机的输出特性曲线，如图 3-15 所示。从图中可以看出，当负载电阻 $R_L \to \infty$时，其输出电压 U_o 与转速 n 成正比。随着负载电阻 R_L 变小，其输出电压下降，而且输出电压与转速之间并不能严格保持线性关系。由此可见，对于要求精度比较高的直流测速机，除采取其他措施外，负载电阻 R_L 应尽量大。

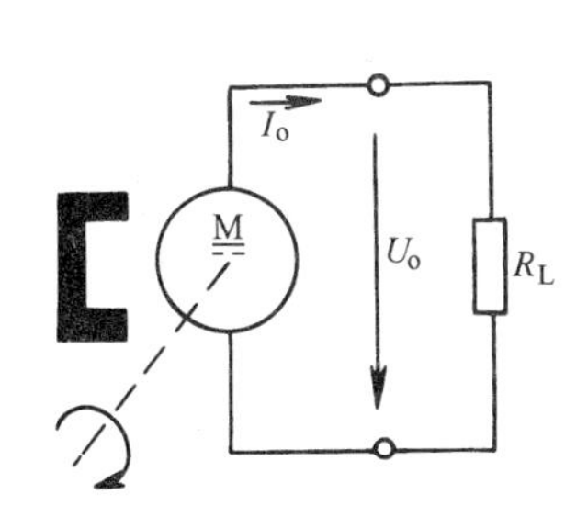

图 3-14　永磁式测速机原理图

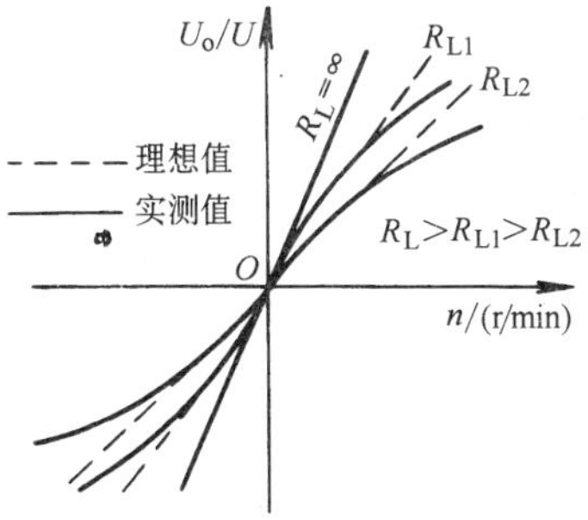

图 3-15　直流测速机输出特性

直流测速机的特点是输出斜率大、线性好，但由于有电刷和换向器，构造和维护比较复杂，摩擦转矩较大。

直流测速机在机电控制系统中，主要用作测速和校正元件。在使用中，为了提高检测灵敏度，尽可能把它直接连接到电动机轴上。有的电动机本身就已安装了测速机。

二、光电式转速传感器

光电式转速传感器是由装在被测轴（或与被测轴相连接的输入轴）上的带缝隙圆盘、光源、光电器件和指示缝隙盘组成，如图 3-16 所示。

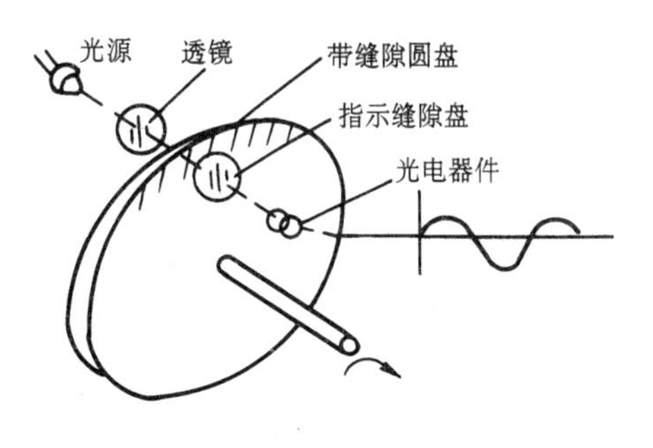

图 3-16　光电式转速传感器

光源发生的光通过缝隙圆盘和指示缝隙照射到光电器件上。当缝隙圆盘随被测轴转动时，由于圆盘上的缝隙间距与指示缝隙的间距相同，因此圆盘每转一周，光电器件输出与圆盘缝隙数相等

的电脉冲，根据测量时间 t 内的脉冲数 N，则可测出转速为

$$n=\frac{60N}{Zt} \tag{3-33}$$

式中　Z——圆盘上的缝隙数；

n——转速（r/min）；

t——测量时间（s）。

一般取 $Z=60\times10^{m}$（$m=0$，1，2…），利用两组缝隙间距 W 相同，位置相差（$i/2+1/4$）W（i 为正整数）的指示缝隙和两个光电器件，则可辨别出圆盘的旋转方向。

第四节　位置传感器

位置传感器和位移传感器不一样，它所测量的不是一段距离的变化量，而是通过检测，确定是否已到达某一位置。因此，它只需要产生能反映某种状态的开关量就可以了。位置传感器分接触式和接近式两种，所谓接触式传感器就是能获取两个物体是否已接触的信息的一种传感器；而接近式传感器是用来判别在某一范围内是否有某一物体的一种传感器。

一、接触式位置传感器

这类传感器用微动开关之类的触点器件便可构成，它分以下两种。

1. 由微动开关制成的位置传感器

它用于检测物体位置，有如图 3-17 所示的几种构造和分布形式。

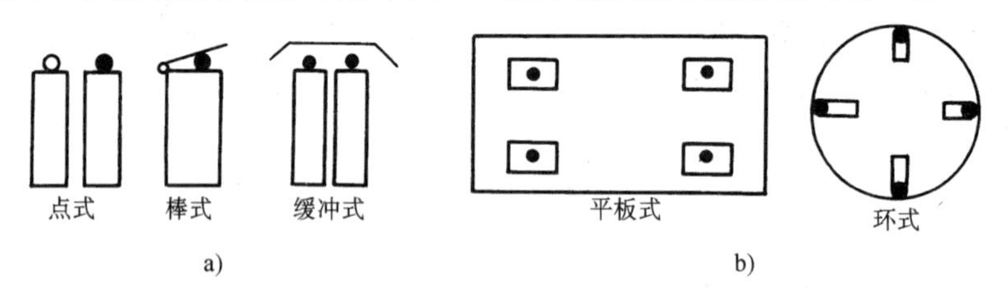

图 3-17　微动开关制成的位置传感器

a）构造　b）分布形式

2. 二维矩阵式配置的位置传感器

如图 3-18 所示，它一般用于机器人手掌内侧。在手掌内侧常安装有多个二维触觉传感器，用以检测自身与某物体的接触位置，被握物体的中心位置和倾斜度，甚至还可识别物体的大小和形状。

二、接近式位置传感器

接近式位置传感器按其工作原理主要分：电磁式、光电式、静电容式、气压式和超声波式。其基本工作原理可用图 3-19 表示出来。这里重点介绍前三种常用的接近式位置传感器。

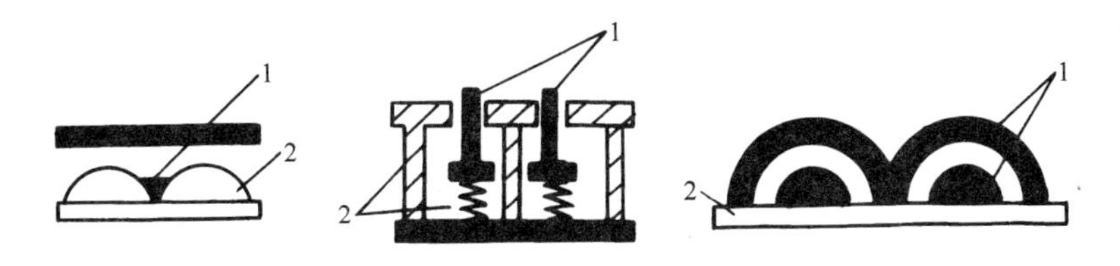

图 3-18　二维矩阵式配置的位置传感器

1—柔软电极　2—柔软绝缘体

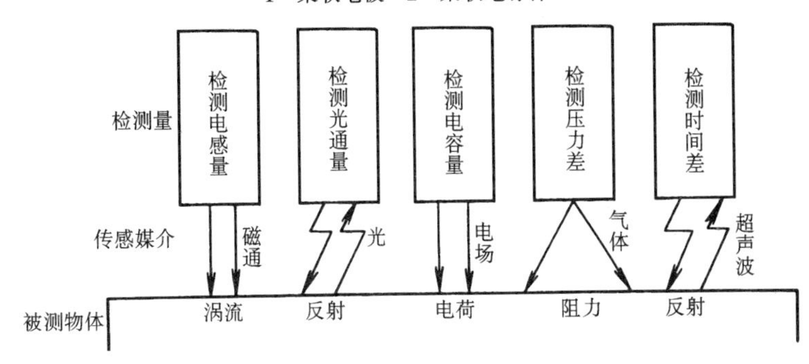

图 3-19　接近式位置传感器工作原理

1. 电磁式传感器

当一个永久磁铁或一个通有高频电流的线圈接近一个铁磁体时，它们的磁力线分布将发生变化，因此，可以用另一组线圈检测这种变化。当铁磁体靠近或远离磁场时，它所引起的磁通量变化将在线圈中感应出一个电流脉冲，其幅值正比于磁通的变化率，图 3-20 给出了线圈两端的电压随铁磁体进入磁场的速度而变化的曲线，其电压极性取决于物体进入磁场还是离开磁场。因此，对此电压进行积分便可得出一个二值信号。当积分值小于特定的阈值时，积分器输出低电平；反之，则输出高电平，此时表示已接近某一物体。

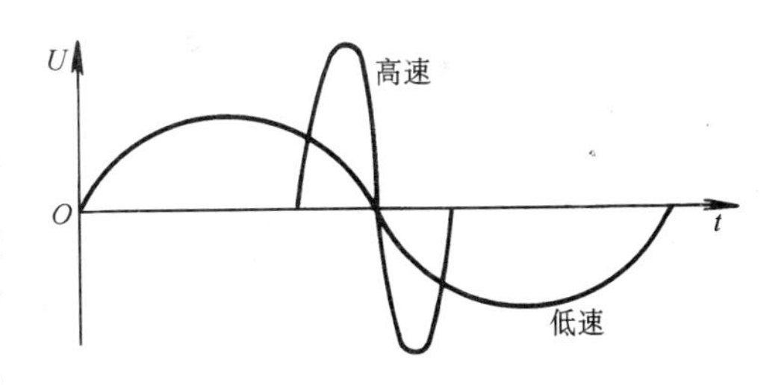

图 3-20　电压—速度曲线

2. 电容式传感器

电容式接近传感器是一个以电极为检测端的静电电容式接近开关，它由高频振荡电路、检波电路、放大电路、整形电路及输出电路组成。平时检测电极与大地之间存在一定的电容量，它成为振荡电路的一个组成部分。当被检测物体接近检测电极时，由于检测电极加有电压，检测物体就会受到静电感应而产生极化现象，被测物体越靠近检测电极，检测电极上的电荷就越多，由于检测电极的静电电容 $C=Q/U$，所以电荷的增多，使电容 C 随之增大，从而有使振荡电路的振荡减弱，甚至停止振荡。振荡电路的振荡与停振这两种状态被检测电路转换为开关信号后向外输出。

电磁感应式传感器只能检测电磁材料，对其它非电磁材料则无能为力。而电容传感器却能克服以上缺点，它几乎能检测所有的固体和液体材料。

3．光电式传感器

这种传感器具有体积小、可靠性高、检测位置精度高、响应速度快、易与 TTL 及 CMOS 电路兼容等优点，它分透光型和反射型两种。

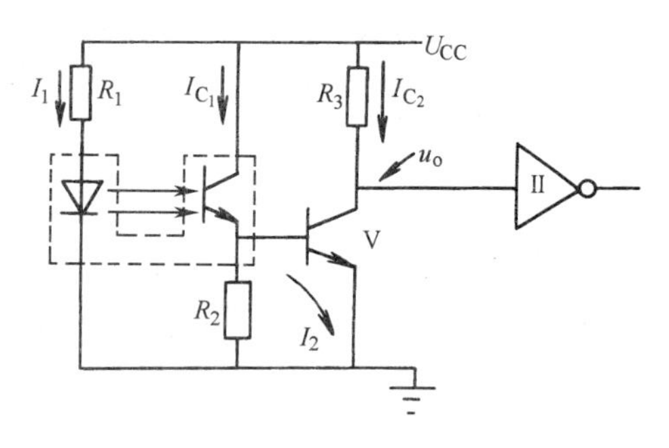

图 3-21　透光型光电传感器接口电路

在透光型光电传感器中，发光器件和受光器件相对放置，中间留有间隙。当被测物体到达这一间隙时，发射光被遮住，从而接收器件（光敏元件）便可检测出物体已经到达。这种传感器的接口电路如图 3-21 所示。

反射型光电传感器发出的光经被测物体反射后再落到检测器件上，由于是检测反射光，所以得到的输出电流 I_e 较小。另外，对于不同的物体表面，信噪比也不一样，因此，设定限幅电平就显得非常重要。图 3-22 表示这种传感器的典型应用，它的电路和透射型传感器大致相同，只是接收器的发射极电阻 R_2 用得较大且为可调，这主要是因为反射型传感器的光电流较小且有很大分散性。

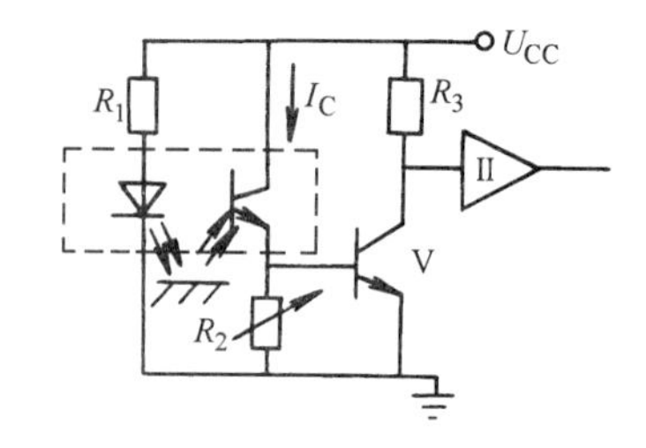

图 3-22　反射型光电传感器的应用

第五节　传感器前期信号处理

传感器所感知、检测、转换和传递的信息表现为形式不同的电信号。按传感器输出电信号的参量形式，可分为电压输出、电流输出和频率输出。其中以电压输出型为最多。在电流输出和频率输出传感器当中，除了少数直接利用其电流或频率输出信号外，大多数采用电流——电压变换器或频率——电压变换器，从而将它们转换成电压输出型传感器。因此，本节重点介绍电压输出型传感器的前期信号处理。

由于传感器输出的信号往往较弱，因此必须先将其放大。随着集成运算放大器性能的不断完善和价格的不断下降，传感器的信号放大采用集成运算放大器的越来越多。一般运算放大器的原理和特点，已在电子技术课程中介绍，在此不再叙述。这里主要介绍几种典型的传感器信号放大器。

一、测量放大器

在许多检测技术应用场合，传感器输出的信号往往较弱，而且其中还包含工频、静电和电磁耦合等共模干扰，对这种信号的放大就需要放大电路具有很高的共模抑制比以及高增益、低噪声和高输入阻抗。习惯上将具有这种特点的放大器称为测量放大器或仪表放大器。

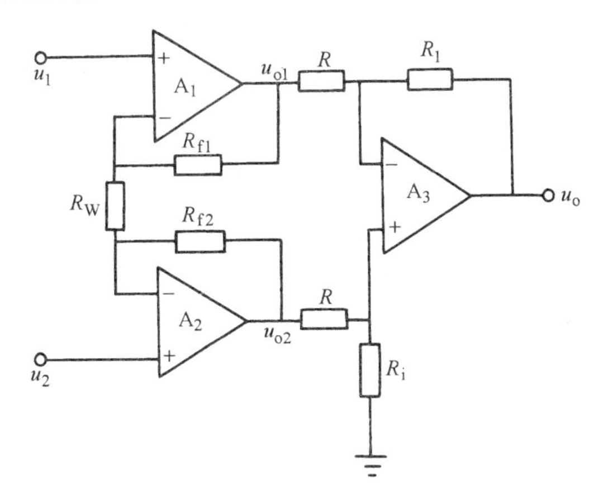

图 3-23　测量放大器工作原理

图 3-23 为三个运放组成的测量放大器，差动输入端 U_1 和 U_2 分别是两个运算放大器（A_1、A_2）的同相输入端，因此输入阻抗很高。采用对称电路结构，而且传感器输出信号直接加到输入端上，从而保证了较强的抑制共模信号的能力。A_3 实际上是一差动跟随器，其增益近似为 1。

测量放大器的放大倍数由下式确定

$$A_U=\frac{U_0}{U_2-U_1} \qquad (3\text{-}34)$$

$$A_U=\frac{R_f}{R}\left(1+\frac{R_{f1}+R_{f2}}{R_W}\right) \qquad (3\text{-}35)$$

这种电路，只要运算放大器 A_1 和 A_2 性能对称（主要输入阻抗和电压增益对称），其漂移将大大减小，具有高输入阻抗，高共模抑制比，对微小的差模电压很敏感，并适用于测量远距离传输过来的信号，因而十分适宜于与微小信号输出的传感器配合使用。

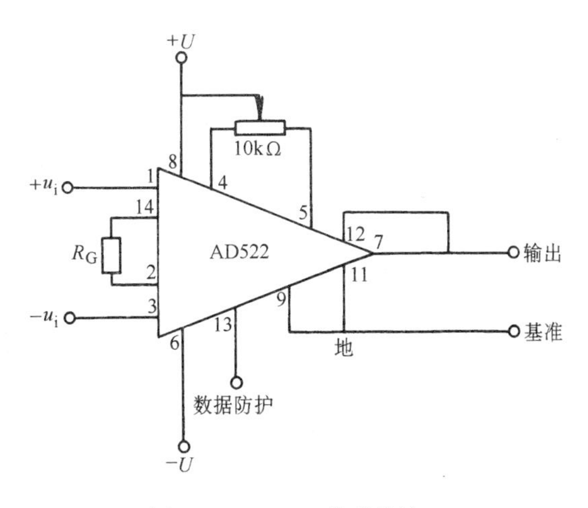

图 3-24　AD522 典型接法

R_w 是用来调整放大倍数的外接电阻，最好用多圈电位器。如图 3-23，左边两个运放若采用 7650，则放大效果将非常好。

目前，还有许多高性能的专家测量芯片出现，如 AD521/AD522 等也是一种运放，它比普通运放性能优良，体积小，结构简单，成本低。下面我们就具体介绍一下 AD522 集成测量放大器特点及应用。

AD522 主要可用于恶劣环境下要求进行高精度数据采集的场合，由于 AD522 具有低电压漂移：2μV/C；低非线性：0.005%（G＝100）；高共模抑制比：＞110dB（G＝1000）；低噪声：1.5μV（P-P）（0.1-100Hz）；低失调电压：100μV 等特点，因而可用于许多 12 位数据采集系统中。图 3-24 为 AD522 典型接法。

AD522 的一个主要特点是设有数据防护端，用于提高交流输入时的共模抑制比。对远处传感器送来的信号，通常采用屏蔽电缆传送到测量放大器，电缆线上分布参量 R_G 会使其产生相移，当出现交流共模信号时，这些相移将使共模抑制比降低。利用数据防护端可以克服上述影响（如图 3-25）。对于无此端子的仪器用放大器，如 AD524，AD624 等，可在 R_G 端取得共模电压，再用一运放作为它的输出缓冲屏蔽驱动器。运放应选用具有很低偏流的场效应管运放，以减少偏流流经增益电阻时对增益产生的误差。

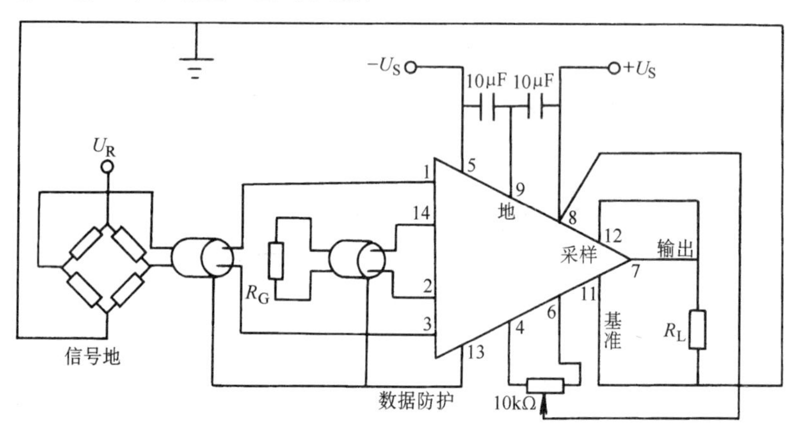

图 3-25　AD522 典型应用

二、程控增益放大器

经过处理的模拟信号，在送入计算机进行处理前，必须进行量化，即进行模拟—数字变换，变换后的数字信号才能为计算机接收和处理。

当模拟信号送到模/数变换器时，为减少转换误差，一般希望送来的模拟信号在模/数变换器输入的允许范围内尽可能达到最大值，然而，当被测参量变化范围较大时，经传感器转换后的模拟信号变化也较大，在这种情况下，如果单纯只使用一个放大倍数的放大器，在进行小信号转换时将会引入较大的误差，无法满足上述要求。为解决这个问题，工程上常采用通过改变放大器增益的方法，来实现不同幅度信号的放大，如万用表、示波器等许多测量仪器原量程变换等。然而，在计算机自动测控系统中，往往不希望、有时也不可能利用手动办法来实现增益变换，而希望利用计算机采用软件控制的办法来实现增益的自动变换，具有这种功能的放大器就叫程控增益放大器。

图 3-26 即为一利用改变反馈电阻阻值的办法来实现量程变换的可变换增益放大器电路。当开关 S_1 闭合，而其余两个开关断开时，其放大倍数为

$$A_{uf}=-\frac{R_1}{R} \tag{3-36}$$

而当 S_2 闭合，S_1 和 S_3 断开时，放大倍数为

$$A_{uf}=-\frac{R_2}{R} \tag{3-37}$$

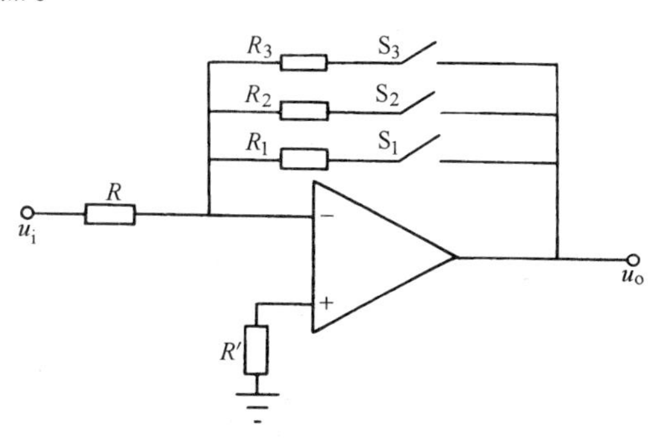

图 3-26　程控增益放大器原理图

选择不同的开关闭合，即可实现增益的变换，如果利用软件对开关闭合进行选择，即可实现程控增益变换。

利用程控增益放大器与 A/D 转换器组合，配合一定的软件，很容易实现输出信号的增益控制或量程变换，间接地提高输入信号的分辨率；它和 D/A 转换电路配合使用，可构成减法器电路；与乘法 D/A 转换器配合使用，可构成可编程低通滤波器电路，可以适当地调节信号和抑制干扰。因此，程控增益放大器目前有着极为广泛的应用。

图 3-27 为利用 AD521 测量放大器与模拟开关结合组成的程控增益放大器，通过改变 4052 的 D_0D_1 的值来改变 AD521 放大器 2 脚与 14 脚之间的外接电阻的办法来实现增益控制。

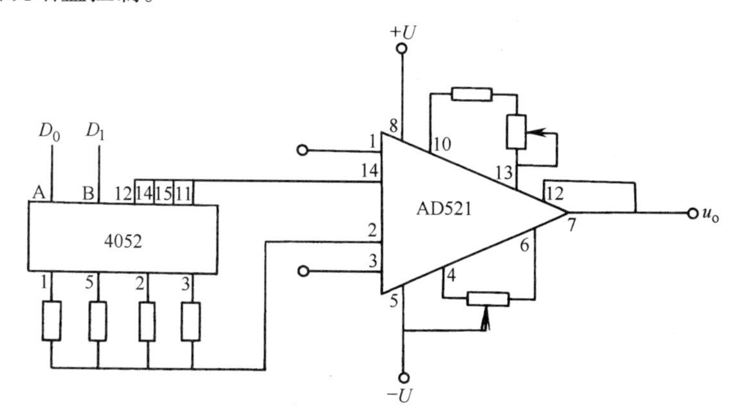

图 3-27　AD521 构成的程控增益放大器

有些测量放大器，其电路中已将译码电路和模拟开关结合在一起，有的甚至将设定增益所需的电阻也集成于同一组件中，为计算机控制提供了极为便利的条

件。AD524 即是常用的一种集成可编程增益控制测量放大器，图 3-28 为 AD524 结构原理图。其特点是具有低失调电压（50μV），低失调电压漂移（0.5μV/°C），低噪声（0.3μV（P-P），0.1～10Hz），低非线性（0.003%，增益为 1 时），高共模抑制比（120dB，增益为 1000 时），增益带宽为 25MHz，具有输入保护等；从其结构图可知，对于 1、10、100 和 1000 倍的整数倍增益，无需外接电阻即可实现，在具体使用时只需一个模拟开关来控制即可达到目的；对于其他倍数的增益控制，也可以用一般的改变增益调节电压的方法来实现程控增益。

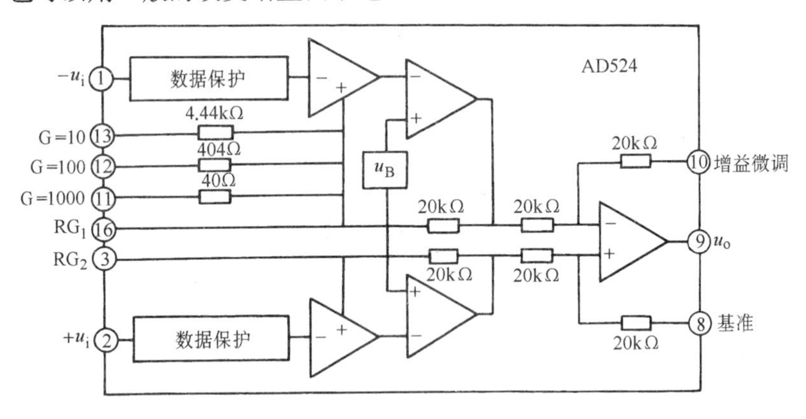

图 3-28　AD524 原理图

三、隔离放大器

在有强电或强电磁干扰的环境中，为了防止电网电压等对测量回路的损坏，其信号输入通道采用隔离技术，能完成这种任务，具有这种功能的放大器称为隔离放大器。

一般来讲，隔离放大器是指对输入、输出和电源在电流和电阻彼此隔离使之没有直接耦合的测量放大器。由于隔离放大器采用了浮离式设计，消除了输入、输出端之间的耦合，因此还具有以下特点：

1）保护系统元件不受高共模电压的损害，防止高压对低压信号系统的损坏。

2）泄漏电流低，对于测量放大器的输入端无须提供偏流返回通路。

3）共模抑制比高，能对直流和低频信号（电压或电流）进行准确、安全的测量。

目前，隔离放大器中采用的耦合方式主要有两种：变压器耦合和光电耦合。利用变压器耦合实现载波调制，通常具有较高的线性度和隔离性能，但是带宽一般在 1kHz 以下；利用光电耦合方式实现载波调制，可获得 10kHz 带宽，但其隔离性能不如变压器耦合。上述两种方法均需对差动输入级提供隔离电源，以便达到预定的隔离性能。

图 3-29 为 284 型隔离放大器电路结构图。为提高微电流和低频信号的测量精

度，减小漂移，其电路采用调制式放大，其内部分为输入、输出和电源三个彼此相互隔离的部分，并由低泄漏高频载波变压器耦合在一起。通过变压器的耦合，将电源电压送到输入电路，并将信号从输入电路送出。输入部分包括双极前置放大器、调制器；输出部分包括解调器和滤波器，一般在滤波器后还有缓冲放大器。

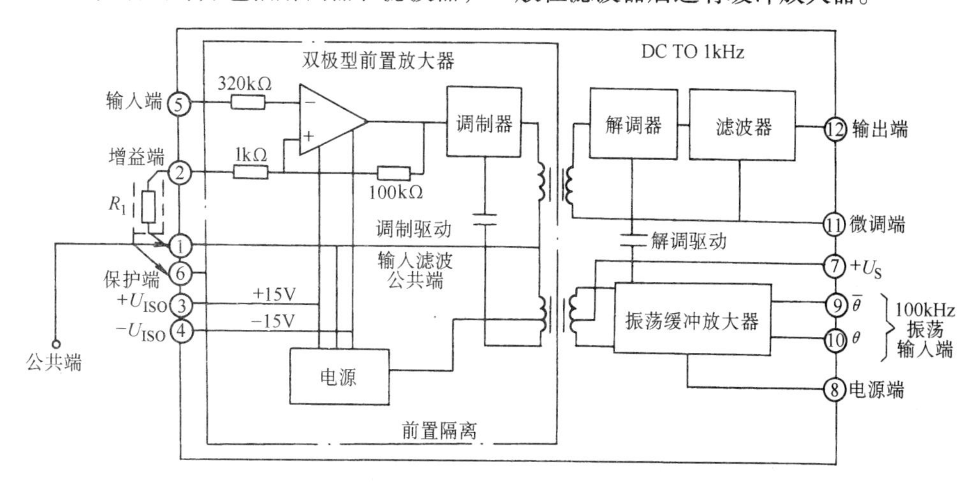

图 3-29　284 型隔离放大器电路结构图

第六节　传感器接口技术

一、传感器信号的采样/保持

当传感器将非电物理量转换成电量，并经放大、滤波等系列处理后，需经模/数转换器变换成数字量，才能输入到计算机系统。

在对模拟信号进行模/数转换时，从启动变换到变换结束的数字量输出，需要一定的时间，即 A/D 转换器的孔径时间。当输入信号频率提高时，由于孔径时间的存在，会造成较大的转换误差。要防止这种误差的产生，必须在 A/D 转换开始时将信号电平保持住，而在 A/D 转换后又能跟踪输入信号的变化，即：使输入信号处于采样状态。能完成这种功能的器件叫采样/保持器。从上面分析可知，采样/保持器在保持阶段相当于一个“模拟信号存储器”。

在模拟量输出通道，为使输出得到一个平滑的模拟信号，或对多通道进行分时控制，也常采用采样/保持器。

二、采样/保持器原理

采样/保持由存储器电容 C、模拟开关 S 等组成。如图 3-30 所示，当 S 接通时，输出信号跟踪输入信号，称采样阶段。当 S 断开时，电容 C 两端一直保持 S 断开时的电压（称保持阶段）。由此构成一个简单的采样/保持器。实际上为使采样/保持器具有足够的精度，一般在输入级和输出级均采用缓冲器，以减少信号源的输出阻抗，增加负载的输入阻抗。在电容选择时，使其大小适宜，以保证其时间常数适中，并且其漏泄要小。

随着大规模集成电路技术的发展，目前已生产出多种集成采样/保持器，如可用于一般目的的 AD582、AD583、LF198 系列等；用于高速场合的 HTS-0025，HTS-0010，HTC-0300 等；用于高分辨率场合的 SHA1144 等。为了使用方便，有些采样/保持器的内部还设有保持电容，如 AD389、AD585 等。

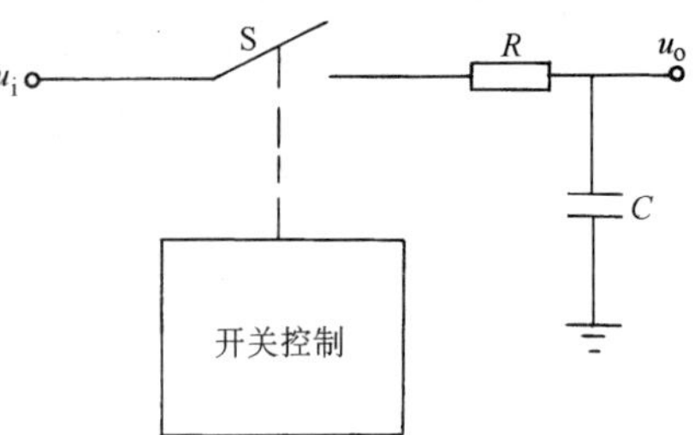

图 3-30 采样/保持原理

集成采样/保持器的特点是：

1）采样速度快、精度高，一般在 2～2.5μs，即达到±0.01%～±0.003%精度。

2）下降速度慢，如 AD585，AD348 为 0.5mV/ms，SD389 为 0.1μV/ms。

正因为集成采样/保持器有许多优点，因此得到了极为广泛的应用。下面以 LF398 为例，介绍集成采样/保持器的原理。

图 3-31 为 LF398 原理图。从图可知，其内部由输入缓冲级、输出驱动级和控制电路三部分组成。

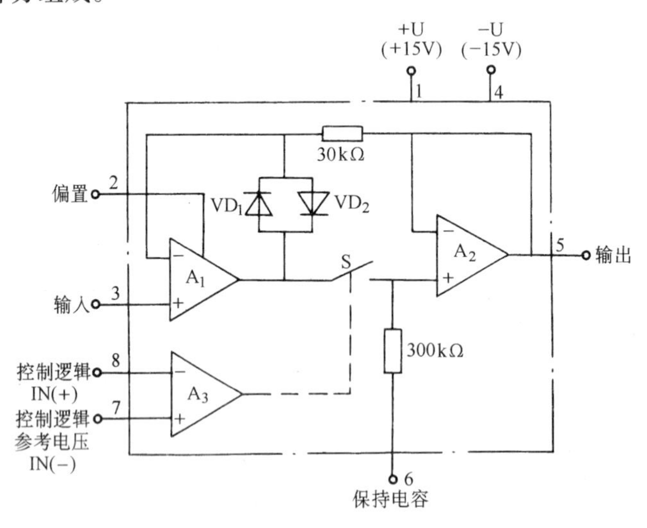

图 3-31 LF398 采样/保持器原理图

控制电路中 A_3 主要起到比较器的作用；其中 7 脚为控制逻辑参考电压输入端，8 脚为控制逻辑电压输入端。当输入控制逻辑电平高于参考端电压时，A_3 输出一个低电平信号驱动开关 S 闭合，此时输入经 A_1 后跟随输出到 A_2，再由 A_2 的输出端跟随输出，同时向保持电容（接 6 端）充电；而当控制端逻辑电平低于参考电压时，A_3 输出一个正电平信号使开关 S 断开，以达到非采样时间内保持器仍保持原来输入的目的。因此，A_1、A_2 是跟随器，其作用主要是对保持电容输入和输出端进行阻抗变换，以提高采样/保持器的性能。

与 LF398 结构相同的还有 LF198、LF298 等，它们都是由场效应管构成，具有采样速度高、保持电压下降慢以及精度高等特点。当作为单一放大器时，其直流增益精度为 0.002%，采样时间小于 6μs 时精度可达 0.01%；输入偏置电压的调整只需在偏置端（2 脚）调整即可，并且在不降低偏置电流的情况下，带宽允许为 1MHz。其主要技术指标有：

1）工作电压：±5～±18V。

2）采样时间：小于 10μs。

3）可与 TTL、PMOS、CMOS 兼容。

4）当保持电容为 0.01μF 时，典型保持步长为 0.5mV。

5）低输入漂移，保持状态下输入特性不变。

6）在采样或保持状态时高电源抑制。

图 3-32 为 LF398 芯片外引脚图，图 3-33 为典型应用图。在有些情况下，还可采用二级采样保持串联的方法。根据选用不同的保持电容，使前一级具有较高的采样速度而后一级保持电压下降速率慢，二级结合构成一个采样速度快而下降速度慢的高精度采样/保持电路，此时的采样保持总时间为两个采样/保持电路时间之和。

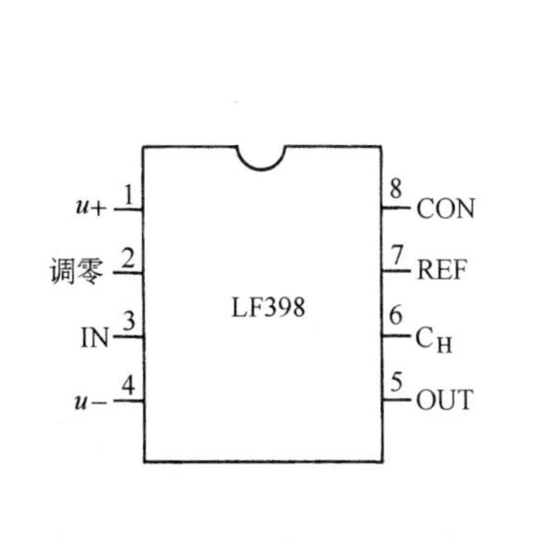

图 3-32　LF398 外引脚图

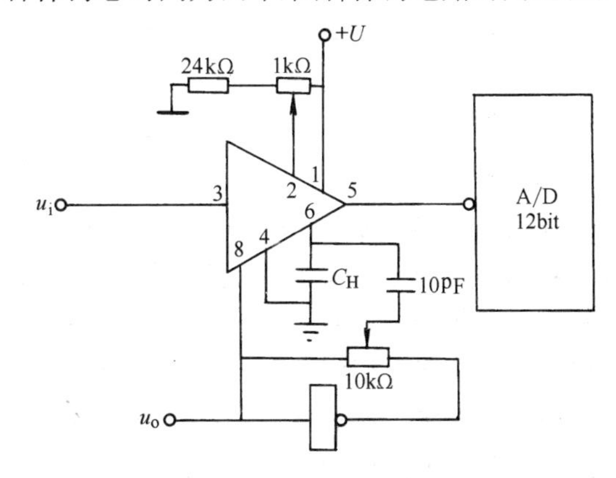

图 3-33　LF398 典型应用图

第七节　传感器非线性补偿原理

在机电一体化测控系统中，特别是需对被测参量进行显示时，总是希望传感器及检测电路的输入—输出特性呈线性关系，使测量对象在整个刻度范围内灵敏度一致，以便于读数及对系统进行分析处理。但是，很多检测元件如热敏电阻、光敏管、应变片等具有不同程度的非线性特性，这就使得较大范围的动态检测存在着很大的误差。以往在使用模拟电路组成检测回路时，为了进行非线性补偿，通常用硬件电路组成各种补偿电路，如常用的信息反馈式补偿回路使用对数放大器、反对数放大器等，这不但增加了电路的复杂性，而且也很难达到理想的补偿。随着计算机技术的广泛应用，这种非线性补偿完全可以用计算机软件来完成，其补偿过程较简单，精确度也高，又减少了硬件电路的复杂性。计算机在完成了非线性参数的线性化处理以后，要进行工程量转换，即标度转换，才能显示或打印带物理单位的数值，其框图如图 3-34。本节主要介绍计算机软件实现传感器非线性化补偿处理。

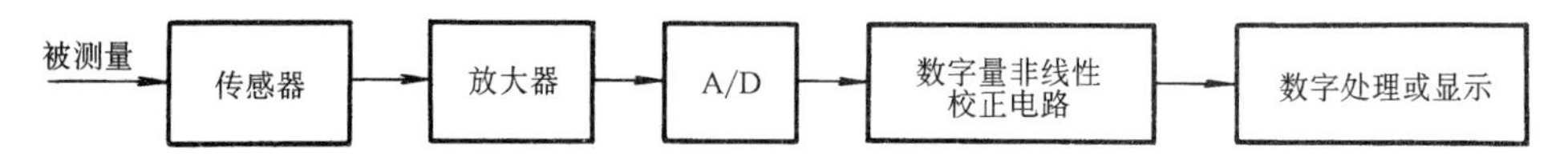

图 3-34 数字量非线性校正框图

用软件进行“线性化”处理，方法有三种：计算法、查表法和插值法。

一、计算法

当输出电信号与传感器的参数之间有确定的数字表达式时，就可采用计算法进行非线性补偿，即在软件中编制一段完成数字表达式计算的程序，被测参数经过采样、滤波和标度变换后直接进入计算机程序进行计算，计算后的数值即为经过线性化处理的输出参数。

在实际工程上，被测参数和输出电压常常是一组测定的数据。这时如仍想采用计算法进行线性化处理，则可以应用曲线拟合的方法对被测参数和输出电压进行拟合，得出误差最小的近似表达式。

二、查表法

在机电一体化测控系统中，有些参数的计算是非常复杂的，如一些非线性参数，它们不是用一般算术运算就可以得出来的，而需要涉及到指数、对数、三角函数，以及积分、微分等运算，所有这些运算用汇编语言编写程序都比较复杂，有些甚至无法建立相应的数学模型。为了解决这些问题，可以采用查表法。

所谓查表法，就是把事先计算或测得的数据按一定顺序编制成表格，查表程序的任务就是根据被测参数的值或者中间结果，查出最终所需要的结果。查表法是一种非数值计算方法，利用这种方法可以完成数据补偿、计算、转换等各种工作它具有编写程序简单、执行速度快等优点。

表的排列不同，查表的方法也不同。常用的查表方法有：顺序查表法、计算查表法，对分搜索法等，下面只介绍顺序查表法。顺序查表法是针对无序排列表格的一种方法。因为在无序表格中，所有各项的排列均无一定的规律，所以只能按照顺序从第一项开始逐项寻找，直到找到所要查找的关键字为止。如在以 DATA 为首地址的存储单元中，有一长度为 100 个字节的无序表格，设要查找的关键字放在

HWORO单元中，试用软件进行查找。若找到，则将关键字所在的内存单元地址存于R2、R3寄存器中；如未找到，将R2、R3寄存器清零。由于待查找的是无序表格，所以只能按单元逐个搜索，根据题意可画出程序流程图，如图3-35所示。

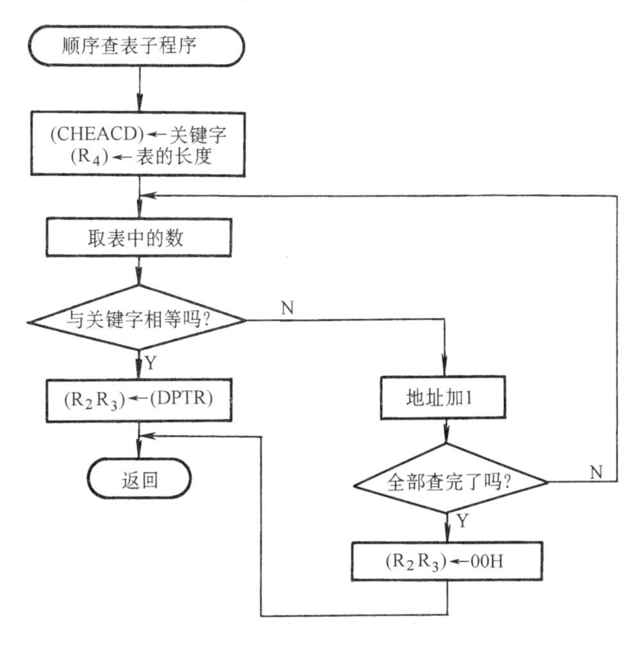

图3-35　顺序查表法子程序流程图

顺序查表法虽然比较“笨”，但对于无序表格和较短的表格而言，仍是一种比较常用的方法。

三、插值法

查表法占用的内存单元较多，表格的编制比较麻烦，所以在机电一体化测试系统中常利用计算机的运算能力，使用插值计算方法来减少列表点和测量次数。

1. 插值原理

设某传感器的输出特性曲线（例如电阻—温度特性曲线），如图3-36所示。

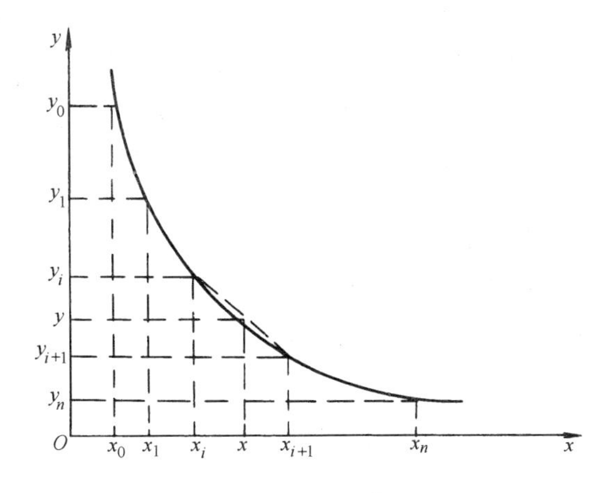

图3-36　分段性插值原理

由图3-36可以看出，当已知某一输入值x以后，要想求出值

y 并非易事，因为其函数关系式 $y=f(t)$ 并不是简单的线性方程。为使问题简化，可以把该曲线按一定要求分成若干段，然后把相邻两分段点用直线连起来(如图中虚线所示)，用此直线代替相应的各段曲线，即可求出输入 x 所对应的输出值 y。例如，设 x 在(x_i, x_{i+1})之间，则对应的逼近值为

$$y=y_i+\frac{y_{i+1}-y_i}{x_{i+1}-x_i}(x-x_i) \tag{3-38}$$

将上式进行化简，可得

$$y=y_i+k_i(x-x_i) \tag{3-39}$$

$$y=y_{i0}+k_ix$$

其中

$$y_{i0}=y_i+k_ix_i \tag{3-40}$$

$$k_i=\frac{y_{i+1}-y_i}{x_{i+1}-x_i}$$

k_i 为直线的斜率。式（3-39）是点斜式直线方程，而式（3-40）为截矩式直线方程。在上两式中，只要 n 取得足够大，即可获得良好的插值精度。

2. 插值的计算机实现方法

下边以点斜式直线方程（3-39）为例，介绍用计算机实现线性插值的方法。

第一步，用实验法测出传感器的变化曲线 $y=f(x)$。为准确起见，要多测几次，以便求出一个比较精确的输入—输出曲线。

第二步，将上述曲线进行分段，选取各插值基点。为了使基点的选取更合理，不同的曲线采用不同的方法分段。主要有以下两种方法：

(1) 等距分段法　等距分段法即沿 x 轴等距离地选取插值基点。这种方法的主要优点是使式（3-38）中的 $x_{i+1}-x_i=$常数，因而使计算变得简单。但是函数的曲率和斜率变化比较大时，会产生一定的误差；要想减少误差，必须把基点分得很细，这样势必占用较多的内存，并使计算机插值计算所占用的机时加长。

(2) 非等距分段法　非等距分段法的特点是函数基点的分段不是等距的，通常将常用刻度范围插值距离划分小一点，而使非常用刻度区域的插值距离大一点，但非等值插值点的选取比较麻烦。

第三步，确定并计算出各插值点 x_i、y_i 值及两相邻插值点的拟合直线的斜率k_i，并存放在存储器中。

第四步，计算 $x-x_i$。

第五步，找出 x 所在的区域 (x_i, x_{i+1})，并从存储器中取出该段的斜率的k_i。

第六步，计算 $k_i(x-x_i)$。

第七步，计算结果 $y=y_I+k_I\ (x-x_I)$。

对于非线性参数的处理，除了前边讲过的几种以外，还有许多其它方法，如最小二乘拟合法、函数逼近法、数值积分法等。对于机电一体化测控系统来说，具体采用哪种方法来进行非线性计算机处理，应根据实际情况和具体被测对象要求而定。

第八节　数字滤波

在机电一体化测控系统的输入信号中，一般都含各种噪声和干扰，它们主要来自被测信号本身、传感器或外界的干扰。为了提高信号输入的可靠性，减少虚假信息的影响，可采用软件方法实现数字滤波。数字滤波就是通过一定的计算或判断来提高信噪比，它与硬件 RC 滤波器相比具有以下优点：

(1) 数字滤波是用程序实现的，不需要增加任何硬件设备，也不存在阻抗匹配问题，滤波程序可以多个通道共用，不但节约投资，还可提高可靠性、稳定性。

(2) 可以对频率很低的信号实现滤波，而模拟 RC 滤波器由于受电容容量的限制，滤波频率不可能太低。

(3) 灵活性好，可以用不同的滤波程序实现不同的滤波方法，或根据需要改变滤波器的参数。

因为用软件实现数字滤波具有上述特点，所以数字滤波在机电一体化测控系统中得到了越来越广泛的应用。

常用的数字滤波的方法有很多种，在实际应用过程中可以根据不同的测量参数进行选择。下面介绍几种常用的数字滤波方法及编程方法。

一、算术平均值法

算术平均值法是寻找一个 Y 值，使该 Y 值与各采样值间误差的平方和为最小，即

$$Y=\frac{1}{N}\sum_{i=1}^{N}x_i \tag{3-41}$$

式中　x_i——第 i 次采样值；

Y——数字滤波的输出；

N——采样次数。

N 的选取应按具体情况决定。若 N 大，则平滑度高，但灵敏度低，计算量大。一般而言，对于流量信号，推荐取 $N=12$；压力信号取 $N=4$。算术平均值法的程序流程如图 3-37 所示。

二、中值滤波法

中值滤波法是在三个采样周期内，连续采样读入三个检测信号 X_1、X_2、X_3，从中选择一个居中的数据作为有效信号，以算式表示为：

若 $X_1 < X_2 < X_3$，则 X_2 为有效信号。

三次采样输入中有一次发生干扰，则不管这个干扰发生在什么位置，都将被剔除掉。若发生的两次干扰是异向作用，则同样可以滤去。若发生的两次干扰是同向作用或三次都发生干扰，则中值滤波无能为力，中值滤波能有效地滤去由于偶然因素引起的波动或采样器不稳定造成的误码等引起的脉冲干扰。对缓慢变化的过程变量采用中值滤波有效果，中值滤波不宜用于快速变化的过程参数。中值滤波程序流程如图 3-38 所示。

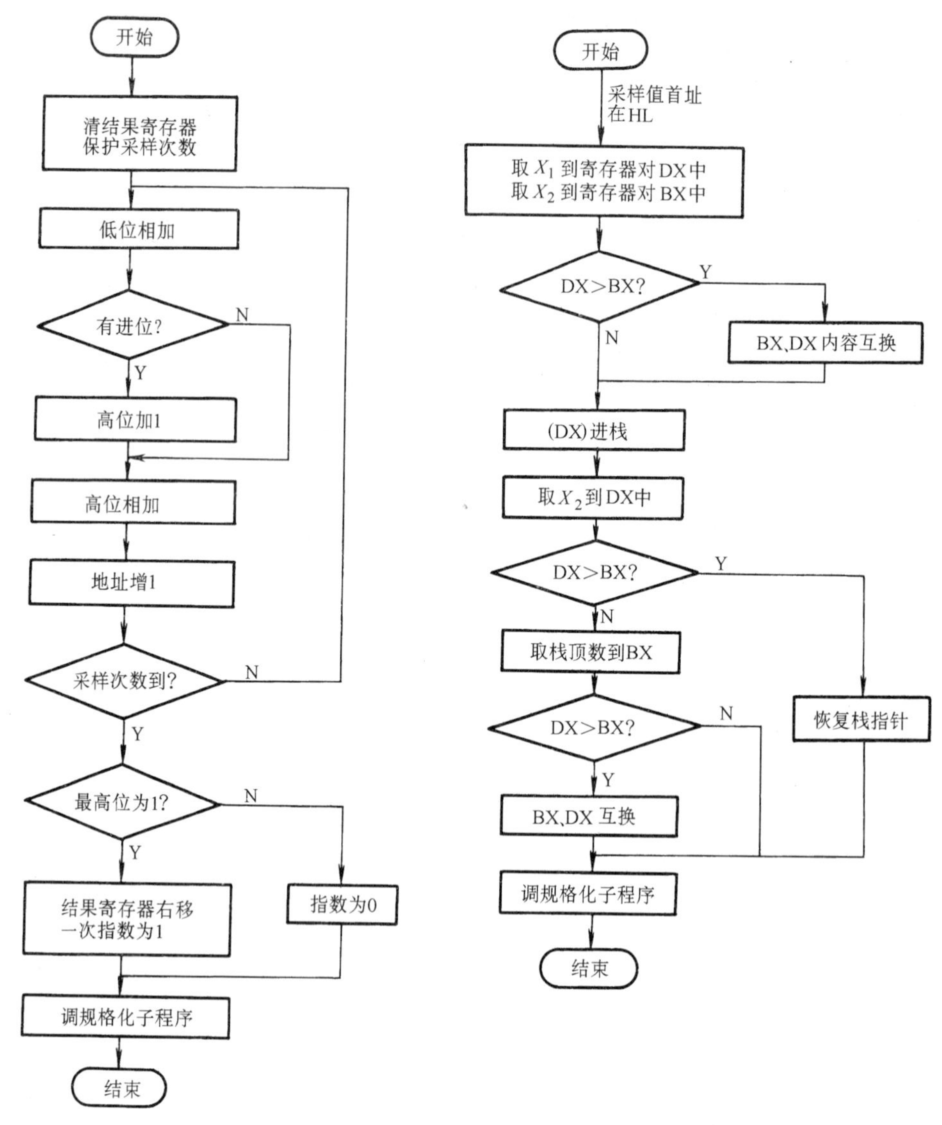

图 3-37　算术平均值法的程序流程

图 3-38　中值滤波法的程序流程

三、防脉冲干扰平均值法

将算术平均值法和中值滤波法结合起来，便可得到防脉冲干扰平均值法。它是先用中值滤波原理滤除由于脉冲干扰引起的误差的采样值，然后把剩下的采样值进行算术平均。

若 $X_1 < X_2 < \cdots < X_N$，则

$$Y = (X_2 + X_3 + \cdots + X_{N-1}) / (N-2) \tag{3-42}$$

式中 $3 < N < 14$

可以看出，防脉冲干扰平均值法兼顾了算术平均值法和中值滤波的优点，在快、慢速系统中都能削弱干扰，提高控制质量。当采样点数为3时，它是中值滤波法。

四、程序判断滤波法

1. 限幅滤波（上、下限滤波）法

若 $|X_k - X_{k-1}| < \Delta X_0$ 则以本次采样值 X_k 为真实信号；

若 $|X_k - X_{k-1}| > \Delta X_0$ 则以上次采样值 X_{k-1} 为真实信号。

其中，ΔX_0 表示误差上、下限的允许值，ΔX_0 的选择取决于采样周期 T 及信号 X 的动态响应。

2. 限速滤波法

设采样时刻 t_1、t_2、t_3 的采样值为 X_1、X_2、X_3。

若 $|X_2 - X_1| < \Delta X_0$，则取 X_2 为真实信号。

若 $|X_2 - X_1| \geqslant \Delta X_0$，则先保留 X_2，再与 X_3 进行比较，若 $|X_3 - X_2| < \Delta X_0$，则取 X_2 为真实信号；若 $|X_3 - X_2| \geqslant \Delta X_0$，则取 $(X_2 + X_3)/2$ 为真实信号。

实用中，常取 $\Delta X_0 = (|X_1 - X_2| + |X_2 - X_3|)/2$

限速滤波法较为折衷，既照顾了采样的实时性，也照顾了采样值变化的连续性。

第四章　控制电动机及其选择计算

控制电动机是伺服控制系统的动力部件，它是将电能转换为机械能的一种能量转换装置。由于其可在很宽的速度和负载范围内进行连续、精确的控制，因而在各种机电一体化系统中得到了广泛的应用。

控制电动机有回转和直线驱动两种，通过电压、电流、频率（包括指令脉冲）等控制，实现定速、变速驱动或反复起动、停止的增量驱动以及复杂的驱动。图 4-1 为伺服电动机控制方式的基本形式，开环系统无检测装置，常用步进电动机驱动实现，每输入一个指令脉冲，步进电动机就旋转一定角度，它的旋转速度由指令脉冲频率控制，转角大小由脉冲个数决定。由于开环系统没有检测装置，误差无法测出和补偿，因此开环系统精度不高；闭环系统和半闭环系统有检测装置，闭环系统的检测装置装到移动部件上，可直接检测移动部件的位移，系统采用了反馈和误差补偿技术，因而可很精确控制移动部件的移动距离；半闭环系统的检测装置装到伺服电动机上，在伺服电动机的尾部装有编码器或测速发电机，分别检测移动部件的位移和速度。由于传动件不可避免地存在受力变形和消除传动间隙等问题，因而半闭环系统控制精度不如闭环系统。

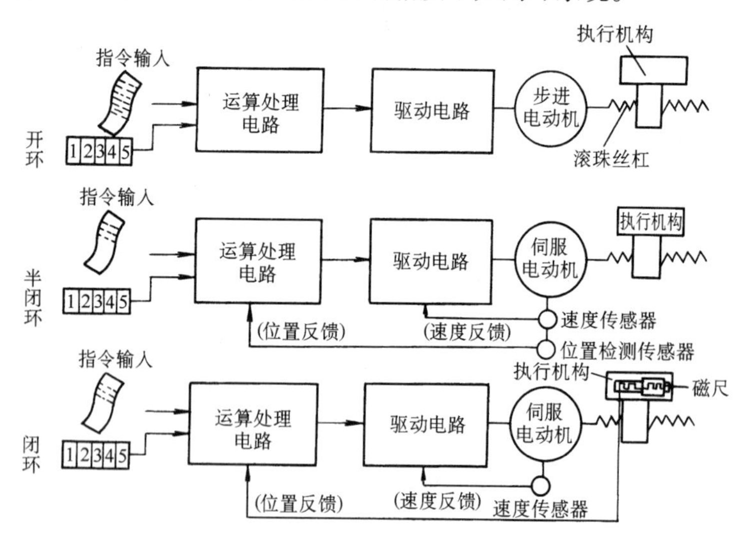

图 4-1　伺服电动机控制方式的基本形式

本章主要介绍常用步进电动机、直流伺服电动机、交流伺服电动机和直线电动机的工作原理、控制原理及其选用计算方法。

第一节 步进电动机及其控制

一、步进电动机的工作原理

步进电动机是将电脉冲控制信号转换成机械角位移的执行元件。每接受一个电脉冲，在驱动电源的作用下，步进电动机转子就转过一个相应的步距角。转子角位移的大小及转速分别与输入的控制电脉冲数及其频率成正比，并在时间上与输入脉冲同步，只要控制输入电脉冲的数量、频率以及电机绕组通电相序即可获得所需的转角、转速及转向，所以用微机很容易实现步进电动机的开环数字控制。

图 4-2 为反应式步进电动机结构简图。其定子有六个均匀分布的磁极，每两个相对磁极组成一相，即有 U—U、V—V、W—W 三相，磁极上缠绕励磁绕组。

步进电动机工作原理如图 4-3 所示，假定转子具有均匀分布的 4 个齿，齿宽及间距一致，故齿距为 360°/4 = 90°，三对磁极上的齿（亦即齿距）亦为 90°均布，但在圆周方向依次错过 1/3 齿距（30°）。如果先将电脉冲加到 U 相励磁绕组，定子 U 相磁极就产生磁通，并对转子产生磁吸力，使转子离 U 相磁极最近的两个齿与定子的 U 相磁极对齐，V 磁极上的齿相对于转子齿在逆时针方向错过了 30°，W 磁极上的齿将错过 60°。当 U 相断电，再将电脉冲电流通入 V 相励磁绕组，在磁吸力的作用下，使转子与 V 相磁极靠得最近的另两个齿与定子的 V 相磁极对齐，由图 4-3 可以看出，转子沿着逆时针方向转过了 30°角。给 W 相通电，转子逆时针再转过 30°角；如此按照 U→V→W→U 的顺序通电，转子则沿逆时针方向一步步地转动，每步转过 30°，这个角度就叫步距角。显然，单位时间内通入的电脉冲数越多，即电脉冲频率越高，电机转速越高。如果按照 U→W→V→U的顺序通电，步进电动机则沿顺时针方向一步步地转动。从一相通电

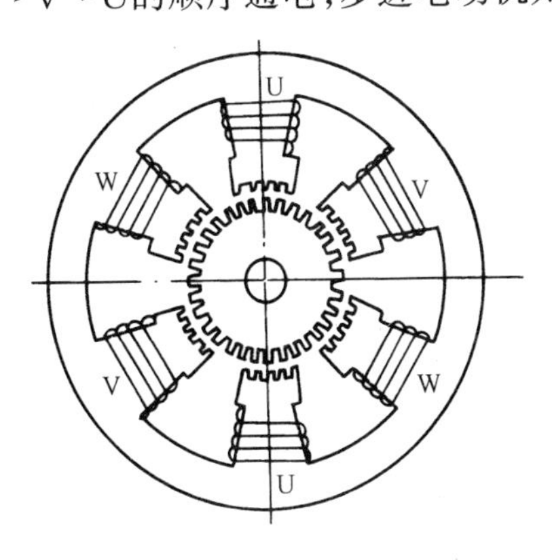

图 4-2 步进电动机结构简图

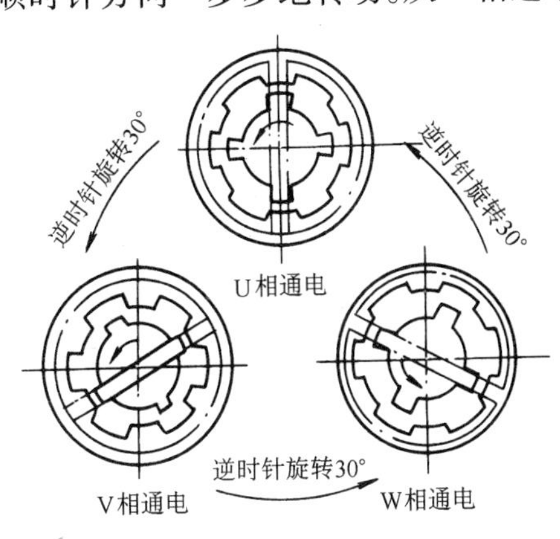

图 4-3 步进电动机工作原理图

换到另一相通电称为一拍，每一拍转子转动一个步距角。像上述的步进电动机，三相励磁绕组依次单独通电运行，换接三次完成一个通电循环，称为三相单三拍通电方式。

如果使两相励磁绕组同时通电，即按 UV→VW→WU→UV…顺序通电，这种通电方式称为三相双三拍，其步距角仍为 30°。步进电机还可以按三相六拍通电方式工作，即按 U→UV→V→VW→W→WU→U…顺序通电，换接六次完成一个通电循环。这种通电方式的步距角为 15°，是三拍通电时的一半。

步进电动机的步距角越小，意味着所能达到的位置控制精度越高。

二、步进电动机的特点

根据上述工作原理，可以看出步进电动机具有以下几个基本特点：

1）步进电动机受数字脉冲信号控制，输出角位移与输入脉冲数成正比，即

$$\theta = N\beta \tag{4-1}$$

式中 θ——电动机转过的角度（°）；

N——控制脉冲数；

β——步距角（°）。

2）步进电动机的转速与输入的脉冲频率成正比，即

$$n = \frac{\beta}{360^\circ} \times 60 f = \frac{\beta f}{6} \tag{4-2}$$

式中 n——电动机转速（r/min）；

f——控制脉冲频率（Hz）。

3）步进电动机的转向可以通过改变通电顺序来改变。

4）步进电动机具有自锁能力，一旦停止输入脉冲，只要维持绕组通电，电动机就可以保持在该固定位置。

5）步进电动机工作状态不易受各种干扰因素（如电源电压的波动、电流的大小与波形的变化、温度等）影响，只要干扰未引起步进电动机产生“丢步”，就不会影响其正常工作。

6）步进电动机的步距角有误差，转子转过一定步数以后也会出现累积误差，但转子转过一转以后，其累积误差为“零”，不会长期积累。

7）易于直接与微机的 I/O 接口，构成开环位置伺服系统。

因此，步进电动机被广泛应用于开环控制结构的机电一体化系统，使系统简化，并可靠地获得较高的位置精度。

三、步进电动机的运行特性及性能指标

（1）步距角　在一个电脉冲作用下（即一拍），电机转子转过的角位移称为步距角。步距角越小，分辨力越高。最常见的步距角有：0.6°/1.2°，0.75°/1.5°，0.9°/1.8°，1°/2°，1.5°/3°等。

(2) 静态特性　步进电动机的静态特性是指它在稳定状态时的特性，包括静转矩、矩—角特性及静态稳定区。在空载状态下，给步进电动机某相通以直流电流，转子齿的中心线与定子齿的中心线相重合，转子上没有转矩输出，此时的位置为转子初始稳定平衡位置。如果在电动机转子轴上加一负载转矩 T_L，则转子齿的中心线与定子齿的中心线将错过一个角度 θ_e 才能重新稳定下来。此时转子上的电磁转距 T_j 与负载转矩 T_L 相等。该 T_j 为静态转矩，θ_e 为失调角，当 $\theta_e = \pm 90°$，其静态转矩 T_{jmax} 为最大静转矩。静态转矩越大，自锁力矩越大，静态误差就越小。一般产品说明书中标示的最大静转矩就是指在额定电流下的 T_{jmax}。

当失调角 θ_e 在 $-\pi$ 到 π 的范围内，若去掉负载转子 T_L，转子仍能回到初始稳定平衡位置。因此，在 $-\pi < \theta_e < \pi$ 的区域称为步进电动机的静态稳定区。

(3) 动态特性　步进电动机的动态特性将直接影响到系统的快速响应及工作的可靠性，在运行状态的转矩即为动态转矩，它随控制脉冲频率的不同而改变。脉冲频率增加，动态转矩变小，动态转矩与脉冲频率的关系称为矩—频特性。

四、步进电动机的驱动控制

步进电动机的运行特性与配套使用的驱动电源有密切关系。驱动电源由环形脉冲分配器、功率放大器组成，如图 4-4 所示。驱动电源是将变频信号源（微机或数控装置等）送来的脉冲信号及方向信号按照要求的配电方式自动地循环供给电动机各相绕组，以驱动电动机转子正反向旋转。从计算机输出口或从环形分配器输出的信号脉冲电流一般只有几个毫安，不能直接驱动步进电动机，必须采用功率放大器将脉冲电流进行放大，使其增加到几至十几安培，从而驱动步进电动机运转。因此，只要控制输入电脉冲的数量和频率就可精确控制步进电动机的转角和速度。

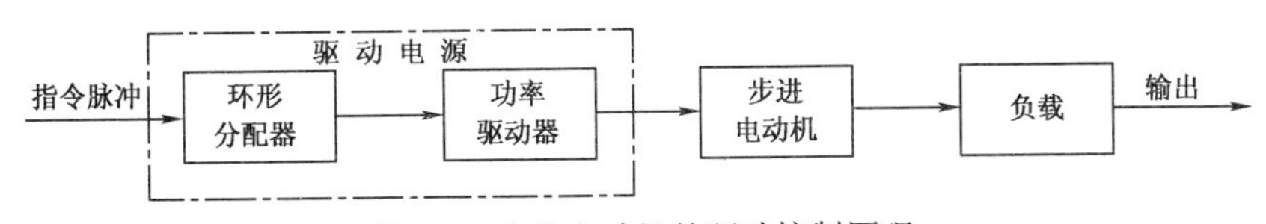

图 4-4　步进电动机的驱动控制原理

五、步进电动机的选用

选用步进电动机时，首先根据机械结构草图计算机械传动装置及负载折算到电动机轴上的等效转动惯量，然后分别计算各种工况下所需的等效力矩，再根据步进电动机最大静转矩和起动、运行矩频特性选择合适的步进电动机。

1. 转矩和惯量匹配条件

为了使步进电动机具有良好的起动能力及较快的响应速度，通常推荐

$$T_L / T_{max} \leqslant 0.5 \text{ 及 } J_L / J_m \leqslant 4$$

式中　T_{max}——步进电动机的最大静转矩（N·m）；

T_L——换算到电动机轴上的负载转矩（N·m）；

J_m——步进电动机转子的最大转动惯量（kg·m²）；

J_L——折算步进电动机转子上的等效转动惯量（kg·m²）。

根据上述条件，初步选择步进电动机的型号。然后，根据动力学公式检查其起动能力和运动参数。

由于步进电动机的起动矩—频特性曲线是在空载下作出的，检查其起动能力时应考虑惯性负载对起动转矩的影响，即从起动惯—频特性曲线上找出带惯性负载的启动频率，然后再查其起动转矩和计算起动时间。当在起动惯—矩特性曲线上查不到带惯性负载时的最大起动频率，可用下式近似计算

$$f_L = \frac{f_m}{\sqrt{1 + J_L/J_m}} \tag{4-3}$$

式中 f_L——带惯性负载的最大起动频率（Hz 或 p/s）；

f_m——电动机本身的最大空载起动频率（Hz 或 p/s）；

J_m——电动机转子转动惯量（kg·m²）；

J_L——换算到电动机轴上的转动惯量（kg·m²）。

当 $J_L/J_m = 3$ 时，$f_L = 0.5 f_m$。

不同 J_L/J_m 下的矩—频特性如图 4-5。由此可见，J_L/J_m 比值增大，自起动最大频率越小，其加减速时间将会延长，这就失去了快速性，甚至难于起动。

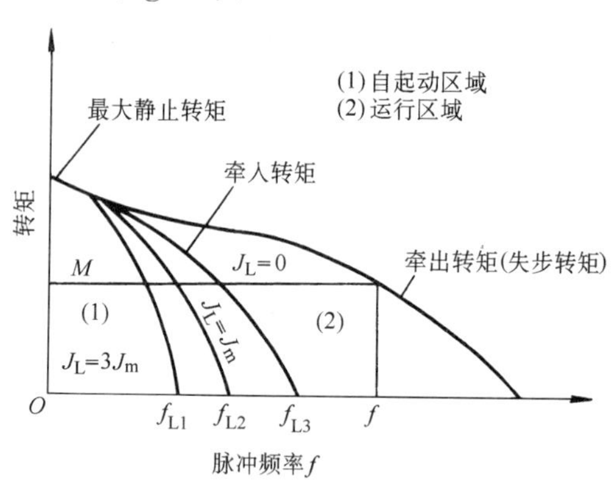

图 4-5 不同 J_L/J_m 下的矩频特性

2. 步矩角的选择和精度

步矩角的选择是由脉冲当量等因素来决定的。步进电动机的步距角精度将会影响开环系统的精度。电动机的转角 $\theta = N\beta \pm \Delta\beta$，其中 $\Delta\beta$ 为步矩角精度，它是在空载条件下，在 360°范围内转子从任意位置步进运行时，每隔指定的步数，测定其实际角位移与理论角位移之差，称为静止角度误差，并用正负峰值之间的 1/2 来表示。其误差越小，电动机精度越高。一般为 β 的 ±（3%～5%）它不受 N 值大小的影响，也不会产生累积误差。

第二节　直流伺服电动机及其控制

直流伺服电动机是用直流电供电的电动机，当它在机电一体化设备中作为驱

动元件时，其功能是将输入的受控电压/电流能量，转换为电枢轴上的角位移或角速度输出。

一、直流伺服电动机的特点

直流伺服电动机有如下特点：

(1) 稳定性好　直流伺服电动机具有下垂的机械性，能在较宽的速度范围内稳定运行。

(2) 可控性好　直流伺服电动机具有线性的调节特性，能使转速正比于控制电压的大小；转向取决于控制电压的极性（或相位）；控制电压为零时，转子惯性很小，能立即停止。

(3) 响应迅速　直流伺服电动机具有较大的起动转矩和较小的转动惯量，在控制信号增加、减小或消失的瞬间，直流伺服电动机能快速起动、快速增速、快速减速和快速停止。

(4) 控制功率低，损耗小。

(5) 转矩大　直流伺服电动机广泛应用在宽调速系统和精确位置控制系统中，其输出功率一般为 1～600W，也有达数千瓦。电压有 6V、9V、12V、24V、27V、48V、110V、220V 等。转速可达 1500～1600r/min。时间常数低于 0.03。

二、直流伺服电动机的分类与结构

1. 直流伺服电动机的分类与型号命名

直流伺服电动机的品种很多，随着科学技术的发展，至今还在不断出现各种新品种及新结构。

按照激磁方式的不同，直流伺服电动机有电磁式和永磁式两类。其中，电磁式大多是他激磁式直流伺服电动机；永磁式则和一般永磁直流电动机一样，用氧化体、铝镍钴、稀土钴等磁材料产生激磁磁场。

在结构上，直流伺服电动机分为一般电枢式、无刷电枢式、绕线盘式和空心杯电枢式等。为避免电刷换向器的接触，还有无刷直流伺服电动机。根据控制方式，直流伺服电动机可分为磁场控制方式和电枢控制方式。显然，永磁直流伺服电动机只能采用电枢控制方式，一般电磁式直流伺服电动机大多也用电枢控制式。

直流伺服电动机大多用机座号表示机壳外径，国产直流电动机的型号命名包含四个部分。其中第一部分用数字表示机座号，第二部分用汉语拼音表示名称代号，第三部分用数字表示性能参数序号，第四部分用数字和汉语拼音表示结构派生代号。例如 28SY03-C 表示 28 号机座永磁式直流伺服电动机、第 3 个性能参数序号的产品、SY 系列标准中选定的一种基本安装型式、轴伸型式派生为齿轮轴伸。又如 45SZ27-5J 表示 45 号机座电磁式直流伺服电动机、第 27 个性能参数序号的产品、安装型式为 K5、轴伸型式派生为键槽轴伸。

2. 结构形式及特点

各种直流伺服电动机的结构特点见表 4-1。

表 4-1 各类直流伺服电动机结构特点

分类		结构特点
普通型	永磁式伺服电动机	与普通直流电动机相同，但电枢铁心长度与直径之比较大，气隙也较小，磁场由永久磁钢产生，无需励磁电源
	电磁式伺服电动机	定子通常由硅钢片冲制叠压而成，磁极和磁轭整体相连，在磁极铁心上套有励磁绕组，其它同永磁式直流电动机
低惯量式	电刷绕组伺服电动机	采用圆形薄板电枢结构，轴向尺寸很小，电枢用双面敷铜的胶木板制成，上面用化学腐蚀或机械刻制的方法用印刷绕组。绕组导体裸露，在圆盘两面呈放射形分布。绕组散热好，磁极轴向安装，电刷直接在圆周盘上滑动，圆盘电枢表面上有裸露导体部分起着换向器的作用
	无槽伺服电动机	电枢采用无齿槽的光滑圆柱铁心结构，电枢制成细而长的形状，以减小转动惯量，电枢绕组直接分布在电枢铁心表面，用耐热的环氧树脂固化成形。电枢气隙尺寸较大，定子采用高电磁的永久磁钢励磁
	空心杯形电枢伺服电动机	电枢绕组用漆包线绕在线模上，再用环氧树脂固化成杯形结构，空心杯电枢内外两侧由定子铁心构成磁路，磁极采用永久磁钢，安放在外定子上
直流力矩伺服电动机		直流力矩伺服电动机设计主磁通为径向的盘式结构，长、径比一般为1:5，扁平结构宜于定子安置多块磁极，电枢选用多槽，多换向片和多串联导体数总体结构有分装式和组装式两种。通常定子磁路有凸极式和稳极式（亦称桥式磁路）
直流无刷伺服电动机		直流无刷伺服由电动机主体、位置传感器、电子换向开关三部分组成。电动机主体由一定极对数的永磁钢转子（主转子）和一个多向的电枢绕组定子（主定子）组成，转子磁钢有二极或多极结构。位置传感器是一种无机械接触的检测转子位置的装置，由传感器转子和传感器定子绕组串联，各功率元件的导通与截止取决于位置传感器的信号

三、直流伺服电动机的驱动及控制

1. 直流伺服电动机的驱动方式

直流伺服电动机用直流供电，为调节电动机转速和方向需要对其直流电压的大小和方向进行控制。目前常用晶体管脉宽调速驱动和可控硅直流调速驱动两种方式。可控硅直流（SCR）驱动方式，主要通过调节触发装置控制可控硅的导通角（控制电压大小）来移动触发脉冲的相位，从而改变整流电压的大小，使直流电动机电枢电压的变化易平滑调速。由于可控硅本身的工作原理和电源的特点，导通后是利用交流（50Hz）过零来关闭的，因此在低整流电压时，其输出是很小的尖峰值（三相全波时每秒 300 个）的平均值，从而造成电流的不连续性。而采用脉宽调速驱动系统，其开关频率高（通常达 2000～3000Hz）伺服机构能够响应的频带范围也较宽。与可控硅相比，其输出电流脉动非常小，接近于纯直流。

脉宽调制（PWM）直流调速驱动系统原理如图 4-6 所示。当输入一个直流控制电压 U 时就可得到宽度与 U 成比例的脉冲方波给伺服电动机电枢回路供电。通过改变脉冲宽度来改变电枢回路的平均电压，得到不同大小的电压值 U_a，使直流电动机平滑调速。设开关 S 周期性地闭合、断开，开和关的周期是 T，在一个周期 T 内，闭合的时间是 τ，开断的时间是 $T-\tau$。若外加电源电压 U 为常数，则电源加到电动机电枢上的电压波形将是一个方波列，其高度为 U，宽度为 τ，则一个周期内电压的平均值为：

$$U_a = \frac{1}{T}\int_0^{\tau} U \mathrm{d}t = \frac{\tau}{T}U = \mu U \tag{4-4}$$

式中　$\mu = \tau / T$ 称为导通率，又称占空系数。

当 T 不变时，只要连续地改变 τ（$0 \sim T$）就可以连续地使 U_a 由 0 变化到 U，从而达到连续改变电动机转速之目的。在实际应用的 PWM 系统中，采用大功率三极管代替 S，其开关频率一般为 2000Hz，即 $T = 0.05$ms，它比电动机的机械时间常数小得多，故不至于引起电动机转速脉动，常选用的开关频率为 500～2500Hz。图中的二极管为续流二极管，当 S 断开时，由于电感 L_a 的存在，电动机的电枢电流 I_a 可通过它形成回路而继续流动，因此尽管电压呈脉动状，而电流还是连续的。

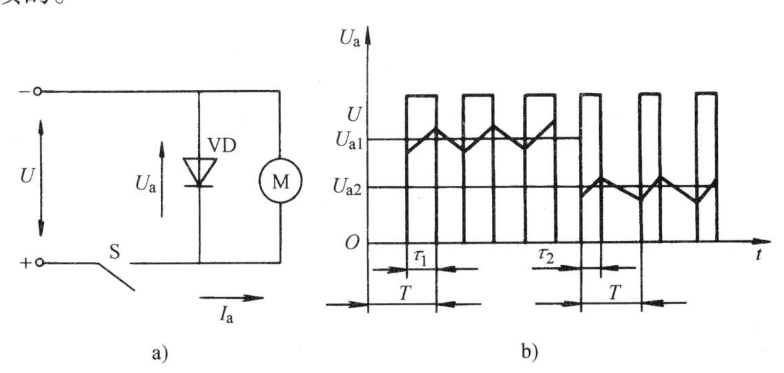

图 4-6　PWM 直流调速驱动系统原理

a）控制电路图　b）电压-时间关系图

2. 直流伺服系统的组成

典型的伺服系统如图 4-7 所示，该系统包括 PWM 功率放大器，以及速度负反馈、位置负反馈等环节。控制系统是对 PWM 功放电路进行控制，接收电压、速度、位置变化信号，并对其进行处理产生正确的控制信号，控制 PWM 功率放大器工作，使伺服电动机运行在给定状态中。

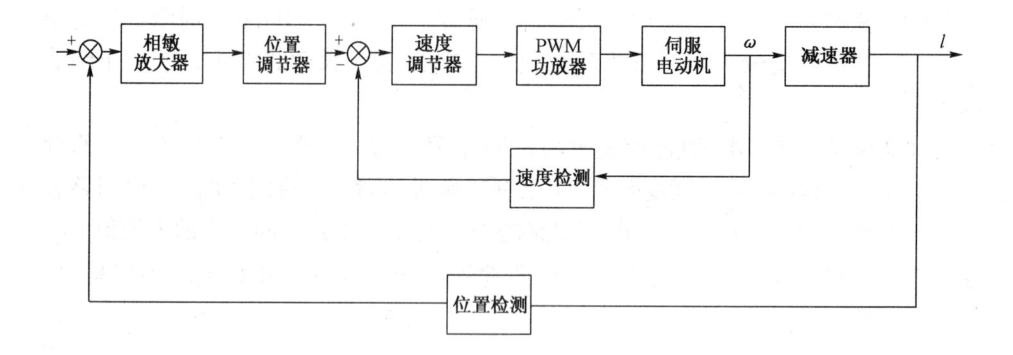

图 4-7　直流伺服系统的原理框图

第三节　交流伺服电动机及其控制

一、交流伺服电动机的种类和结构特点

1. 种类

交流伺服电动机分为两种：同步型和感应型。

同步型（SM）：采用永磁结构的同步电动机，又称为无刷直流伺服电动机。其特点：

1）无接触换向部件。

2）需要磁极位置检测器（如编码器）。

3）具有直流伺服电动机的全部优点。

感应型（IM）：指笼型感应电动机。其特点：

1）对定子电流的激励分量和转矩分量分别控制。

2）具有直流伺服电动机的全部优点。

2. 结构特点

交流伺服电动机采用了全封闭无刷结构，以适应实际生产环境不需要定期检查和维修。其定子省去了铸件壳体，结构紧凑、外形小、重量轻（只有同类直流电动机重量的 75%～90%）。定子铁心较一般电动机开槽多且深，围绕在定子铁心上，绝缘可靠，磁场均匀。可对定子铁芯直接冷却，散热效果好，因而传给机械部分的热量小，提高了整个系统的可靠性。转子采用具有精密磁极形状的永久磁铁，因而可实现高转矩/惯量比，动态响应好，运行平稳。转轴安装有高精度的脉冲编码器作检测元件。因此交流伺服电动机以其高性能、大容量日益受到广泛的重视和应用。

二、交流伺服电动机的控制方法

由于交流伺服电动机在结构上分为两类，因此每种类型在控制方式上也采用不同的方法。

1.SM 型伺服电动机的控制方法

采用永久磁铁场的同步电动机不需要磁化电流控制，只要检测磁铁转子的位置即可，故比 IM 型伺服电动机容易控制。转矩产生机理与直流伺服电动机相同。SM 型伺服电动机的控制构成如图 4-8 所示。

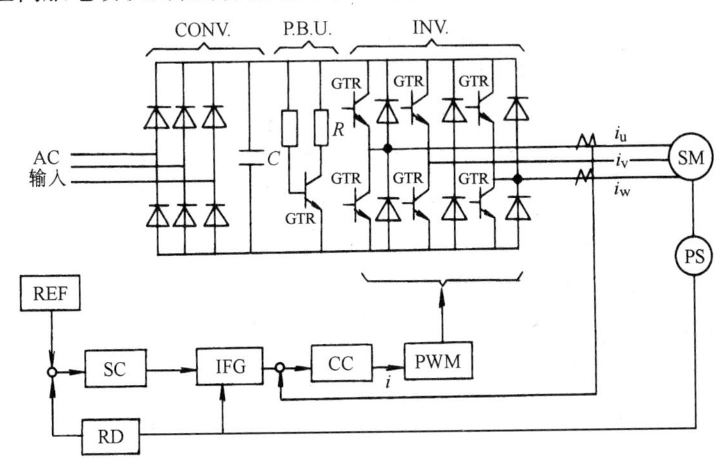

图 4-8 同步（SM）型伺服电动机控制框图

CONV—整流器 SM—同步电动机 INV—变换器 PS—磁极位置检测器

REF—速度基准 IFG—电流函数发生器 SC—速度控制放大器

CC—电流控制放大器 RD—速度变换器 PWM—脉宽调制器

P.B.U—再生电路

2.IM 型伺服电动机的控制方法

(1) 矢量控制　采用交流伺服电动机作为机电一体化产品进给伺服系统的执行元件和实现精密位置控制，并能在较宽的范围内产生理想的转矩，提高生产效率，其关键在于要解决对交流电动机的控制和驱动。目前利用微处理器和计算机数控（CNC）对交流电动机作磁场的矢量控制，即把交流电动机的作用原理看作和直流电动机相似，像直流电动机那样实现转矩控制。

直流它励电动机转矩 M 与电枢电流 I_a 的关系为

$$M = C_M I_a \Phi \tag{4-5}$$

式中　C_M——转矩系数；

Φ——气隙磁通。

对于补偿较好的电动机，电枢反应影响很小。当激励电流不变时，转矩与电枢电流成正比，所以比较容易实现良好的动态性能。而交流异步电动机的转矩与转子电流 I_2 的关系为：

$$M = C_M I_2 \Phi \cos\varphi \tag{4-6}$$

其中气隙磁通 Φ，转子电流 I_2，转子功率因数 $\cos\varphi$ 是滑差系数 S 的函数，难以直接控制。比较容易控制的是定子电流 I_1，而定子电流 I_1 又是转子电流 I_2 的折和值与激励电流 I_o 的矢量和。因此要准确地动态控制转矩显然比较困难。矢量变换控制方式设法在交流电动机上模拟直流电动机控制转矩的规律，以使交流电动机具有同样产生及控制电磁转矩的能力。矢量变换控制的基本思路是按照产生同样的旋转磁场这一等效原则建立起来的。

众所周知，三相固定的对称绕组 A、B、C，通以三相正弦平衡交流电 i_a，i_b，i_c 时，即产生转速为 ω_0 的旋转磁通 Φ，如图 4-9a 所示。产生旋转磁通不一定非要三相不可，除三相以外，二相、四相对称绕组，通以平衡电流，也能产生旋转磁场。图 4-9b 是两相固定绕组 α 和 β（位置上差 90°），通以两相平衡电流 i_α 和 i_β（时间上相差 90°）时，所产生的旋转磁通 Φ。当旋转磁场的大小和转速都相等时，图 4-9a、b 两套绕组等效。图 4-9c 中有两个匝数相等、互相垂直的绕组 d 和 q，分别通以直流电流 i_M 和 i_T，产生位置固定的磁通 Φ。如果使两个绕组以同步转速旋转，磁通 Φ 也随着旋转起来，可以和图 4-9a、b 绕组等效。当观察者站在铁芯上和绕组一起旋转时，会认为是通以直流电流的互相垂直的固定绕组。如果取磁通 Φ 的位置和 M 绕组的平面正交，就和等效的直流电动机绕组没有差别了，d 绕组相当于激磁绕组，q 绕组相当于电枢绕组。

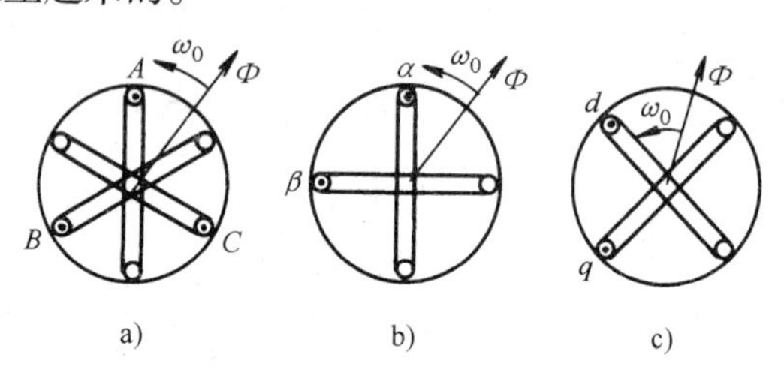

图 4-9　等效的交流机绕组和直流机绕组

这样以产生旋转磁场为准则，图 4-9a 中的三相绕组、图 4-9b 的二相绕组和图 4-9c 中的直流绕组等效。i_a，i_b，i_c 与 i_α、i_β 以及 i_M 和 i_T 之间存在着确定的关系，即矢量变换关系。要保持 i_M 和 i_T 为某一定值，则 i_a、i_b、i_c 必须按一定的规律变化。只要按照这个规律去控制三相电流 i_a、i_b、i_c，就可以等效地控制 i_M 和 i_T，达到所需要控制转矩的目的，从而得到和直流电动机一样的控制性能。

图 4-10 是采用交流伺服电动机作为执行元件的一种矢量控制交流伺服系统框图，其工作原理如下：由插补器发出速度指令，在比较器与检测器来的信号（经过 A/D 转换）相与之后，再经放大器送出转矩指令 M（$M=3/2K_SI_2\psi$，式中 K_S 为比例系数，I_2 为电枢电流，ψ 为有效磁场束）至矢量处理电路，该电路由转角计算回路、乘法器、比较器等组成。另一方面，检测器的输出信号也送到矢量处理回路中的转角计算回路，将电机的回转位置 θ_r 变换成 $\sin\theta_r$，$\sin(\theta_r-2\pi/3)$ 和 $\sin(\theta_r-4\pi/3)$ 信号，分别送到矢量处理电路的乘法器，由矢量处理电路输出 $M\sin\theta_r$，$M\sin(\theta_r-2\pi/3)$ 和 $M\sin(\theta_r-4\pi/3)$ 三种信号，经放大并与

电动机回路的电流检测信号比较之后，经脉宽调制电路（PWM）调制及放大之后，控制三相桥式晶体管电路，使交流伺服电动机按规定的转速值旋转，并输出要求的转矩值。检测器检测出的信号还可送到位置控制回路中，与插补器来的脉冲信号进行比较完成位置环控制。

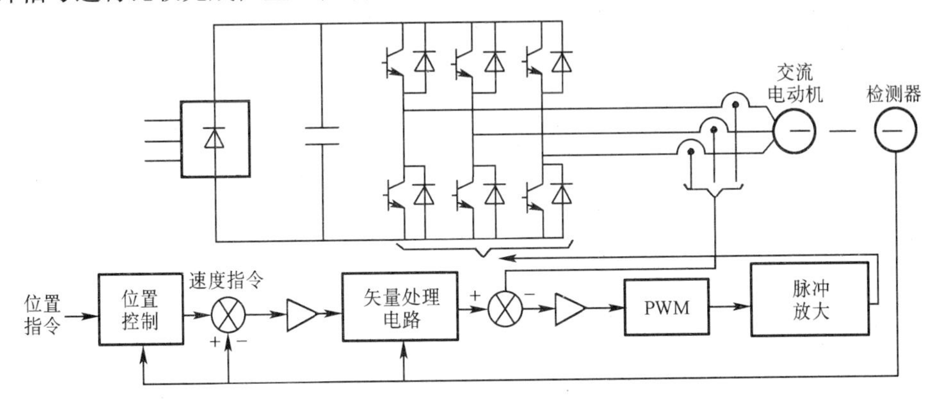

图 4-10　交流伺服系统框图

(2) 变频调速控制

1) 交流感应电动机的特性　由电动机学可知，交流感应电动机的转速 n 与下列因素有关

$$n=\frac{60f}{p}\ (1-S) \tag{4-7}$$

式中　n——电动机转速（r/min）；

f——外加电源频率（Hz）；

p——电动机极对数；

S——滑差率。

要改变交流电动机的转速，则可根据实际需要，采用改变电动机极对数 P、滑差率 S 或电动机的外加电源频率 f 三种方法。目前高性能的交流调速系统大都采用均匀改变频率 f 来平滑地改变电动机转速。为了保持在调速时电动机的最大转矩不变，需要维持磁通恒定，这时就要求定子供电电压作相应调节。因此对交流电动机供电的变频器（VFD）一般都要求兼有调压调频两种功能。近年来，由于晶闸管以及大功率晶体管等半导体电力开关的问世，它们具有接近理想开关的性能，促使变频器迅速得到发展。根据改变定子电压 U 及定子供电频率的不同比例关系，采用不同的变频调速方法，从而研制出各种类型的大容量、高性能变频器，使交流电动机调速系统在工业上得到推广应用。

2) 变频调速方法　实现变频调速的方法很多，可分为交—直—交变频、交—交变频、脉宽调制变频（SPWM）等。其中每一种变频又有很多变换形式和接线方法。

① 交—直—交变频调速系统。如图 4-11 所示为交—直—交变频器的主回路，它由整流器（顺变器）、中间滤波环节和逆变器三部分组成。图中顺变器为晶闸管三相桥式电路，其作用是将定压定频交流电变换为可调直流电，然后经电容器或电抗器对整直后的电压或电流进行滤波，作为逆变器的直流供电电源。逆变器也是晶闸管三相桥式电路，但它的作用与顺变器相反，它将直流电变换为可调频率的交流电，是变频器的主要组成部分。

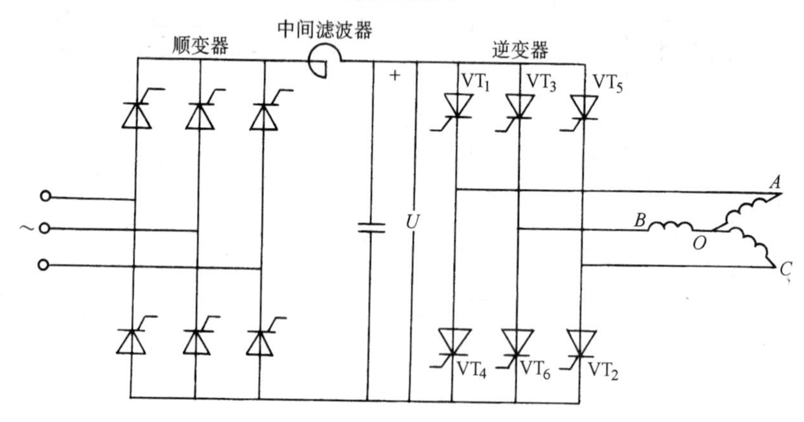

图 4-11　交—直—交变频器

② 交—交变频调速系统。交—交变频调速属直接变频，它把频率和电压都恒定的工频交流电，直接变换成电压和频率可控的交流电，供异步电动机激磁。交—交变频最常用的主电路是给电机每一相都用了正、反组可控整流的可逆变流装置，并用所需的 $U_1/f_1=$ 常数的正弦波模拟信号去控制正、反组的触发，即可得到频率和电压都符合变频要求的近似正弦输出。

3）SPWM 变频调速　SPWM 变频调速是最近发展起来的，其触发电路输出是一系列频率可调的脉冲波，脉冲的幅值恒定而宽度可调，因而可以根据 U_1/f_1 比值在变频的同时改变电压，并可按一定规律调制脉冲宽度，如按正弦波规律调制，这就是 SPWM 变频调速。

SPWM 变频的工作原理可用图 4-12 和图 4-13 加以说明。若希望变频输出为图 4-12a 所示的正弦波电压，则它可以用 4-12b 所示一系列幅值不变的矩形脉冲来等效，只要对应时间间隔内的矩形脉冲的面积和正弦波与横轴包含的面积相等即可。可以理解，单位周波内的脉冲数越多，等效的精度越高，谐波分量也越小。

与直流 PWM 相似，SPWM 也分单极和双极两种工作方式。图 4-13 为单极式 SPWM 的波形图。其控制方法是将相同极性的正弦波基准信号 u_1 与等幅等矩的三角波 u_t 相比较，以其交点为相应变流器件换流的开关点，交点间隔即为被调制脉冲的宽度。可以看出，随着 u_1 的幅值和频率的变化，调制的脉冲也会在宽度和频率上作相应的变化，保证了变频要求的 u_1/f_1 = 常值。对负半周可通过反向器得到负的脉冲波。显然，必须使 $u_1 < u_t$，才能有正确的开关点。当正弦波每个周期内脉冲足够多时，相应区间内的脉冲面积与正弦波面积近似相等。由于这种脉冲波每半个周期内只有一种极性，故称单极性。

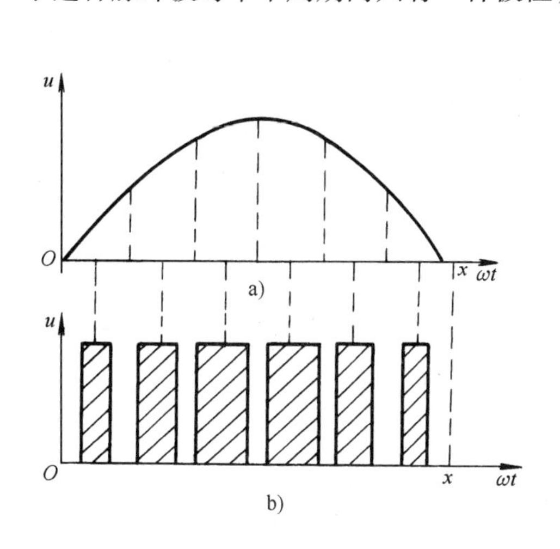

图 4-12 正弦波等效的矩形脉冲波

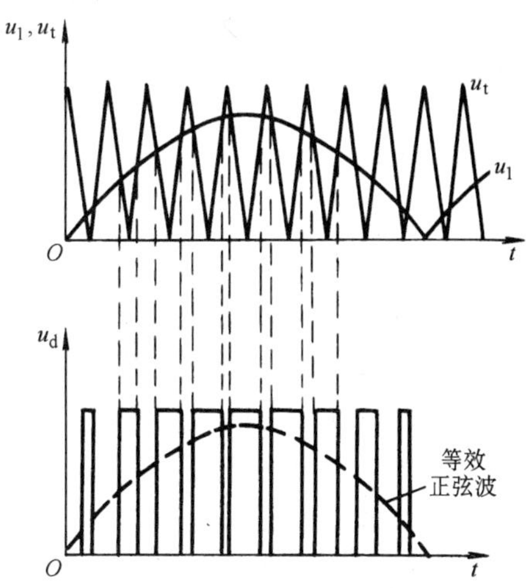

图 4-13 单极性 SPWM 波形

SPWM 变频调速系统的组成和线路比较复杂，读者可参阅有关专著。现在已有专用的 SPWM 集成组件供选用，如英国的 HEF4752KV，功能齐全，为工程人员提供了极大的方便。

三、交流伺服电动机的选择

近几十年来，交流伺服电动机及其控制技术发展很快，有逐步替代直流伺服电动机及其控制技术的趋势，且交流数控技术已达到直流数控技术水平。例如，日本东荣的数字化软件交流伺服系统具有用软件（代码）设定 48 种参数。其中有每转反馈量的设定，可与检测传感器匹配，其反馈脉冲设定范围为每转 1/32767～32767/32767～32767/1（即分数或整数均可）。在位置控制方式下，它具有调速功能，以及满足对反馈量精度的要求，该功能称为柔性齿数比或电子齿轮功能，这就扩大了传统的检测脉冲倍率（DMR）的设定范围。此外，还有工作方式选择，配用电动机型号，是否用正/反转脉冲的传感器，原点位置移动，输入输出脉冲类型，输入指令电压的比率，加减速时间，制动方式，速度限制值和电流限制值等功能，其适应型很强，可广泛应用于各种机电一体化设备。

交流伺服电动机具有没有换向部件，过载能力强、体积小、重量轻等优点，适宜于高速，高精度，频繁的起动与停止、快速定位等场合，且电动机不需维护，以在恶劣环境下可靠使用。

在伺服系统中常用永磁式变频调速同步电动机，它具有直流伺服电动机的调速特性。采用变频调速时，可方便地获得与频率 f 成正比的转速 n，即 $n=\frac{60f}{p}$，其中 p 为极对数，一般是不变的，还可获得硬的机械特性和宽的调速范围。

图 4-14 为 FANUC10（或 BESK10）交流伺服电动机的工作特性曲线，它与直流伺服电动机的工作特性曲线相似，但只有连续工作区和断续工作区，后者可用于电动机的加减速控制工况。其特点是连续工作区的直线更接近于水平线，而断续工作区的扩大，更有利于在高速区提高电动机的加减速能力。

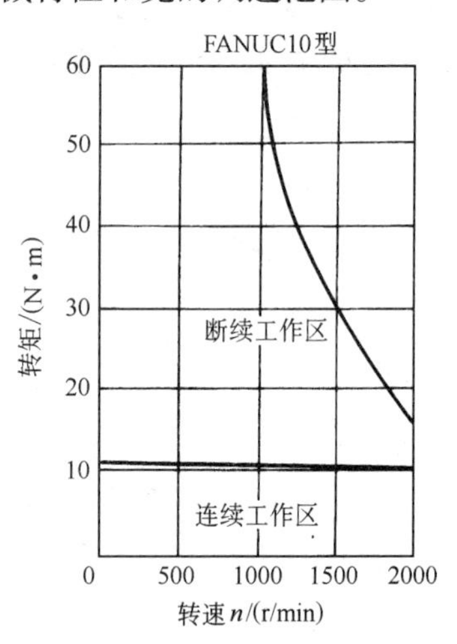

图 4-14　FANUC10 型交流伺服电动机的工作特性曲线

1. 交流伺服电动机的初选择

(1) 初选交流伺服电动机　电动机的选择，首先要考虑电动机能够提供负载所需要的转矩和转速。从偏于安全的意义上来讲，就是能够提供克服峰值负载所需要的功率。其次，当电动机的工作周期可以与其发热时间常数相比较时，必须考虑电动机的热额定问题，通常用负载的均方根功率作为确定电动机发热功率的基础。

如果要求电动机在峰值负载转矩下以峰值转速不断的驱动负载，则电动机功率

$$P_m=(1.5\sim2.5)\frac{T_{LP}n_{LP}}{159\eta} \tag{4-8}$$

式中　T_{LP}——负载峰值力矩（N·m）；

n_{LP}——电动机负载峰值转速（r/s）；

η——传动装置的效率，初步估算时取 $\eta=0.7\sim0.9$；

1.5~2.5——系数，属经验数据。考虑了初步估算负载力矩有可能取不全面或不精确，以及电动机有一部分功率要消耗在电动机转子上。

当电动机长期连续的工作在变负载之下时，比较合理的是按负载方均根功率来估算电动机功率

$$P_m\approx(1.5\sim2.5)\frac{T_{Lr}n_{Lr}}{159\eta} \tag{4-9}$$

式中　T_{Lr}——负载方均根力矩（N·m）；

n_{Lr}——负载方均根转速（r/s）。

估算出 P_m 后就可选取电动机，使其额定功率 P_N 满足

$$P_N\geqslant P_m \tag{4-10}$$

初选电动机后，一系列技术数据，诸如额定转矩、额定转速、额定电压、额定电流和转子转动惯量等，均可由产品目录直接查得或经过计算求得。

(2) 发热校核　对于连续工作负载不变场合的电动机，要求在整个转速范围内，负载转矩在额定转矩范围内。对于长期连续的、周期性的工作在变负载条件下的电动机，根据电动机发热条件的等效原则，可以计算在一个负载工作周期内，所需电动机转矩的方均根值，即等效转矩，并使此值小于连续额定转矩，就可确定电动机的型号和规格。因为在一定转速下，电动机的转矩与电流成正比或接近成正比，所负载的方均根转矩是与电动机处于连续工作时的热额定相一致的。因此，选择电动机应满足

$$T_{\mathrm{N}} \geqslant T_{\mathrm{Lr}} \tag{4-11}$$

$$T_{\mathrm{Lr}} = \sqrt{\frac{1}{t}\int_0^t (T_{\mathrm{L}} + T_{\mathrm{La}} + T_{\mathrm{LF}})^2 \mathrm{d}t} \tag{4-12}$$

式中　T_{N}——电动机额定转矩（N·m）；

T_{Lr}——折算到电动机轴上的负载方均根转矩（N·m）；

t——电动机工作循环时间（s）；

T_{La}——折算到电动机转子上的等效惯性转矩（kg·m^2）；

T_{LF}——折算到电动机上的摩擦力矩（N·m）。

式（4-11）就是发热校核公式。

常见的变转矩—加减速控制计算模型如图 4-15 所示。

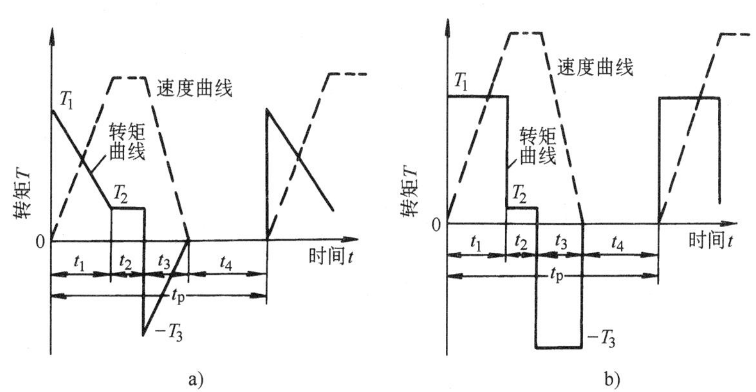

图 4-15　变转矩—加减速控制计算模型

a) 三角形波负载转矩曲线　b) 矩形波负载转矩曲线

图 4-15a 为一般伺服系统的计算模型。根据电动机发热条件的等效原则，这种三角形转矩波在加减速时的方均根转矩 T_{Lr}由下式近似计算

$$T_{\mathrm{Lr}} = \sqrt{\frac{1}{L}\int_0^{t_p} T^2 \mathrm{d}t} \approx \sqrt{\frac{T_1^2 t_1 + 3T_2^2 t_2 + T_3^2 t_3}{3t_{\mathrm{p}}}} \tag{4-13}$$

式中　t_p——一个负载工作周期的时间（s），即 $t_p = t_1 + t_2 + t_3 + t_4$。

图 4-15b 为常用的矩形波负载转矩、加减速计算模型，其 T_{Lr}由下式计算

$$T_{Lr} = \sqrt{\frac{T_1^2 t_1 + T_2^2 t_2 + T_3^2 t_3}{t_1 + t_2 + t_3 + t_4}} \tag{4-14}$$

以上两式只有在 t_p 比温度上升热时间常数 t_{th}小得多$\left(t_p \leqslant \frac{1}{4} t_{th}\right)$、且 $t_{th} = t_g$ 时才能成立，其中，t_g 为冷却时的热时间常数，通常均能满足这些条件，所以选择伺服电动机的额定转矩 T_N 时，应使

$$T_N \geqslant K_1 K_2 T_{Lr} \tag{4-15}$$

式中　K_1——安全系数，一般取 $K_1 = 1.2$；

　　　K_2——转矩波形系数，矩形转矩波取 $K_2 = 1.05$，三角转矩波取 $K_2 = 1.67$。

若计算的 K_1、K_2 值比上述推荐值略小时，应检查电动机的温升是否超过温度限值，不超过时仍可采用。

例如，在龙门刨床工作台的自动控制中，伺服电动机驱动工作台作往复运动。如 4-16 为机加工切削速度—时间与力矩—时间曲线。切削速度 $v>0$ 为电动机正转工作行程；$v<0$ 为电动机反转返回行程。工作行程包括起动阶段Ⅰ，切削加工阶段Ⅱ和制动阶段Ⅲ。返回行程也包括三个阶段Ⅰ′、Ⅱ′和Ⅲ′，如图 4-16a 所示。折算到电动机轴上的静摩擦负载力矩 T_{LF}如图 4-16b 所示。

图 4-16c 所示的惯性力矩 T_{ea}为伺服电动机转子的转动惯量 J_m 和往复运动部分的总质量所形成的惯性力矩（略去减速器的转动惯量），即

$$T_{La} = \left(J_m + \frac{mr^2}{i^2 \eta}\right) \frac{i}{r} \frac{dv}{dt} \tag{4-16}$$

式中　r——与工作台齿条相啮合齿轮的节圆半径（m）；

　　　η——传动总效率；

　　　i——电动机轴与齿条相啮合齿轮轴间的传动速比（$i>1$）。

这里假设工作在起动和制动过程为等加速和等减速运动，所以图 4-16c 中 T_{La}的幅值为常数。

图 4-16d 为换算到电动机轴上的切削加工负载力矩图。切削加工时轴向切削力 F_c 与切削负载力矩按下式计算

$$T_c = \frac{F_c r}{i \eta} \tag{4-17}$$

将 T_{LF}、T_{La}、T_c 进行叠加，便得到如图 4-16e 所示电动机轴上承受的总的负载力矩 $T_{L\Sigma}$。

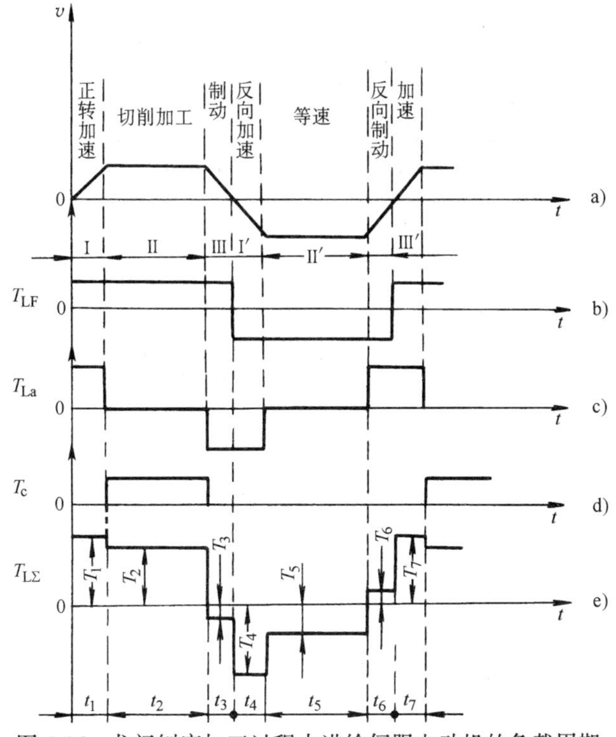

图 4-16 龙门刨床加工过程中进给伺服电动机的负载周期

a）速度行程图 b）静摩擦负载力矩 c）折算到电动机轴上的总的惯性力矩

d）折算到电动机轴上的切削加工力矩 e）电动机轴上的总负载力矩

该系统负载力矩是时间的周期函数，所以可用一个周期内负载力矩的方均根来计算电动机轴的等效负载力矩 T_{Lr}。

$$T_{Lr}=\sqrt{\frac{T_1^2t_1+T_2^2t_2+T_3^2t_3+T_4^2t_4+T_5^2t_5+T_6^2t_6}{0.75t_1+t_2+(t_3+t_4)\times 0.75+t_5+0.75t_6}} \tag{4-18}$$

考虑到起动和制动期间电动机的散热条件变差，所以在上式中的分母 t_1、t_3、t_4 和 t_6 前乘以 0.75。通常以 T_{Lr}作为选择电动机的依据。

(3) 转矩过载校核 转矩过载校核的公式为

$$(T_L)_{max}\leqslant (T_m)_{max} \tag{4-19}$$

而

$$(T_m)_{max}=\lambda T_N \tag{4-20}$$

式中 $(T_L)_{max}$——折算到电动机轴上的负载力矩的最大值（N·m）；

$(T_m)_{max}$——电动机输出转矩的最大值（过载转矩）（N·m）；

(T_N)——电动机的额定力矩（N·m）；

λ——电动机的转矩过载系数，具体数值可向电动机的设计、制造单位了解。对直流伺服电动机，一般取 $\lambda\leqslant 2.0\sim 2.5$；对交流伺服电动机，一般取 $\lambda \leqslant 1.5 \sim 3$。

在转矩过载校核时需要已知总传动速比，再将负载力矩向电动机轴折算，这里可暂取最佳传动速比进行计算。需要指出，电动机的选择不仅取决于功率，还取决于系统的动态性能要求、稳态精度、低速平稳性、电源是直流还是交流等因素。同时，还应保证最大负载力矩 $(T_L)_{max}$、持续作用时间 Δt 不超过电动机允许过载倍数 λ 的持续时间范围。

表 4-2 列出了兰州电机厂合资生产的部分 SIMENS IFT5 系列交流电动机的技术数据，供参考。

表 4-2　部分 IFT5 系列交流电动机的技术数据

<table>
<tr><td colspan="3">性能指标</td><td colspan="11">规　　格</td></tr>
<tr><td rowspan="18">容量系列</td><td rowspan="6">1200 r/min 系列</td><td>伺服单元型号</td><td colspan="2">PAC35</td><td colspan="2">PAC25</td><td colspan="2">PAC70</td></tr>
<tr><td>伺服用电动机型号 1FT5</td><td>102</td><td>104</td><td>106</td><td>108</td><td>132</td><td>134</td></tr>
<tr><td>额定输出功率 P/kW</td><td>4.0</td><td>5.5</td><td>7.0</td><td>8.5</td><td>10</td><td>11.5</td></tr>
<tr><td>静转矩 T_j/(N·m)</td><td>33</td><td>45</td><td>55</td><td>68</td><td>75</td><td>90</td></tr>
<tr><td>转动惯量 J/(kg·m^2)</td><td>131×10^{-4}</td><td>182×10^{-4}</td><td>242×10^{-4}</td><td>298×10^{-4}</td><td>454×10^{-4}</td><td>597×10^{-4}</td></tr>
<tr><td>额定速度 n/(r·min^{-1})</td><td colspan="6">1200</td></tr>
<tr><td rowspan="6">2000 r/min 系列</td><td>伺服单元型号</td><td colspan="3">PAC06</td><td colspan="2">PAC12</td><td colspan="2">PAC25</td><td>PAC35</td><td colspan="3">PAC50</td></tr>
<tr><td>伺服用电动机型号 1FT5</td><td>042</td><td>044</td><td>062</td><td>064</td><td>066</td><td>072</td><td>074</td><td>076</td><td>102</td><td>104</td><td>106</td></tr>
<tr><td>额定输出功率 P/kW</td><td>0.15</td><td>0.30</td><td>0.50</td><td>1.0</td><td>1.5</td><td>2.5</td><td>3.7</td><td></td><td>7.0</td><td>9.0</td><td>11</td></tr>
<tr><td>静转矩 T_j/(N·m)</td><td>0.75</td><td>1.5</td><td>2.6</td><td>5.5</td><td>8</td><td>12</td><td></td><td></td><td>33</td><td>45</td><td>55</td></tr>
<tr><td>转动惯量 J/(kg·m^2)</td><td>1.2×10^{-4}</td><td>2.3×10^{-4}</td><td>4.2×10^{-4}</td><td>7.3×10^{-4}</td><td>10.7×10^{-4}</td><td>21×10^{-4}</td><td></td><td></td><td>131×10^{-4}</td><td>182×10^{-4}</td><td>242×10^{-4}</td></tr>
<tr><td>额定速度 n/(r·min^{-1})</td><td colspan="11">2000</td></tr>
<tr><td rowspan="6">3000 r/min 系列</td><td>伺服单元型号</td><td colspan="3">PAC06</td><td colspan="2">PAC12</td><td>PAC25</td><td colspan="2">PAC35</td><td>PAC50</td></tr>
<tr><td>伺服用电动机型号 1FT5</td><td>042</td><td>044</td><td>062</td><td>064</td><td></td><td>072</td><td>074</td><td>076</td><td>102</td></tr>
<tr><td>额定输出功率 P/kW</td><td>0.25</td><td>0.30</td><td>0.50</td><td>1.5</td><td>2.5</td><td>3.7</td><td>5.5</td><td>7.0</td><td>10</td></tr>
<tr><td>静转矩 T_j/(N·m)</td><td>0.75</td><td>1.5</td><td>2.6</td><td>5.5</td><td>8</td><td>12</td><td>18</td><td>22</td><td>33</td></tr>
<tr><td>转动惯量 J/(kg·m^2)</td><td>1.2×10^{-4}</td><td>2.3×10^{-4}</td><td>4.2×10^{-4}</td><td>7.3×10^{-4}</td><td>10.7×10^{-4}</td><td>21×10^{-4}</td><td>37×10^{-4}</td><td>53×10^{-4}</td><td>131×10^{-4}</td></tr>
<tr><td>额定速度 n/(r·min^{-1})</td><td colspan="9">3000</td></tr>
<tr><td rowspan="2">电源</td><td colspan="2">主回路</td><td colspan="11">三相 AC165V，+10%，−15%，50/60Hz</td></tr>
<tr><td colspan="2">控制回路</td><td colspan="11">单相 AC220V，+10%，−15%，50/60Hz</td></tr>
</table>

2. 伺服系统惯量匹配原则

实践与理论分析表明，J_e/J_m 比值的大小对伺服系统性能有很大的影响，且与交流伺服电动机种类及其应用场合有关，通常分为两种情况：

1）对于采用惯量较小的交流伺服电动机的伺服系统，其比值通常推荐为

$$1<J_e/J_m<3 \tag{4-21}$$

当 $J_e/J_m>3$ 时，对电动机的灵敏度与响应时间有很大的影响，甚至会使伺服放大器不能在正常调节范围内工作。

小惯量交流伺服电动机的惯量低达 $J_m \approx 5\times10^{-5}\text{kg}\cdot\text{m}^2$，其特点是转矩/惯量比大，时间常数小，加减速能力强，所以其动态性能好，响应快。但是，使用小惯量电动机时容易发生对电源频率的响应共振，当存在间隙、死区时容易造成振荡或蠕动，这才提出了“惯量匹配原则”，并有了在数控机床伺服进给系统采用大惯量电动机的必要性。

2）对于采用大惯量交流伺服电动机的伺服系统，其比值通常推荐为

$$0.25\leqslant J_e/J_m\leqslant 1 \tag{4-22}$$

所谓大惯量是相对小惯量而言，其数值 $J_m=0.1\sim0.6\text{kg}\cdot\text{m}^2$。大惯量宽调速伺服电机的特点是惯量大、转矩大，且能在低速下提供额定转矩，常常不需要传动装置而与滚珠丝杠直接相连，而且受惯性负载的影响小，调速范围大；热时间常数有的长达 100min，比小惯量电动机的热时间常数 2～3min 长得多，并允许长时间的过载，即过载能力强。其次，由于其特殊构造使其转矩波动系数很小（<2%）。因此，采用这种电动机能获得优良的低速范围的速度刚度和动态性能，在现代数控机床中应用较广。

第四节 直线电动机

直线电动机是近年来国内外积极研究发展的新型电机之一。它是一种不需要中间转换装置，而能直接作直线运动的电动机械。过去，在各种工程技术中需要直线运动时，一般是用旋转电动机通过曲柄连杆、齿轮齿条、丝杠等传动机构来获得的。但是，采用这些传动形式往往会带来结构复杂、重量重、体积大、啮合精度差且工作不可靠等缺点。近十几年来，科学技术的发展推动了直线电动机的研究和生产，目前在交通运输、机械工业和仪器仪表工业中，直线电动机已得到推广和应用。在自动控制系统中，采用直线电动机作为驱动、指示应用也更加广泛，例如在快速记录仪中，伺服电动机改用直线电动机后，可以提高仪器的精度和频带宽度；在雷达系统中，用直线自整角机代替电位器进行直线测量可提高精度，简化结构；在电磁流速计中，可用直线测速机来测量导电液体在磁场中的流

速；另外，在录音磁头和各种记录装置中，也常用直线电动机传动。目前直线电动机主要应用的机型有直线感应电动机、直线直流电动机和直线步进电动机三种。

与旋转电动机传动相比，直线电动机传动主要具有下列优点：

1）直线电动机由于不需要中间传动机械，因而使整个机械得到简化，提高了精度，减少了振动和噪声。

2）快速响应。用直线电动机驱动时，由于不存在中间传动机构的惯量和阻力矩的影响，因而加速和减速时间短，可实现快速启动和正反向运行。

3）仪表用的直线电动机，可以省去电刷和换向器等易损零件，提高可靠性，延长使用寿命。

4）直线电动机由于散热面积大，容易冷却，所以允许较高的电磁负荷，可提高电动机的容量定额。

5）装配灵活性大，往往可将电动机和其它机件合成一体。

一、直线感应电动机

直线感应电动机可以看作是由普通的旋转感应电动机直接演变而来的。图4-17a表示一台旋转的感应电动机，设想将它沿径向剖开，并将定、转子沿圆周方向展成直线，如图4-17b，这就得到了最简单的平板型直线感应电动机。由定子演变而来的一侧称作初级，由转子演变而来的一侧称作次级。直线电动机的运动方式可以是固定初级，让次级运动，此称为动次级；相反，也可以固定次级而让初级运动，则称为动初级。

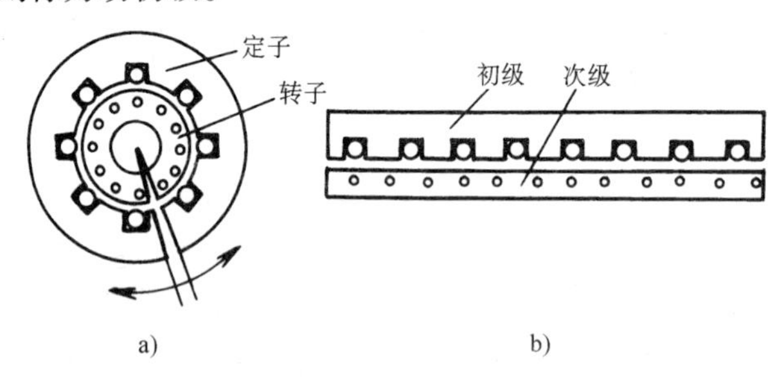

图4-17　直线电动机的形成

工作原理如图4-18所示。当初级的多相绕组中通入多相电流后，会产生一个气隙基波磁场，但是这个磁场的磁通密度波 B_δ 是直线移动的，故称为行波磁场。显然，行波的移动速度与旋转磁场在定子内圆表面上的线速度是一样的，即为 v_s，称为同步速度，且

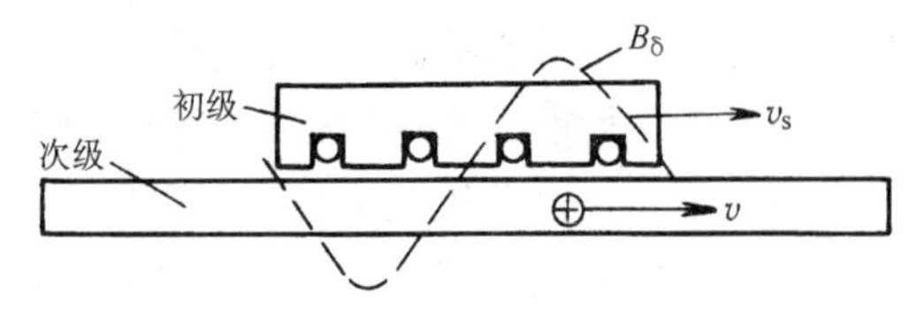

图4-18　直线电动机的工作原理

$$v_s = 2f\tau \tag{4-23}$$

式中　τ——极距（mm）；

　　　f——电源频率（Hz）。

在行波磁场切割下，次级导条将产生感应电势和电流，所有导条的电流和气隙磁场相互作用，便产生切向电磁力。如果初级是固定不动的，那末次级就顺着行波磁场运动的方向作直线运动。若次级移动的速度用 v 表示，则滑差率

$$s = \frac{v_s - v}{v_s} \tag{4-24}$$

次级移动速度

$$v = (1 - s)\ v_s = 2f\tau\ (1 - s) \tag{4-25}$$

上式表明直线感应电动机的速度与电动机极距及电源频率成正比，因此改变极距或电源频率都可改变电动机的速度。

与旋转电动机一样，改变直线电动机初级绕组的通电相序，可改变电动机运动的方向，因而可使直线电动机作往复直线运动。

图 4-18 中直线电动机的初级和次级长度相等，这在实用中是行不通的。因为初、次级要作相对运动，假定在开始时初次级正好对齐，那末在运动过程中，初次级之间的电磁耦合部分将逐渐减少，影响正常运行。因此，在实际应用中必须把初次级做得长短不等。根据初、次级间相对长度，可把平板型直线电动机分成短初级和短次级两类，如图 4-19 所示。由于短初级结构比较简单，制造和运行成本较低，故一般常用短初级，只有在特殊情况下才采用短次级。

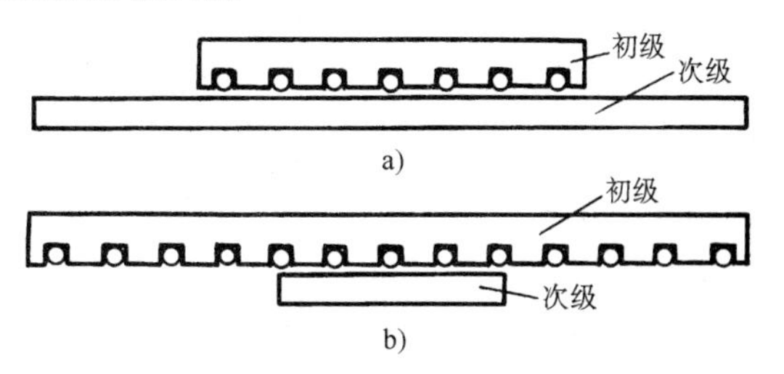

图 4-19　平板型直线电动机
a）短初级　b）短次级

图 4-19 所示的平板型直线电动机仅在次级的一侧具有初级，这种结构形式称单边型。单边型除了产生切向力外，还会在初、次级间产生较大的法向力，这在某些应用中是不希望的。为了更充分地利用次级和消除法向力，可以在次级的两侧都装上初级，这种结构形式称为双边型，如图 4-20 所示。

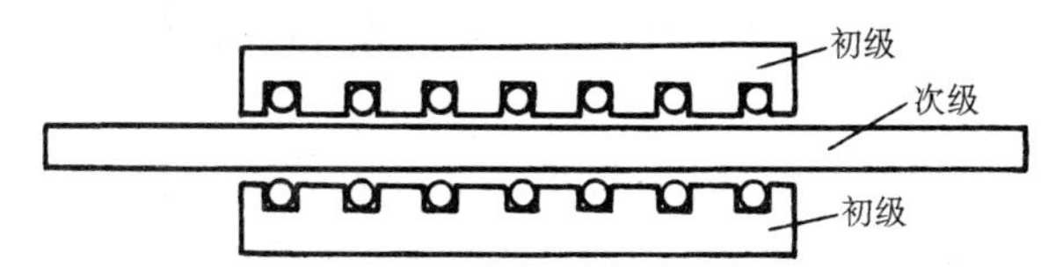

图 4-20　双边型直线电动机

除了上述的平板型直线感应电动机外，还有管型直线感应电动机。如果将图4-21a所示的平板型直线电动机的初级和次级以箭头方向卷曲，就成为管型直线感应电动机，如图4-21b所示。

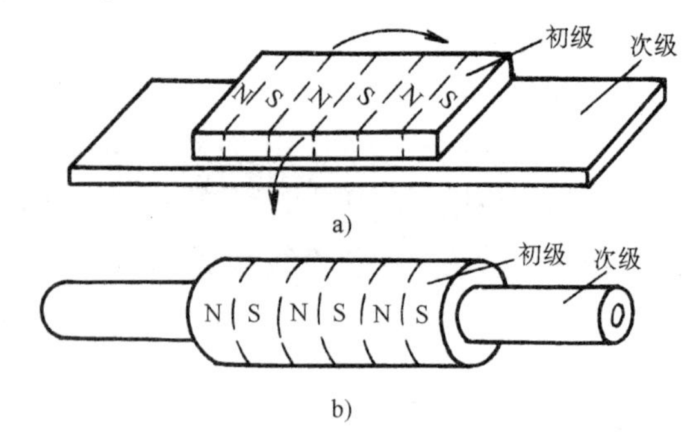

图4-21　管型直线感应电动机的形成

此外，还可把次级做成一片铝圆盘或铜圆盘，并将初级放在次级圆盘靠近外径的平面上，如图4-22所示。次级圆盘在初级移动磁场的作用下，形成感应电流，并与磁场相互作用，产生电磁力，使次级圆盘能绕其轴线作旋转运动。这就是圆盘型直线感应电动机的工作原理。

直线感应电动机按应用性质可分为力电动机、功电动机和能电动机。

力电动机的功能是在静止的物体或在低速的设备上施加一定的推力，这类电动机是工业控制系统中不可缺少的一种操作型电动机，如阀门操作、门窗操作、机械手操作等。对力电动机来说，单位输入功率能产生的电磁推力越大越好，这也是衡量力电动机性能的主要标准。

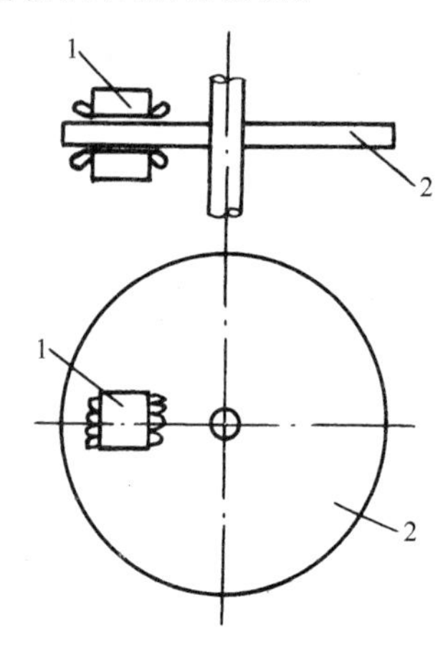

图4-22　圆盘型直线电动机
1—初级　2—次级

功电动机则是用作长期连续运行的动力机，如用作地面高速列车的动力机等，其效率和功率因数是它的主要性能指标。

能电动机也称加速机，它的功能是在短时间短距离内提供巨大的直线运动能。它可用作飞机起飞，导弹、鱼雷发射以及作为冲击、碰撞等试验装置的动力机。这类装置的能效率（能效率=输出的功能/电源提供的电能）是电动机的最主要性能指标。

二、直线直流电动机

直线直流电动机主要有两种类型：永磁式和电磁式。前者多用在功率较小的自动记录仪表中，如记录仪中笔的纵横走向的驱动，摄影机中快门和光圈的操作机构，电表试验中探测头，电梯门控制器的驱动等，而后者则用在驱动功率较大的机构。

永磁式直线电动机结构如图4-23所示。在线圈的行程范围内，永久磁铁产生的磁场强度分布很均匀。当可动线圈中通入电流后，载有电流的导体在磁场中就会受到电磁力的作用。这个电磁力可由左手定则来确定。只要线圈受到的电磁力大于线圈支架上存在的静摩擦力，就可使线圈产生直线运动。改变电流的大小和方向，即可控制线圈运动的推力和方向。

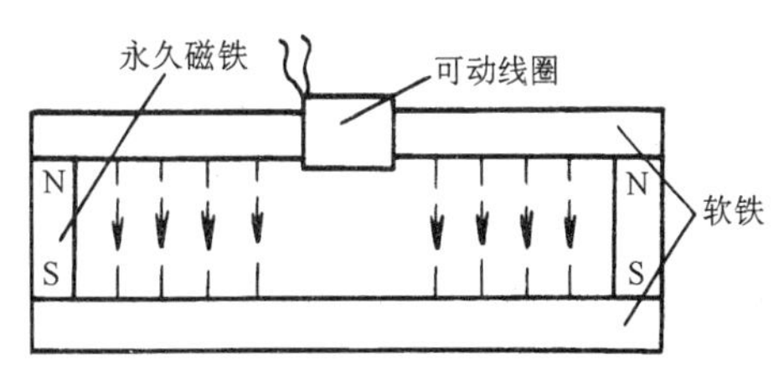

图 4-23　永磁式直线直流电动机

当功率较大时，上述直线电动机中的永久磁钢所产生的磁通可改为由绕组通入直流电励磁所产生，这就成为电磁式直线直流电动机。图 4-24 表示这种电动机的典型结构，其中图 a 是单极电动机；图 b 是两极电动机。此外，还可做成多极电动机。由图可见，当环形励磁绕组通上电流时，便产生了磁通，它经过电枢铁心、气隙、极靴端板和外壳形成闭合回路，如图中虚线所示。电枢绕组是在管形电枢铁心的外表面上用漆包线绕制而成的。对于两极电动机，电枢绕组应绕成两半，两半绕组绕向相反，串联后接到低压电源上。当电枢绕组通入电流后，载流导体与气隙磁通的径向分量相互作用，在每极上便产生轴向推力。若电枢被固定不动，磁极就沿着轴线方向作往复直线运动（图示的情况）。当把这种电动机应用于短行程和低速移动的场合时，可省掉滑动的电刷；但若行程很长，为了提高效率，应与永磁式直线电动机一样，在磁极端面上装上电刷，使电流只在电枢绕组的工作段流过。

图 4-24 所示的电动机可以看作为管形的直流直线电动机。这种对称的圆柱形结构具有若干优点。例如，它没有线圈端部，电枢绕组得到完全利用；气隙均匀，消除了电枢和磁极间的吸力。

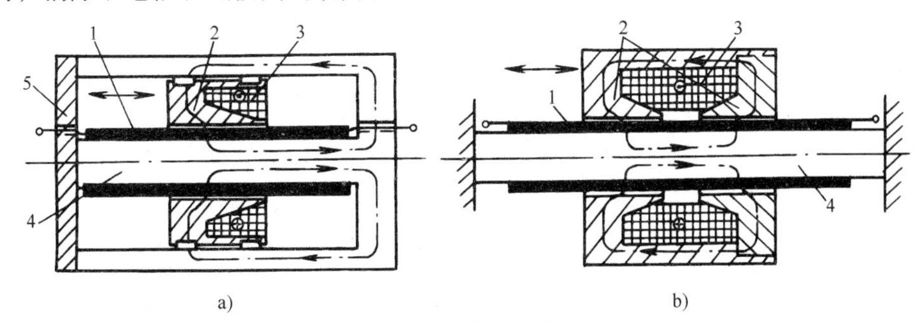

图 4-24　电磁式直线直流电动机

a）单级　b）两级

1—电枢绕组　2—极靴　3—励磁绕组　4—电枢铁心　5—非磁性端板

三、直线步进电动机

近年来自动控制技术和微处理机应用的发展，希望有一种直线运动的高速、高精度、高可靠性的数字直线随动系统调节装置，来取代过去那种间接地由旋转运动转换而来的直线驱动方式，直线步进电动机则可满足这种要求。此外，直线步进电动机在不需要闭环控制的条件下，能够提供一定精度、可靠的位置和速度控制。这是直流电动机和感应电动机不能做到的。因此，直线步进电动机具有直接驱动、容易控制、定位精确等优点。直线步进电动机主要可分为反应式和永磁式两种。

图 4-25 表示这种电动机的结构和工作原理。其中定子用铁磁材料制成如图所示那样的“定尺”，其上开有间距为 t 的矩形齿槽，槽中填满非磁材料（如环氧树脂）使整个定子表面非常光滑。动子上装有两块永久磁钢 A 和 B，每一磁极端部装有用铁磁材料制成的冂形极片，每块极片有两个齿（如 a 和 c），齿距为 $1.5t$，这样当齿 a 与定子齿对齐时，齿 c 便对准槽。同一磁钢的两个极片间隔的距离刚好使齿 a 和 a' 能同时对准定子的齿，即它们的间隔是 kt，k 代表任

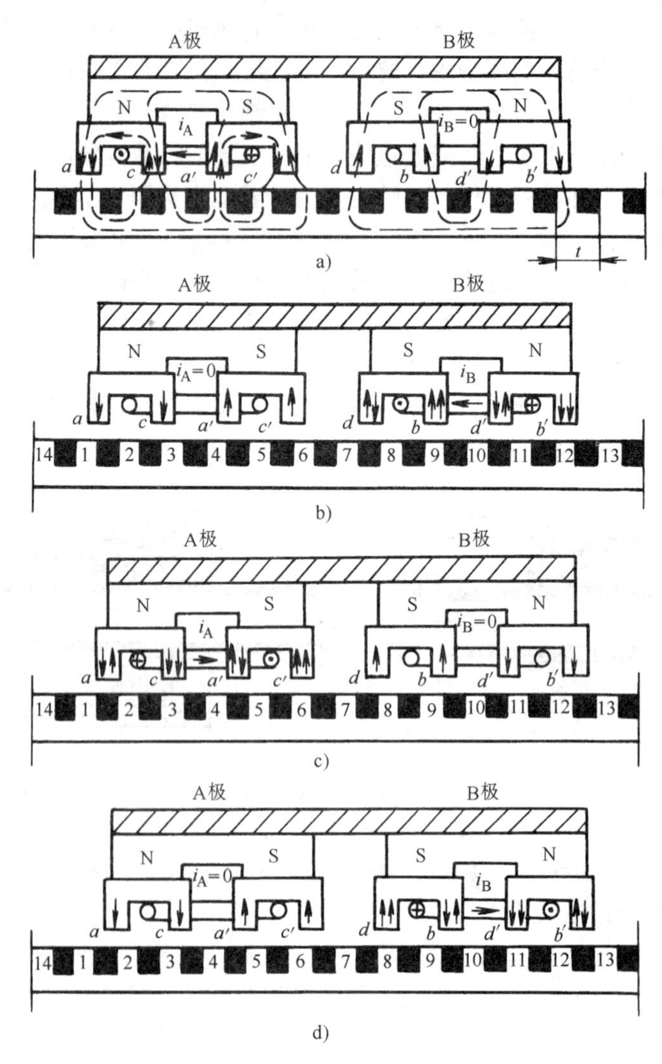

图 4-25　永磁直线步进电动机工作原理

一整数：1、2、3、4、…。

磁钢 B 与 A 相同，但极性相反，它们之间的距离应等于（$k \pm 1/4$）t。这样，当其中一个磁钢的齿完全与定子齿和槽对齐时，另一磁钢的齿应处在定子的齿和槽的中间。

在磁钢 A 的两个冂形极片上装有 A 相控制绕组，磁钢 B 上装有 B 相控制绕组。如果某一瞬间，A 相绕组中通入直流电流 i_A，并假定箭头指向左边的电流为正方向，如图 4-25a 所示。这时，A 相绕组所产生的磁通在齿 a、a' 中与永久磁钢的磁通相叠加，而在齿 c、c' 中却相抵消，使齿 c、c' 全部去磁，不起任何作用。在这过程中，B 相绕组不通电流，即 $i_B = 0$，磁钢 B 的磁通量在齿 d、d'、b 和 b' 中大致相等，沿着动子移动方向各齿产生的作用力互相平衡。

概括说来，这时只有齿 a 和 a' 在起作用，它使动子处在如图 4-25a 所示的位置上。

为了使动子向右移动，就是说从图 4-25a 移到图 4-25b 的位置，就要切断加在 A 相绕组的电源，使 $i_A = 0$，同时给 B 相绕组通入正向电流 i_B。这时，在齿 b、b' 中，B 相绕组产生的磁通与磁钢的磁通相叠加，而在齿 d、d' 中却相抵消。因而，动子便向右移动半个齿宽即 $t/4$，使齿 b、b' 移到与定子齿相对齐的位置。

如果切断电流 i_B，并给 A 相绕组通上反向电流，则 A 相绕组及磁钢 A 产生的磁通在齿 c、c' 中相叠加，而在齿 d、d' 中相抵消。动子便向右又移动 $t/4$，使齿 c、c' 与定子齿相对齐，见图 4-25c。

同理，如切断电流 i_A，给 B 相绕组通上反向电流，动子又向右移动 $t/4$，使齿 d 和 d' 与定子齿相对齐，见图 4-25d。这样，经过图 4-25a、b、c、d 所示的 4 个阶段后，动子便向右移动了一个齿距 t。如果还要继续移动，只需要重复前面次序通电。

相反，如果想使动子向左移动，只要把 4 个阶段倒过来，即从图 4-25d、c、b 到 a。为了减小步距，削弱振动和噪声，这种电动机可采用细分电路驱动，使电动机实现微步距移动（10μm 以下）。还可用两相交流电控制，这时需在 A 相和 B 相绕组中同时加入交流电。如果 A 相绕组中加正弦电流，则在 B 相绕组中加余弦电流。当绕组中电流变化一个周期时，动子就移动一个齿距；如果要改变移动方向，可通过改变绕组中的电流极性来实现。采用正、余弦交流电控制的直线步进电动机，因为磁拉力是逐渐变化的（这相当于采用细分无限多的电路驱动），可使电动机的自由振荡减弱。这样，既有利于电动机启动，又可使电动机移动很平滑，振动和噪声也很小。

上面介绍的是直线步进电动机的原理。如果要求动子作平面运动，这时应将定子改为一块平板，其上开有 x、y 轴方向的齿槽，定子齿排成方格形，槽中注入环氧树脂，而动子是由两台上述那样的直线步进电动机组合起来制成的，如图 4-26 所示。其中一台保证动子沿着 x 轴方向移动；与它正交的另一台保证动子沿着 y 轴方向移动。这样，只要设计适当的程序控制语言，借以产生一定的脉冲信号，就可以使动子在 xy 平面上作任意几何轨迹的运动，并定位在平面上任何一点，这就成为平面步进电动机了。

反应式直线步进电动机的工作原理与旋转式步进电动机相同。图 4-27 表示一台四相反应式直线步进电动机的结构原理图，它的定子和动子都由硅钢片叠成：定子上、下两表面都开有均匀分布的齿槽；动子是一对具有 4 个极的铁心，极上套有四相控制绕组，每个极的表面也开有齿槽，齿距与定子上的齿距相同。当某相动子齿与定子齿对齐时，相邻相的动子齿轴线与定子齿轴线错开 1/4 齿距。上、下两个动子铁心用支架刚性连接起来，可以一起沿定子表面滑动。为了减少运动时的摩擦，在导轨上装有滚珠轴承，槽中用非磁性塑料填平，使定子和动子表面平滑。显然，当控制绕组按 *A-B-C-D-A* 的顺序轮流通电时（图中表示 *A* 相通电时动子所处的稳定平衡位置），根据步进电机一般原理，动子将以 1/4 齿距的步距向左移动，当通电顺序改为 *A-D-C-B-A* 的顺序通电时，动子则向右移动。与旋转式步进电动机相似，通电方式可以是单拍制，也可以是双拍制，双拍制时步距减少一半。

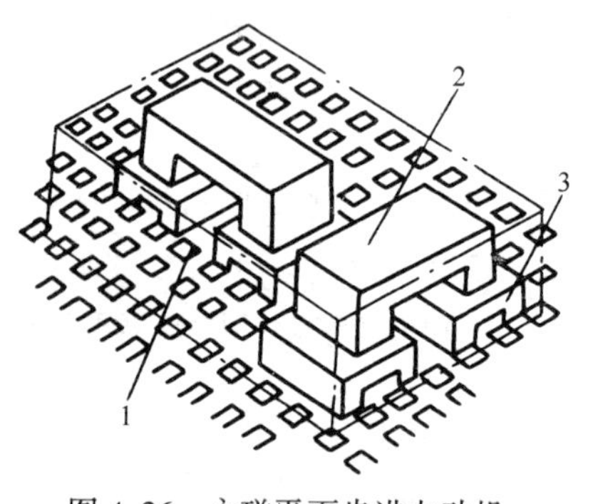

图 4-26　永磁平面步进电动机

1—平台　2—磁钢　3—磁极

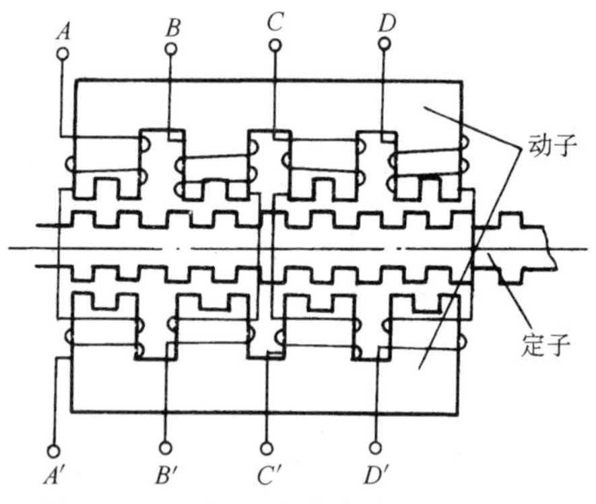

图 4-27　四相反应式直线步进电动机

第五节　控制电动机选择与计算实例

一、步进电动机选择与计算实例

简易数控车床的纵向（z 轴）进给系统，通常是采用步进电动机驱动滚珠丝杠，带动装有刀架的拖板做往复直线运动，其工作原理图如图 4-28，其中工作台即为拖板。

例：

已知拖板重量 $W=2000\text{N}$，拖板与贴塑导轨间的摩擦系数 $\mu=0.06$，车削时最大切削负载 $F_z=2150\text{N}$（与运动方向相反），y 向切削分力 $F_y=2F_z=4300\text{N}$（垂直于导轨），要求导轨的进给速度为 $v_1=10\sim500\text{mm/min}$，快速行程速度 $v_2=300\text{mm/min}$，滚珠丝杠名义直径 $d_0=32\text{mm}$，导程 $L=6\text{mm}$，丝杠总长 $l=1400\text{mm}$，拖板最大行程为 1150mm，定位精度 ±0.01mm，试选择合适的步进电动机，并检查其起动特性和工作速度。

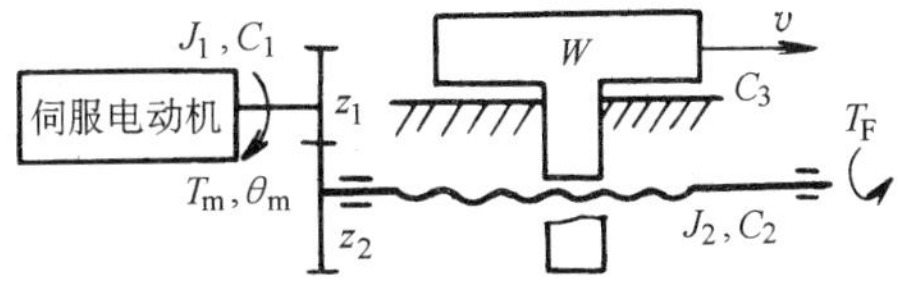

图 4-28　电动机驱动的齿轮—螺旋进给系统

解：

1. 脉冲当量的选择

初选三相步进电动机的步距角为 0.75°/1.5°，当三相六拍（1～2 相励磁）运行时，步距角 $\beta=0.75°$，其每转脉冲数

$$s=\frac{360°}{\beta}=480p/r$$

初选脉冲当量（每输入一个指令脉冲，步进电动机驱动工作台的移动距离，单位 mm/p）$\delta=0.01\text{mm/p}$，由此可得中间齿轮传动 i 为

$$i=\frac{L}{\delta s}=\frac{6}{0.01\times480}=1.25$$

选小齿轮齿数 $z_1=20$，$z_2=25$，模数 $m=2\text{mm}$。

2. 等效负载转矩计算

(1) 空载时的摩擦转矩 T_{LF}

$$T_{\text{LF}}=\frac{\mu WL}{2\pi\eta_s i}=\frac{0.06\times2000\times0.006}{2\pi\times0.8\times1.25}\text{N·m}=0.1146\text{N·m}$$

(2) 车削加工时的负载转矩 T_{L}

$$\begin{aligned}T_{\text{L}}&=\frac{[F_z+\mu(W+F_y)]L}{2\pi\eta_s i}\\&=\frac{[2150+0.06(2000+4300)]0.006}{2\pi\times0.8\times1.25}\text{N·m}\\&=2.414\text{N·m}\end{aligned}$$

式中　$\eta_s=0.8$，为丝杠顶紧时的传动效率。

3. 等效转动惯量计算

(1) 滚动丝杠的转动惯量 J_s

$$J_s=\frac{\pi d_0^4 l\rho}{32}=\frac{\pi(0.032)^4\times1.4\times7.85\times10^3}{32}\text{N·m}^2=0.001131\text{N·m}^2$$

式中，丝钢密度 $\rho = 7.85\times10^{-3}\text{kg/cm}^3$。

（2）拖板运动惯量换算到电动机轴上的转动惯量 J_W

$$J_W = \frac{W}{g}\left(\frac{L}{2\pi}\right)^2 \times \frac{1}{i^2} = \frac{2000}{980}\left(\frac{0.006}{2\pi}\right)^2 \times \frac{1}{(1.25)^2}\text{N}\cdot\text{m}^2 = 1.2\times10^{-6}\text{N}\cdot\text{m}^2$$

（3）大齿轮的转动惯量 J_{g2}

$$J_{g2} = \frac{\pi d_2^4 b_2 \rho}{32} = \frac{\pi\ (0.05)^4 \times 0.01 \times 7.85\times10^{-3}}{32}\text{N}\cdot\text{m}^2 = 4.82\times10^{-5}\text{N}\cdot\text{m}^2$$

式中　$b_2 = 10\text{mm}$ 为大齿轮宽度。

（4）小齿轮的转动惯量 J_{g1}

$$J_{g1} = \frac{\pi d_1^4 b_1 \rho}{32} = \frac{\pi\ (0.004)^4 \times 0.012 \times 7.85\times10^{-3}}{32}\text{N}\cdot\text{m}^2 = 2\times10^5\text{N}\cdot\text{m}^2$$

式中，$b_1 = 12\text{mm}$，为小齿轮宽度。因此，换算到电动机轴上的总惯性负载 J_L 为

$$\begin{aligned} J_L &= J_{g1} + J_w + \frac{J_{g2} + J_s}{i^2} \\ &= \left(2\times10^5 + 1.2\times10^{-6} + \frac{4.82\times10^{-5} + 0.001132}{(1.25)^2}\right)\text{N}\cdot\text{m}^2 \\ &= 7.76\times10^{-4}\text{N}\cdot\text{m}^2 \end{aligned}$$

4．初选步进电动机型号

已知 $T_L = 2.414\text{N}\cdot\text{m}$，$J_L = 7.76\times10^{-4}\text{N}\cdot\text{m}^2$，初选步进电动机型号为110BF003，它的三条性能曲线见图4-29。其最大静扭矩 $T_{max} = 8\text{N}\cdot\text{m}$，转子惯量 $J_m = 4.7\times10^{-4}\text{N}\cdot\text{m}^2$，由此可得

$$\frac{T_L}{T_{max}} = \frac{2.414}{8} = 0.3 < 0.5,\quad \frac{J_L}{J_m} = \frac{7.76\times10^{-4}}{4.7\times10^{-4}} = 1.65 < 4$$

该型号电动机规定最小加、减速时间为1s，现试算之。

在图4-29起动惯—频特性曲线中，查不确切的、带惯性负载的最大自起动频率 f_L，可用以下公式进行计算：

$$f_L = \frac{f_m}{\sqrt{1 + \frac{J_L}{J_m}}} = \frac{1000}{\sqrt{1 + \frac{7.76\times10^{-4}}{4.7\times10^{-4}}}}\text{Hz} = 614\text{Hz}$$

式中　f_m——电动机本身的起动频率（Hz）。

空载时的起动时间 t_a，由下式计算

$$t_a = 0.1047\frac{(J_L + J_m)\ n_m}{T_m - T_f}$$

查电动机的起动矩—频特性曲线可知，当 $f = 614\text{Hz}$ 时，对应的转速

$$n_m = \frac{1}{6}\beta f_L = \frac{1}{6}\times0.75^\circ\times614\text{r/min} = 76.75\text{r/min}$$

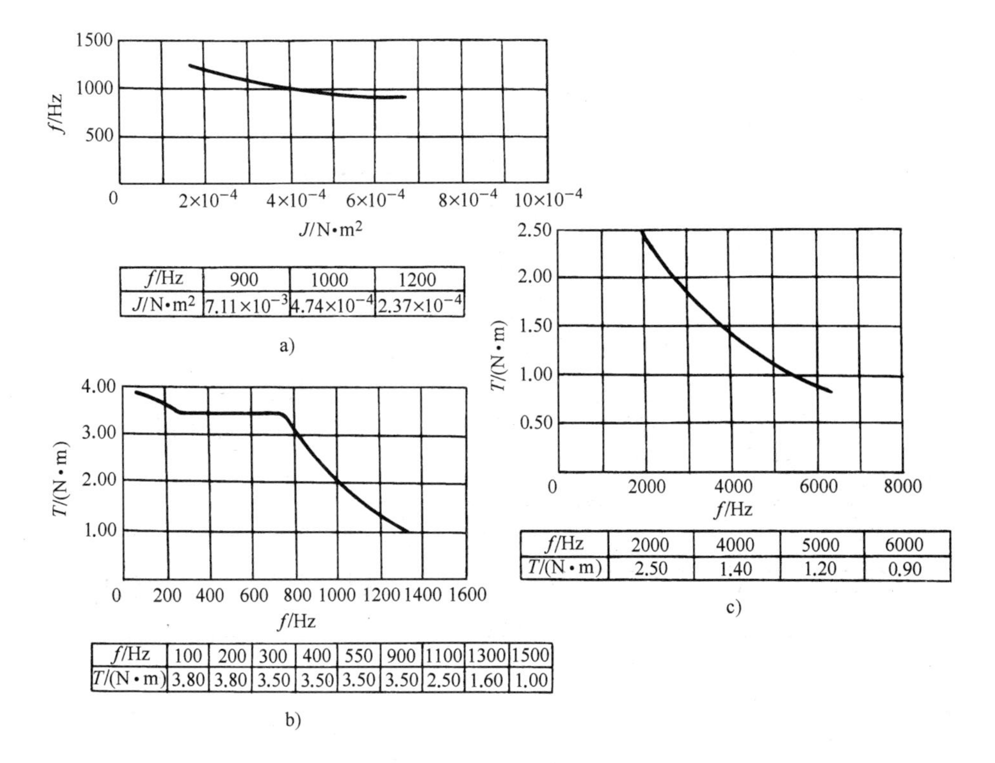

f/Hz	900	1000	1200
J/N·m²	7.11×10^{-3}	4.74×10^{-4}	2.37×10^{-4}

f/Hz	100	200	300	400	550	900	1100	1300	1500
T/(N·m)	3.80	3.80	3.50	3.50	3.50	3.50	2.50	1.60	1.00

f/Hz	2000	4000	5000	6000
T/(N·m)	2.50	1.40	1.20	0.90

图 4-29　110BF003 型步进电动机的性能曲线

a）起动惯—频特性曲线　b）起动矩—频特性曲线　c）运行矩—频特性曲线

由此可得

$$t_{a}=0.1047\frac{(4.7\times10^{-4}+7.76\times10^{-4})\times76.75}{3.5-0.1146}\text{s}=0.002\text{s}<1\text{s}$$

因此，该电动机在带惯性负载时能够起动。

5. 速度的验算

快进速度的验算

从图 4-29 的运行矩—频特性曲线查得，当 $f_{max}=6000\text{Hz}$ 时，电动机转矩 $T_{m}=0.9\text{N·m}>T_{f}=0.1146\text{N·m}$，故可按此频率计算最大的快进速度 v_2 为

$$v_2=6\beta f_{max}\frac{L}{l}=\frac{1}{6}\times0.75^{\circ}\times6000\times\frac{6}{1.25}\text{mm/min}=3600\text{mm/min}>300\text{mm/min}$$

工进速度的验算

当 $T_{L}=2.414\text{N·m}$ 时，对应的频率 $f_1\approx2000\text{Hz}$，故有

$$v_1=\frac{1}{6}a_{s}f_1\frac{L}{i}=\frac{1}{6}\times0.75^{\circ}\times6000\times\frac{6}{1.25}\text{mm/min}=1200\text{mm/min}>500\text{mm/min}$$

综上所述，可选该型号的步进电动机，且有一定的裕量。

二、伺服电动机选择计算实例

激光加工机一般包括激光振荡器及其电源、光学系统（导光和聚焦系统）、机床本体和辅助系统（冷却、吹气装置）等四大部分。

图 4-30 为三合板半圆筒的激光切割机结构示意图。

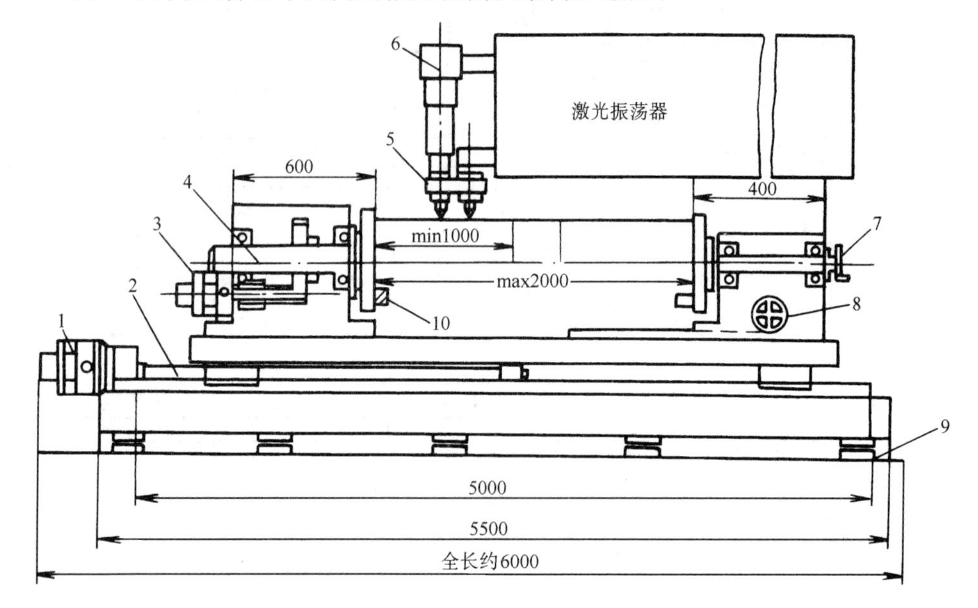

图 4-30　筒形体的激光切割机床示意图

1—X 轴用电动机　2—滚珠丝杠　3—θ 轴电动机　4—主轴　5—转动喷嘴　6—导光镜　7—卡盘手柄　8—压紧移动手柄　9—底座　10—平衡块

它的主要设计技术参数如下：

(1) θ 轴（主轴）的周向加工速度　100～300mm/min（可调）。

(2) X 轴（进给轴）最大速度　6000mm/min。

(3) θ 轴与 X 轴的加速时间　0.5s。

(4) X 向最大移动量　2000mm。

(5) θ 向最大回转角　180°。

(6) θ 轴周向和 X 轴的最小设定单位（脉冲当量）　±0.01mm/p。

(7) 定位精度　0.1mm 以内。

(8) 传感器（旋转编码器）　1000p/r。

图 4-31 为 θ 轴和 X 轴系的半闭环伺服传动系统。θ 轴系由直流伺服电动机通过三级齿轮传动减速，使工件仅在 180°范围内回转，见图 4-31a，电动机轴上装有编码器进行角位移检测和反馈。

X 轴系由直流伺服电动机直接驱动滚珠丝杠、带动装有整个 θ 轴系的工作台往复运动，见图 4-31b，编码器通过齿轮传动增速与电动机轴相连，以获得所需的脉冲当量。

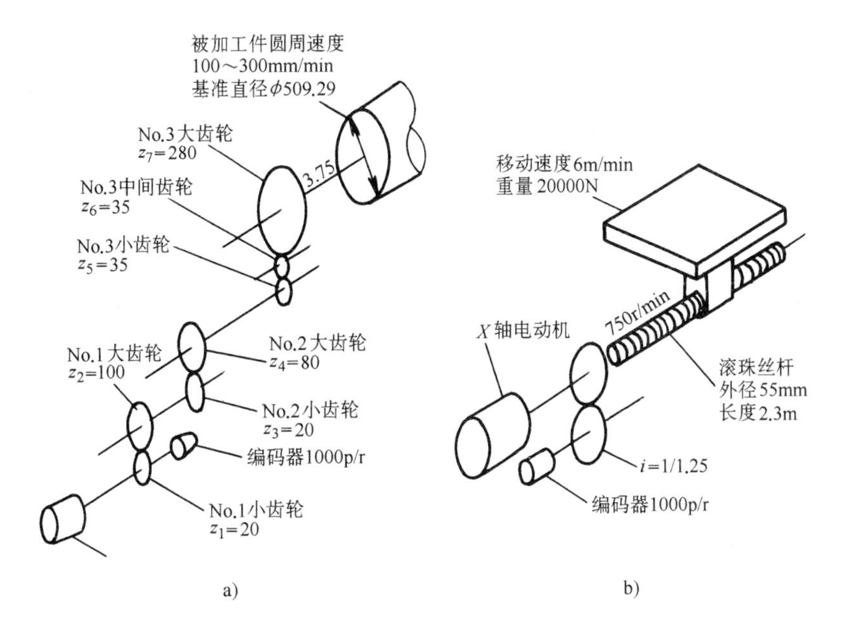

图 4-31　θ 轴系和 X 轴系的伺服传动系统

a) θ 轴系传动系统　b) X 轴系传动系统

YAG 固体激光器由高压电源激励，产生的激光束经导光与聚焦系统、由激光头输出的光斑照射工作表面进行切割。为了防止三合板燃烧，用转动喷嘴进行吹气（如氮气）。

1.θ 轴的伺服传动系统设计

(1) 总传动比及其分配

1) 根据脉冲当量确定总传动比　如图 4-31a 所示，已知：工件直径 D 上的周向脉冲当量 $\delta=0.01\text{mm/p}$，编码器的分辨率 $s=1000\text{p/r}$，工件基准直径 $D=509.29\text{mm}$。根据周向脉冲当量的定义，可知总传动比 i 为

$$i=\frac{2\pi}{\delta s}\times\frac{D}{2}=\frac{2\pi}{0.01\times1000}\times\frac{509.29}{2}=160$$

2) 传动比的分配　由于整个 θ 轴系统在 X 轴系的工作台上，且有周向定位精度要求，因此，各级传动比应按重量最轻和输出轴转角误差最小的原则来分配，故三级传动比分别为

$$i_1=\frac{z_2}{z_1}=\frac{100}{20}=5,\quad i_2=\frac{z_4}{z_3}=\frac{80}{20}=4,\quad i_3=\frac{z_7}{z_8}\times\frac{z_6}{z_5}=\frac{280}{35}\times\frac{35}{35}=8$$

(2) 转速计算　已知：工件直径 D 的圆周速度 $v_1=100\sim300\text{mm/min}$，则工件转速 n_1 为

$$n_1=\frac{60v_1}{\pi D}=\frac{60\times(100\sim300)}{\pi\times509.29}\text{r/min}=3.75\sim11.25\text{r/min}$$

电动机所需的转速 $n_{\mathrm{m}}=n_1\times i=600\sim1800\mathrm{r/min}$

(3) 等效负载转矩计算　已知：回转体（含工件及其夹具、主轴及 No.3 大齿轮等）的重力 $W=2000\mathrm{N}$

主轴承的摩擦系数　$\mu=0.02$

主轴承的摩擦力　$F=\mu W=40\mathrm{N}$

主轴承直径　$D=100\mathrm{mm}$

主轴承上产生的摩擦负载转矩　$T_{\mathrm{F}}=\frac{1}{2}D\times F=2\mathrm{N\cdot m}$

工件不平衡重力　$W=100\mathrm{N}$

工件重心偏置距离　$l=200\mathrm{mm}$

不平衡负载转矩　$T_{\mathrm{l}}=Wl=20\mathrm{N\cdot m}$

传动比　$i=160$

换算到电动机轴上的等效负载转矩 T_{L}（含齿轮传动链的损失 20%）为

$$T_{\mathrm{L}}=(T_{\mathrm{F}}+T_{\mathrm{l}})\times1.2/i=0.165\mathrm{N\cdot m}$$

(4) 等效转动惯量计算

1) 传动系统的 J_1　齿轮、轴类和工件的详细尺寸省略，各元件的 J 值见表 4-3。从该表可知，换算到电动机轴上的 $J_1=8.8\times10^{-4}\mathrm{kg\cdot m^2}$。

表 4-3　θ 轴转动系统的 J

传动件名称		No.1 小齿轮	No.1 大齿轮	No.2 小齿轮	No.2 大齿轮	No.3 小齿轮	No.3 中间齿轮（2个）	No.3 大齿轮（2个）	工件
节圆直径	D/mm	40	200	40	160	70	70	460	519
宽度或长度	B/mm	30	20	30	25	40	40	30	2000
材质		钢材	钢材	钢材	钢材	钢材	钢材	钢材	三合板
轴与轴承等的 J	$J/(\mathrm{kg\cdot m^2})$	1.02×10^{-4}	1.3277		4.9568			3.170413	3.458206
转速	$n/(\mathrm{r/min})$	600	120		30			3.75	3.75
减速比	N	1/1	1/5		1/20			1/160	1/160
换算到电机轴上的 J	$J/(\mathrm{kg\cdot m^2})$	1.02×10^{-4}	5.30×10^{-4}		1.24×10^{-4}			1.24×10^{-4}	1.36×10^{-4}
换算到电动机上 J 合计		$8.8\times10^{-4}\mathrm{kg\cdot m^2}$							$1.36\times10^{-4}\mathrm{kg\cdot m^2}$
		$J\approx1.016\times10^{-3}\mathrm{kg\cdot m^2}$							

2）工件的 J_2　工件的外径 $D_1=519\text{mm}$，长度 $l=2000\text{mm}$ 的半圆筒形三合板，其重力 $W=450\text{N}$，换算到电动机轴的工件 $J_2=1.36\times10^{-4}\text{kg}\cdot\text{m}^2$。

3）等效转动惯量 J_L

$$J_L=J_1+J_2=0.1016\times10^{-2}\text{kg}\cdot\text{m}^2$$

（5）初选伺服电动机　由于该伺服电动机长期连续工作在变负载之下，故先按方均根负载初选电动机，其工作循环见图 4-32 所示（已知 $t_1=t_2=0.5\text{s}$）

$$T_{Lr}=\sqrt{\frac{T_L^2t_1+(-T_L)^2t_2}{t_1+t_2}}$$

$$=\sqrt{\frac{0.165^2\times0.5+0.165^2\times0.5}{0.5+0.5}}\text{N}\cdot\text{m}$$

$$=0.165\text{N}\cdot\text{m}$$

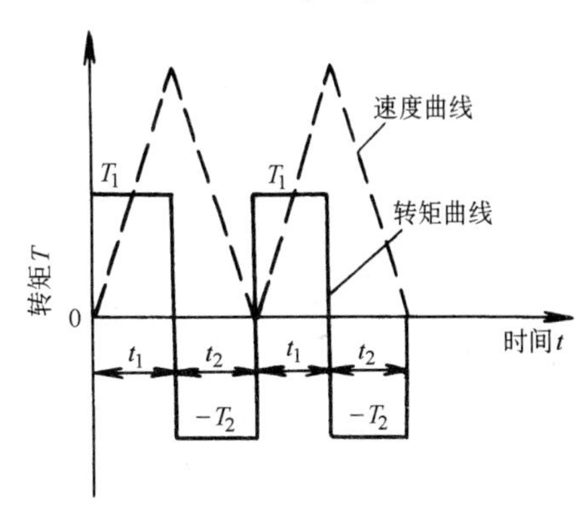

图 4-32　激光加工机工作循环图

据式（4-9）计算所需伺服电动机功率（已知传动系统 $\eta=0.95$，$n_{Lr}=n_m=1800\text{r/min}$）

$$P_m=(1.5\sim2.5)\ \frac{0.165n_{Lr}}{159\times0.95}$$

$$=(1.5\sim2.5)\ \frac{0.165\times1800}{159\times0.95\times60}\text{kW}=0.049\sim0.082\text{kW}$$

若从表 4-2 中初选 IFT5042 型交流伺服电动机，其额定转矩 $T_N=0.75\text{N}\cdot\text{m}$，额定转速 $n_N=2000\text{r/min}$，转子惯量 $J_m=1.2\times10^{-4}\text{kg}\cdot\text{m}^2$，显然 $J_L/J_m=8.5>3$，影响伺服电动机的灵敏度和响应时间。决定改选北京凯奇拖动控制系统有限公司生产的中惯量交流伺服电动机 SM02 型，其功率 0.3kW，额定转矩 $T_N=2\text{N}\cdot\text{m}$，最高转速 $n_{max}=2000\text{r/min}$，$J_m=4.2\times10^{-4}\text{kg}\cdot\text{m}^2$。$J_L/J_m=2.4<3$。

（6）计算电动机需要的转矩 T_m　激光加工机的工作循环见图 4-32。已知：加速时间 $t_1=0.5\text{s}$，电动机转速 $n_m=600\text{r/min}$，传动系统 $\eta=0.95$，根据动力学公式，电动机所需的转矩 T_m 为

$$T_m=T_a+T_L=\frac{2\pi}{60}(J_m+J_L)\frac{n_m}{t_1\eta}+T_L$$

$$=\left[\frac{\pi}{30}(4.2\times10^{-4}+0.1016\times10^{-2})\frac{600}{0.5\times0.95}+16.5\times10^{-2}\right]\text{N}\cdot\text{m}$$

$$=0.355\text{N}\cdot\text{m}$$

当电动机的转速 $n_m=1800\text{r/min}$ 时，T_m 为

$$T_m=\left(0.19\frac{1800}{600}+0.165\right)\text{N}\cdot\text{m}=0.735\text{N}\cdot\text{m}$$

(7) 伺服电动机确定

伺服电动机的安全系数检查　已知：$T_1 = -T_2 = T_m$，$t_1 = t_2$，两个循环之间无停顿时间。

因此，其均方根转矩 T_{Lr}为

$$T_{Lr} = \sqrt{\frac{T_1^2 t_1 + (-T_2)^2 t_2}{t_1 + t_2}} = T_m = 0.355 \sim 0.735\text{N·m}$$

故有

$$\frac{T_N}{T_{Lr}} = \frac{2}{0.355} \sim \frac{2}{0.735} = 5.6 \sim 2.7 \geqslant 1.26$$

这表明该电动机的转矩能满足要求。

(8) 定位精度分析　θ 轴伺服系统虽然是半闭环控制，但除了电动机以外仍是开环系统。因此，其定位精度主要取决于轴的齿轮传动系统，与电动机本身的制造精度关系不大。

根据误差速比原理，仅要求末级齿轮的传动精度较高。当要求周向定位精度 $\Delta = \pm 0.1$mm 时，则相当于主轴上的转角误差 $\Delta\theta$ 为

$$\Delta\theta = \frac{\Delta}{\frac{D}{2}} \times 180^\circ = \frac{0.1 \times 2}{509.92} \times \frac{180^\circ}{\pi} = 0.0225^\circ = 1.35'$$

由此可选择齿轮的传动精度。

2. X 轴的伺服传动系统设计

(1) 根据脉冲当量确定丝杠导程 L 或中间齿轮传动比 i　如图 4-30b 所示，已知：线位移脉冲当量 $\delta = 0.01$mm/p，编码器的分辨率 $s = 1000$p/r，相当于该轴上的每个脉冲步距角 $\beta = \frac{360^\circ}{1000} = 0.36^\circ$ 换算到电动机轴上 $\beta_m = \beta_r \times 1.25 = 0.45^\circ$，电动机直接驱动丝杠时，其中间齿轮传动比 $i = 1$。根据线位移脉冲当量的定义，可知

$$L = \delta i \times \frac{360^\circ}{\beta_m} = 0.01 \times 1 \times \frac{360^\circ}{0.45^\circ}\text{mm} = 8\text{mm}$$

(2) 所需的电动机转速计算　已知：线速度 $v_2 = 6000$mm/min，所需的电动机转速 n_m 为

$$n_m = \frac{v_2}{L} = \frac{6000}{8} = 750\text{r/min}$$

因此，编码器轴上的转速 $n_r = \frac{n_m}{1.25} = 600$r/min。

(3) 等效负载转矩计算　已知：移动体（含工件、整个 θ 轴系和工作台）的重力 $W = 2000$N，贴塑导轨上的摩擦系数 $\mu = 0.065$，移动时的摩擦力 $F_1 = \mu W$

$=1300\text{N}$，滚珠丝杠传动副的效率 $\eta=0.9$。根据机械效率公式，换算到电动机轴上所需的转矩 T_1 为

$$T_1=\frac{\mu WL}{2\pi\eta}=\frac{0.065\times20000\times0.008}{2\pi\times0.9}\text{N·m}=1.839\text{N·m}$$

由于移动体的重量很大，滚珠丝杠传动副必须事先预紧，其预紧力为最大轴向载荷的 1/3 倍时，其刚度增 2 倍，变形量减小 1/2。

预紧力 $F_2=\frac{1}{3}F_1=433.33\text{N}$，螺母内部的摩擦系数 $\mu_m=0.3$，因此，滚珠丝杠预紧后的摩擦转矩 T_2 为

$$T_2=\mu_m\frac{F_2L}{2\pi}=0.3\times\frac{433.33\times0.008}{2\pi}\text{N·m}=16.56\text{N·m}$$

在电动机轴上的等效负载转矩 T_L 为

$$T_L=T_1+T_2=2.0056\text{N·m}$$

(4) 等效转动惯量计算

1) 换算到电动机轴上的移动体 J_1，根据运动惯量换算的动能相等原则，J_1 为

$$J_1=\frac{W}{g}\left(\frac{L}{2\pi}\right)^2=\frac{20000}{9.81}\times\left(\frac{0.008}{2\pi}\right)^2\text{kg·m}=3.308\text{kg·m}^2$$

2) 换算到电动机轴上的传动系统 J_2，该传动系统（含滚珠丝杆、齿轮及编码器等）的 J_2，其计算结果为

$$J_2=0.021152\text{kg·m}^2$$

因此，换算到电动机轴上的等效转动惯量 J_L 为

$$J_L=J_1+J_2=(3.305\times10^{-3}+0.021152)\text{kg·m}=2.45\times10^{-2}\text{kg·m}^2$$

(5) 初选直流伺服电动机的型号　由于 $T_L=2.0045\text{N·m}$ 和 $J_L=2.45\times10^{-2}\text{kg·m}^2$，查表 4-4，初选电动机型号为 CN-800-10，$T_N=8.3\text{N·m}$，$J_m=0.91\times10^{-2}\text{kg·m}^2$，则有 $J_L/J_m=\frac{2.45}{0.91}=2.69<3$，$n_N=1000\text{r/min}$，$n_{max}=1500\text{r/min}$。

表 4-4　日本山洋的直流伺服电动机规格参数

参　　数		C-100-20	C-200-20	CN-400-10	CN-800-10
额定输出功率	P_R/kW	0.12	0.23	0.45	0.85
额定电枢电压	E_R/V	70	60	105	100
额定转矩	T_M/(N·m)	1.17	2.25	4.40	8.30
额定电枢电流	I_R/A	3.1	5.8	5.6	11
额定转速	n_R/(r/min)	1000	1000	1000	1000

（续）

参　　数		C-100-20	C-200-20	CN-400-10	CN-800-10
连续失速转矩	T_s/(N·m)	1.45	2.90	5.50	10.50
瞬时最大转矩	T_{ps}/(N·m)	13.00	26.00	40.00	80.00
最大转速	n_{max}/(r/min)	2000	2000	1500	1500
比功率	Q/(kW/s)	1.32	2.92	3.22	7.4
转矩常数	K_T/(N·m/A)	0.46	0.46	0.92	0.92
感应电压常数	K_E/(V/Kr/min)	47.5	47.5	95	95
转子惯量	J_M/(kg·m²)	0.10×10^{-2}	0.17×10^{-2}	0.59×10^{-2}	0.91×10^{-2}
电枢阻抗	R_a/Ω	4.7	1.65	2.2	0.78
电枢电感	L_a/mH	11	4.5	8	3.7
机械时间常数	t_m/ms	23	15	16	10
电气时间常数	t_e/ms	2.4	2.7	3.8	4.7
热稳定常数	t_{th}/min	45	50	60	70
热阻抗	R_{th}/(°C/W)	1.5	1.0	0.75	0.6
电枢线卷温度上限	/°C	130	130	130	130
绝缘等级		F级			
励磁方式		永久磁铁			
冷却方式		全封闭自冷			

(6) 计算电动机需要的转矩 T_m　已知：加速时间 $t_1=0.5$s，电动机转速 $n_m=750$r/min，滚珠丝杠传动效率 $\eta=0.9$，根据动力学公式，电动机所需的转矩 T_m 为

$$
\begin{aligned}
T_m &= T_a + T_L = \frac{2\pi}{60}(J_e+J_L)\frac{n_m}{t_1\eta} + T_L \\
&= \left[\frac{2\pi}{60}(0.91\times10^{-2}+2.45\times10^{-2})\frac{750}{0.5\times0.9}+2.0045\right]\text{N·m} \\
&= (5.8643+2.0045)\ \text{N·m} \\
&= 7.87\text{N·m} = 787\text{N·cm}
\end{aligned}
$$

(7) 伺服电动机的确定

1) 伺服电动机的安全系数检查与 θ 轴系相同，$T_{Lr}=T_m=7.87$N·m，故有

$$T_N/T_{Lr}=\frac{830}{787}=1.055<1.26$$

由于该电动机的安全系数很小，必须检查电动机的温升。

2) 热时间常数检查　已知：$t_p=1$s，$t_{th}=70$min，故 $t_p \ll \frac{1}{4}t_{th}$。

3）电动机的 ω_n 和 ζ 检查　已知：$t_m=10$ms，$t_e=4.7$ms，则有

$$\omega_n=\sqrt{\frac{1}{t_m t_e}}=\sqrt{\frac{1}{10\times10^{-3}\times4.7\times10^{-3}}}\text{rad/s}=145.9\text{rad/s}>80\text{rad/s}$$

$$\zeta=\frac{1}{2}\sqrt{\frac{t_m}{t_e}}=\frac{1}{2}\sqrt{\frac{10\times10^{-3}}{4.7\times10^{-3}}}=0.729$$

该 ζ 值比较接近最佳阻尼比 $\zeta=0.707$。

(8) 电动机温升检查　在连续工作循环条件下，检查电动机的温升。

1）加速时的电枢电流 I_a

$$I_a=\frac{T_m}{K_T}$$

式中　K_T——电动机转矩常数，查表4-4，$K_T=0.92$N·m/A，所以

$$I_a=\frac{T_m}{K_T}=\frac{7.87}{0.92}\text{A}=8.55\text{A}$$

2）温升的第一次估算　当温度为 t_1℃时，对应的电枢电阻 R_{at} 为

$$R_{at}=R_{20}\left[1+3.93\times10^{-3}\ (t_1-20)\right]$$

式中　R_{20}——20℃时的电枢电阻（Ω）。

由表4-4查得 $R_{20}=0.78\Omega$

设 $t_1=60$℃，则有

$$R_{at}=R_{20}\left[1+3.93\times10^{-3}\ (60-20)\right]\Omega=0.9\Omega$$

在该温度下的电功率损耗 P_e 为

$$P_e=I_a^2R_{at}=(8.55)^2\times0.9\text{W}=65.79\text{W}$$

由表4-4查得热阻抗 $R_{th}=0.6$℃/W，因此，电枢的温升

$$\Delta t_1=P_eR_{th}=65.79\times0.6^\circ\text{C}=39.47^\circ\text{C}$$

若环境温度为25℃，则电枢温度为64.47℃，以此温度作为第二次估算的基础。

3）温升的第二次估算　设 $t_1=65$℃，则有

$$R_{at}=0.78\left[1+3.93\times10^{-3}\ (65-20)\right]\Omega=0.917\Omega$$

电功率损耗　$P_e=I_a^2R_{at}=67.1$W

电枢温升。若环境温度为25℃，则电枢温度为65℃，与假设温度一致。

4）温升的第三次估算　设 $t_1=83$℃（热带地区），则有

$$R_{at}=0.78\left[1+3.93\times10^{-3}\ (83-20)\right]\Omega=0.973\Omega$$

电功率损耗　$P_a=I_a^2R_{at}=71.16$W

电枢温升　$\Delta t_3=P_aR_{th}\approx43^\circ$C

若环境湿度为40℃，则电枢温度为83℃，与假设温度基本一致。

查表4-4，对于电枢绕组绝缘等级为F级的电动机，当环境温度为40°C时，电动机允许的温升限值可达100°C。因此，该电动机的安全系数虽然较小，在设计参数范围内，仍可正常使用。

(9) 电动机起动特性检查

1）直线运动中的加速度计算　在等加速的直线运动过程中，其加速度 a 为

$$a=\frac{v-v_0}{60t_a}$$

式中　v——加速过程的终点速度（m/min）；

v_0——初始速度（m/min）。

已知：$v=6$m/min，$v_0=0$，$t_a=0.5$s，则有

$$a=\frac{v}{60t_a}=\frac{6}{60\times0.5}\text{m/s}^2=0.2\text{m/s}^2=0.204g$$

其中，g 为重力加速度。

2）加速距离计算　在等加速运动中，其移动距离 S 为

$$S=v_0t_a+\frac{1}{2}at_a^2$$

已知：$v_0=0$，$a=0.2\text{m/s}^2$，$t_a=0.5$s，则有

$$S=\frac{1}{2}at_a^2=\frac{1}{2}\times0.2\times(0.5)^2\text{m}=0.025\text{m}=25\text{mm}$$

3）等加速运动的调节特性　若 $a=0.2\text{m/s}^2$ 保持不变，则对电动机所需的转矩毫无影响。对于不同的线速度要求，其加速时间与距离是不同的，即具有调节特性。例如：

① $v=100$mm/min，则有 $t_a=8.33\times10^{-3}$s，$S=6.94\times10^{-3}$mm。

② $v=600$mm/min，则有 $t_1=0.05$s，$S=0.25$mm。

(10) 定位精度分析　与 θ 轴系精度分析相同，X 轴系的定位精度主要取决于滚珠丝杠传动的精度和刚度，它与电动机制造精度的关系不大。

已知定位精度 $\Delta=0.1$mm，一般按 $\Delta_s=(1/3\sim1/2)\Delta=0.033\sim0.05$mm 选择丝杆的累积误差。其次，计算丝杠的刚度所产生的位移误差。

激光加工机的工艺力是非常小的，但要重视滚珠丝杠的精度和刚度，以免产生过大的变形误差，这常是激光加工机设计失败的重要原因。

第五章　工业控制计算机及其接口技术

工业控制计算机系统是机电一体化系统的中枢，其主要作用是按编制好的程序完成系统信息采集、加工处理、分析和判断，作出相应的调节和控制决策，发出数字形式或模拟形式的控制信号，控制执行机构的动作，实现机电一体化系统的目的功能。在机电一体化设备中单机控制是一种最基本和最常见的计算机控制的应用形式，本章以计算机控制的单机系统为主要研究内容，重点介绍了工业控制计算机系统的概貌、工业控制计算机控制接口技术、可编程控制器、计算机控制算法等方面的问题。

第一节　工业控制计算机

一、工业控制计算机系统组成

图 5-1 所示为工业控制计算机系统的硬件组成示意图。它由计算机基本系统、人—机对话系统、系统支持模块、过程输入/输出（I/O）子系统等组成。在过程 I/O 子系统中，过程输入设备把系统测控对象的工作状况和被控对象的物理、工位接点状态转换为计算机能接受的数字信号；过程输出设备把计算机输出的数字信息转换为能驱动各种执行机构的功率信号。人—机对话系统用于操作者

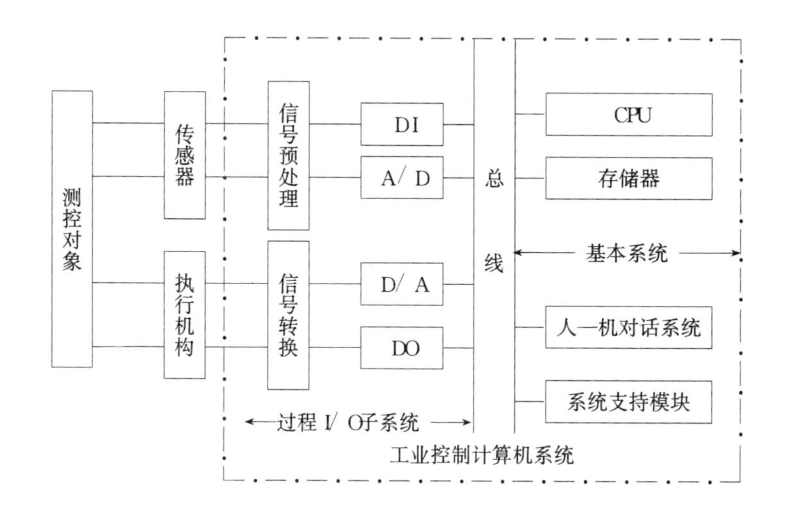

图 5-1　工业控制计算机系统硬件组成示意图

与计算机系统之间的信息交换，主要包括键盘、图形或数码显示器、声光指示器、语音提示器等。系统支持模块包括软盘、硬盘、光盘驱动器、串行通讯接口、打印机并行接口（调制解调器）等。

工业控制计算机系统的软件包括适应工业控制的实时系统软件、通用软件和工业控制软件等。

二、工业控制计算机系统的基本要求

由于工业控制计算机面向机电一体化系统的工业现场，因此它的结构组成、工作性能与普通计算机有所不同，其基本要求如下。

1. 具有完善的过程输入/输出功能

要使计算机能控制机电一体化系统的正常运行，它必须具有丰富的模拟量和数字量输入/输出通道，以便使计算机能实现各种形式的数据采集、过程连接和信息变换等，这是计算机能否投入机电一体化系统运行的重要条件。

2. 具有实时控制功能

工业控制计算机应具有时间驱动和事件驱动的能力。要能对生产的工况变化实时地进行监视和控制，当过程参数出现偏差甚至故障时能迅速响应并及时处理，为此需配有实时操作系统及过程中断系统。

3. 具有可靠性

机电一体化设备通常是昼夜连续工作，控制计算机又兼有系统故障诊断的任务，这就要求工业控制计算机系统具有非常高的可靠性。

4. 具有较强的环境适应性和抗干扰能力

在工业环境中，电、磁干扰严重，供电条件不良，工业控制计算机必须具有极高的电磁兼容性，要有高抗干扰能力和共模抑制能力。此外，系统还应适应高温、高湿、振动冲击、灰尘等恶劣的工作环境。

5. 具有丰富的软件

要配备丰富的测控应用软件，建立能正确反映生产过程规律的数学模型，建立标准控制算式及控制程序。

三、工业控制计算机的分类及其应用特点

在设计机电一体化系统时，必须根据控制方案、体系结构、复杂程度、系统功能等，正确地选用工业控制计算机系统。根据计算机系统软硬件及其应用特点，常将工业控制计算机分为：可编程序控制器、总线型工业控制计算机以及单片机三类。

1. 可编程序控制器

可编程序控制器简称 PLC（Programmable Logic Controller）或 PC (Programmable Controller)，它是将继电器逻辑控制技术与计算机技术相结合而发展起来的一种工业控制计算机系统。它的低端为继电器逻辑的代用品，而其高端实际上是一种高性能的计算机实时控制系统。它以顺序控制为主，能完成各种逻辑运算、定时、计数、记忆和算术运算等功能，既能控制开关量，又能控制模拟量。PLC的最大特点是采用了存储器技术，将控制过程用简单的“用户编程语言”编成程序，并存入存储器中。运行时，PLC从存储器中一条一条地取出程序指令，依次控制各输入输出点。

PLC把计算机的功能完善、通用、灵活、智能等特点与继电器控制的简单、直观、价格便宜等优点结合起来，可以取代传统的继电接触器顺序控制，而且具备继电接触控制所不具备的优点。其主要特点如下：

(1) 控制程序可变，具有很好的柔性　在生产工艺流程改变或被控设备更新的情况下，不必改变PLC的硬件只需改变程序就可以满足要求。

(2) 可靠性强，适用于工业环境　PLC是专门为工业环境应用而设计的计算机控制系统，在硬件和软件上采取了一系列有效措施，以提高系统的可靠性和抗干扰能力，并有较完善的自诊断和自保护能力，能够适应恶劣的工业环境。PLC的平均无故障工作时间可达数万小时，这是其他计算机系统无法比拟的。

(3) 编程简单，使用方便　大多数PLC采用“梯形图”的编程方式。梯形图类似于继电接触控制的电气原理图，使用者不需具备很深的计算机编程知识，只需将梯形图转换成逻辑表达式，将其输入PLC即可使用。

(4) 功能完善　PLC具备输入输出、逻辑运算、算术运算、定时、计数、顺序控制、功率驱动、通讯、人—机对话、自检、记录和显示等功能，使系统的应用范围大大提高。

(5) 体积小、重量轻、易于装入机器内部。

2. 总线型工业控制计算机

总线结构型的工业控制计算机，根据功能要求把控制系统划分成具有一种或几种独立功能的硬件模块，从内总线入手把各功能模块设计制造成“标准”的印制电路板插件（亦称模块），像搭积木一样将硬件插件及模板插入一块公共的称为“底板”的电路板插槽上组成一个模块网络系统，每块插件之间的信息都通过底板进行交换，从而达到控制系统的整体功能，这就是所谓的模块化设计。由于总线结构的控制计算机系统将一个较复杂的系统分解成具有独立功能的模块，再把所需的功能模板插到底板上，构成一个计算机控制系统，因而具有如下的优点：

(1) 提高设计效率，缩短设计和制造周期　在系统的整体设计时，将复杂的电路分布在若干功能模板上，可同时并行地进行设计，大量的功能模板可以直接购得，从而大大地缩短了系统的设计、制造周期。

(2) 提高了系统的可靠性　由于各通用模块均由专业制造厂以OEM（Original Equipment Manufacture）产品形式专业化大批量生产制造，用户可以根据自己的具体需要，购买这批 OEM 产品，如中央处理器（CPU）、随机存取存储器（RAM）、只读存储器（ROM）、A/D、D/A 等模板及专用 I/O 接口板卡等，来构成自己的计算机系统。由于模板的质量稳定，性能可靠，因此也就保证了控制计算机系统的可靠性。

（3）便于调试和维修　由于模板是按照系统的功能进行分解的，维修或调试时，只要根据功能故障性质进行诊断，更换损坏的模板，就可以方便地排除故障、进行调试。

（4）能适应技术发展的需要，迅速改进系统的性能　有时在新的系统运行后需要根据实际情况改进系统的性能；有时随着技术发展，产品性能需要进一步提高；或者产品随市场需要而改型，要求系统作相应改进；或者随着电子技术的发展，大存储量芯片的出现，新型专用大规模集成电路的推广应用等，都需要对原系统的某一部分或模块进行更新。在上述情况下总线结构的控制计算机只需改进模块和软件，不需对整个系统进行重新设计就能满足对系统提出的新的要求。

3. 单片机

单片机是把计算机系统硬件的主要部分如 CPU、存储器（ROM/RAM）、I/O 口、定时/计数器及中断控制器等都集成在一个芯片上的单芯片微型计算机。单片机可视为一个不带外部设备的计算机，相当于一个没有显示器、键盘、不带监控程序的单板机。

用单片机组成的计算机控制系统具有以下特点：

1）受集成度限制，片内存储器容量较小。一般片内 ROM 小于 4～8K 字节，片内 RAM 小于 256 字节；但可在外部进行扩展，如 MCS-51 系列单片机的片外可擦可编程只读存储器（EPROM）、静态随机存储器（SRAM）可分别扩展至 64K 字节。

2）可靠性高。单片机芯片本身是按工业测控环境要求设计的，其抗工业噪声干扰的能力优于一般通用 CPU；程序指令及其常数、表格固化在 ROM 中不易损坏；常用信号通道均集成在一个芯片内，信号传输可靠性高。

3）易扩展。片内具有计算机正常运行所必须的部件，芯片外部有许多供扩展用的总线及并行、串行输入/输出端口，很容易构成各种规模的计算机控制系统。

4）控制功能强。为了满足工业控制要求，单片机的指令系统中有极丰富的条件分支转移指令、I/O 口的逻辑操作以及位处理功能。一般来说，单片机的逻辑控制功能及运行速度均高于同一档次的微处理器。

5）一般的单片机内无监控程序或系统通用管理软件，软件开发工作量大。但近年来已开始出现了片内固化有 BASIC 解释程序及 C 语言解释程序的单片机开发软件，使单片机系统的开发提高到了一个新水平。

第二节　计算机控制接口技术

在机电一体化系统中，由于机械系统与计算机控制系统在性质上有很大差别，二者之间的联系必须通过计算机控制接口进行调整、匹配、缓冲，因此计算机控制接口有着重要的作用。另外，尽管计算机控制系统的引入使机械系统具有了“智能”，达到了更高的自动化程度，但是机电一体化系统的运行仍离不开人的干预，必须在操作者的监控下进行，因此，人机接口也是必不可少的。

在计算机控制接口中，按照信息和能量的传递方向，又可分为信息采集接口与控制输出接口。控制计算机通过信息采集接口检测机械系统运行参数，经过运算处理后，发出有关控制信号，经过控制输出接口的匹配、转换、功率放大，驱动执行元件来调节机械系统的运行状态，使其按要求动作。

人机接口包括输出接口与输入接口两类，通过输出接口，操作者对系统的运行状态、各种参数进行监测；通过输入接口，操作者向系统输入各种命令及控制参数，对系统运行进行控制。人机接口可查阅相关资料，本书不再详细介绍。

下面对常用的信息采集接口、模拟量输入/输出接口、开关型功率接口、直流电动机的功率接口、交流电动机变频调速功率接口和步进电动机功率驱动接口等计算机控制接口进行详细介绍。

一、信息采集接口

在模拟量信息采集通道中，先利用传感器将从信号源检测到的非电量转换为电量，并进行信号处理（包括放大、滤波、线性补偿等），再经采样—保持器，将模拟信号变换成时间上离散的采样保持信号后，送 A/D 转换器将模拟保持信号转换成数字信号，送入计算机。信息采集通道的一般组成框图如图 5-2 所示。

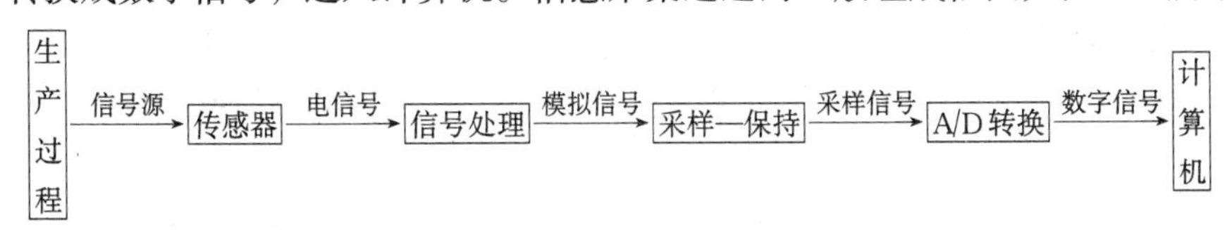

图 5-2　数据采集通道的一般组成

1. 常用数据采集的结构形式

在实际中，计算机数据采集信号源往往不止一个，对多个信号源的数据采集通道有下面几种结构形式：

(1) 多路 A/D 通道　从每个信号源检测的信号都有各自独立的采集通道，即每个通道都有独自的采样—保持器和 A/D 转换器，如图 5-3a 所示。该结构形式使用了较多数量的采样—保持器、A/D 转换器，成本高。但这种通道结构的 A/D 转换速度高，并且控制各路通道的采样—保持器或 A/D 转换器，可完成各路通道同时进行采样或同时进行转换的功能，故常用于需同步高速数据采集、同步转换的计算机控制系统。

(2) 多路同时采样、分时转换通道　从多路信号源来的数据经各自的采样—保持器后，经模拟多路转换开关控制，共用一个 A/D 转换器，此结构使用模拟多路开关进行多路选择，使多路信号按一定的顺序切换到共用的 A/D 转换器上进行模/数转换，如图 5-3b。

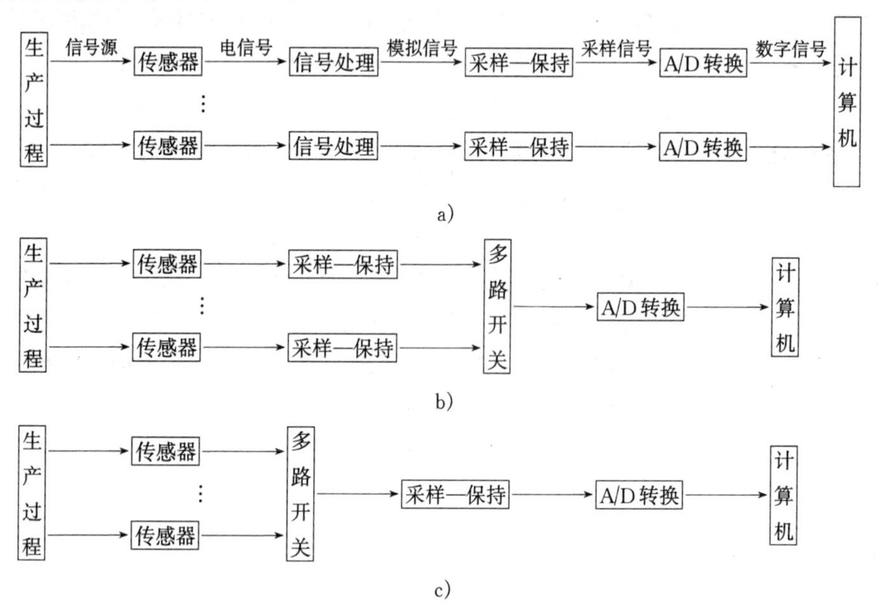

图 5-3　几种采集通道的结构形式

显然这种通道结构节省硬件，但转换速度比较慢，因为共用一个 A/D 转换器必须分时进行转换，多路开关的引用也使误差增加。所以，该结构多用于转换速度、精度要求不高，须同时采集、分时转换的控制系统，如多点巡回检测系统。目前，有不少芯片都具有多路通道的功能，如 ADC0808/0809 为 8 位 8 通道。

(3) 多路信号源共享采样—保持器和 A/D 转换器　从多路信号源来的数据先经多路开关，然后按某种顺序切换到具有采样—保持器和 A/D 转换器的通道上，如图 5-3c 所示，此结构共用一套采样—保持器和 A/D 转换器，节省硬件成本，但转换速度更慢，常用于分时采样、分时转换的计算机控制系统中。

除了上述几种数据采集通道的结构形式外，还有不带采样—保持器的最简单的采集通道和单路采集通道。

在数据采集通道中，采样—保持器和 A/D 转换器是必不可少的，其他组成部分可根据实际需要增减。传感器、信号处理、采样—保持已在第三章中介绍，因此下面主要介绍常用的 A/D 转换器。

2. 常用的 A/D 转换器

为了满足多种需要，目前市面已有多种高质量的 A/D 转换器。在 A/D 转换器芯片里面，集成了多路开关、采样—保持器和 A/D 转换器，可方便地构成多通路数据采集通道。下面较详细地介绍两种常用的 A/D 转换器。

(1) 8 位 A/D 转换器 ADC0808/0809

1) 电路组成及转换原理　ADC0808/0809 都是含 8 位 A/D 转换器、8 路多路开关，以及与微型计算机兼容的控制逻辑的 CMOS 组件，其转换方法为逐次逼近型。在 A/D 转换器内部有一个高阻抗斩波稳定比较器，一个带模拟开关树组的 256 电阻分压器，以及一个逐次逼近型寄存器。8 路的模拟开关的通/断由地址锁存器和译码器控制，可以在 8 个通道中任意访问一个单边的模拟信号。其原理框图如图 5-4 所示。

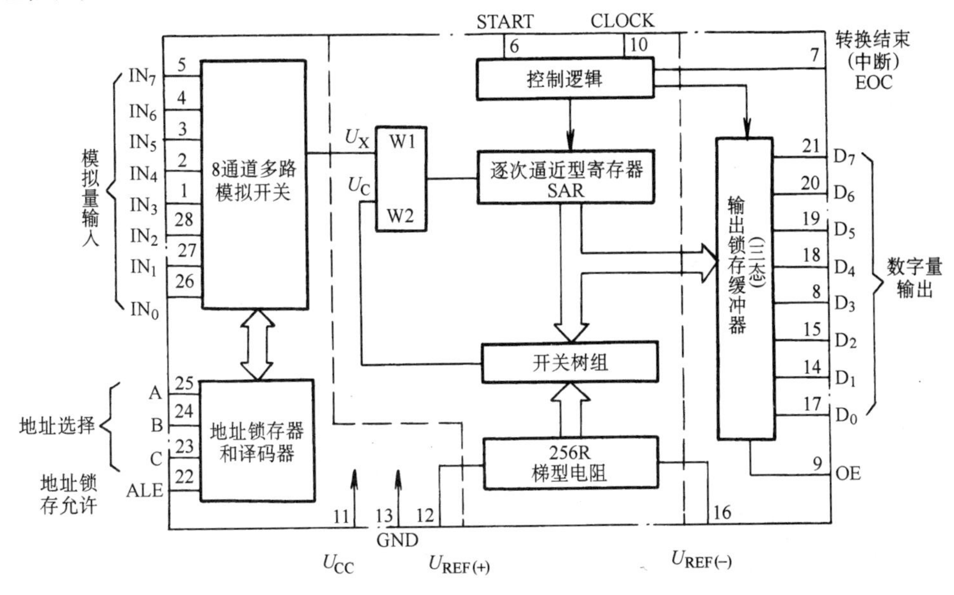

图 5-4　ADC0808/0809 原理图

由于这种 A/D 转换器无需进行零位和满量程调整，多路开关的地址输入部分能够进行锁存和译码，而且其三态 TTL 输出也可以锁存，所以易于与微型计算机接口连接。

从图 5-4 中可以看出，ADC0808/0809 由两部分组成。第一部分为 8 通道多路模拟开关，计算机通过控制 C、B、A 地址端子和地址锁存允许端子 ALE，可使其中一个通道被选中。第二部分为一个逐次逼近型 A/D 转换器，它由比较器、控制逻辑、数字量输出锁存缓冲器、逐次逼近型寄存器以及开关数组（8 位）和 256R 电阻分压器组成。控制逻辑用来控制逐次逼近寄存器从高位到低位逐次取“1”，然后送到开关树组。以控制开关 $S_7 \sim S_0$ 是否与参考电平相连。参考电平经

256R 电阻网络输出一个模拟电压 U_C，U_C 与输入模拟量 U_X 在比较器中进行比较，当 $U_C > U_X$ 时，该位 $D_i = 0$；当 $U_C < U_X$ 时，则移位 $D_i = 1$，且一直保持到比较结束。照此处理，从 $D_7 \sim D_0$ 比较 8 次即可逐次逼近寄存器中的数字量，即与模拟量 U_X 所相当的数字量等值。此数字量送入输出锁存缓冲器，并同时发出转换结束信号。

2）ADC0808/0809 的引脚功能

$IN_7 \sim IN_0$：8 个模拟量输入端。

START：启动信号。正脉冲的上升沿使所有内部寄存器清零，从下降沿开始进行 A/D 转换。

EOC：转换结束信号。在 START 信号之后变低，A/D 转换结束后，发出一个正脉冲，表示 A/D 转换完毕。此信号可用作 A/D 转换是否结束的检测信号，或向 CPU 申请中断的信号。

OE：输出允许信号。当此信号有效时，允许从 A/D 转换器的锁存器中读取数字量。此信号可作为 ADC0808/0809 的片选信号，高电平有效。

CLOCK：实时时钟。可通过外接 RC 电路改变时钟频率。

ALE：地址锁存允许信号。当 ALE 由低电平到高电平正跳变时，将地址选择线状态锁存，从选通相应的模拟量输入通道。

C，B，A：通道号地址选择端子。C 为最高位，A 为最低位。

$D_7 \sim D_0$：数字量输出端。

$U_{REF(+)}$，$U_{REF(-)}$：参考电压端子。用以提供 D/A 转换器内权电阻的标准参考电平。对于一般单极性模拟量输入信号，$U_{REF(+)} = 5V$，$U_{REF(-)} = 0V$。

U_{CC}：电源端子，接 +5V。

GND：接地端。

3）时序图　ADC0808/0809 的时序图如图 5-5 所示。

从图 5-5 可以看出，启动脉冲 START 和地址锁存允许脉冲 ALE 的上升沿将地址送至地址锁存器和译码器，模拟量经 C，B，A 选择开关所指定的通道送至 A/D 转换器。在 START 信号下降沿的作用下，逐次逼近过程开始，在时钟的控制下，一位一位地逼近。此时，转换结束信号 EOC 呈低电平状态。由于逐次逼近需要一定的过程，所以在此期间内，模拟量输入值维持不变。比较器需一次一次进行比较，直到转换结束（EOC 呈高电平）。此时，若计算机发出一个允许命令（OE 呈高电平），则可读出数据。

4）ADC0808/0809 的技术指标

① 单一电源，+5V 供电，模拟量输入范围为 0～5V。

② 分辨率为 8 位。

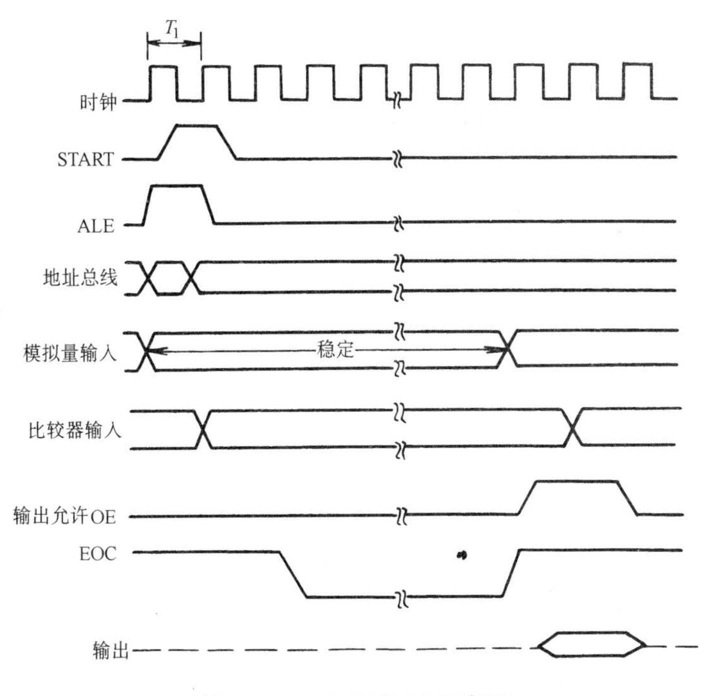

图 5-5　ADC0808/0809 时序图

③　最大不可调误差：

$$ADC0808 < \pm 1/2LSB\left(1LSB=\frac{1}{256}\right)$$

$$ADC0809 < \pm 1LSB。$$

④　功耗为 15mW。

⑤　转换速度取决于芯片的时钟频率，时钟频率范围：10～1280kHz。当 CLOCK 等于 500kHz 时，转换速度为 128μs。

⑥　可锁存三态输出，输出与 TTL 兼容。

⑦　无需进行零位及满量程调整。

⑧　正常工作温度范围为 －40℃～＋85℃。

总之，ADC0808/0809 具有较高的转换速度和精度，受温度影响较小，能较长时间保证精度，重现性好，功耗较低，且具有 8 路模拟开关，所以对于过程控制它是比较理想的器件。

5）ADC0808/0809 转换器与计算机的接口电路　若指定 8 路传感器信号输入端口地址为 78H～7FH，转换结束信号以中断方式与 CPU 联络，采用 74LS138 作输入通道地址译码器，那么 ADC0808/0809 和 CPU 的连接电路图如图 5-6 所示。

由于 ADC0808/0809 的数据输出带三态输出门，故可直接接到 CPU 数据总线上。按图 5-6 所示接线，74LS138 的 $\overline{Y}_7$ 译出的地址范围正好是 78H～7FH。低 3 位地址线 A_2～A_0 分别直接接到 ADC0808/0809 的采样地址输入端 C、B、A 上，用于选通 8 路输入通路中的其中一路。那么用一条输出指令即可启动某一通路开始转换（使 ADC0808/0809 的 START 端和 ALE 端得到一个启动正脉冲信号）

```
CONTV1：MOV  AL，00H；          （可以是不为 00H 的其他数字）
        OUT  78H，AL；          选通 IN0 通路并开始转换
         ⋮
CONTV7：MOV  AL，00H；
        OUT  7FH，AL；          选通 IN7 通路并开始转换
         ⋮
```

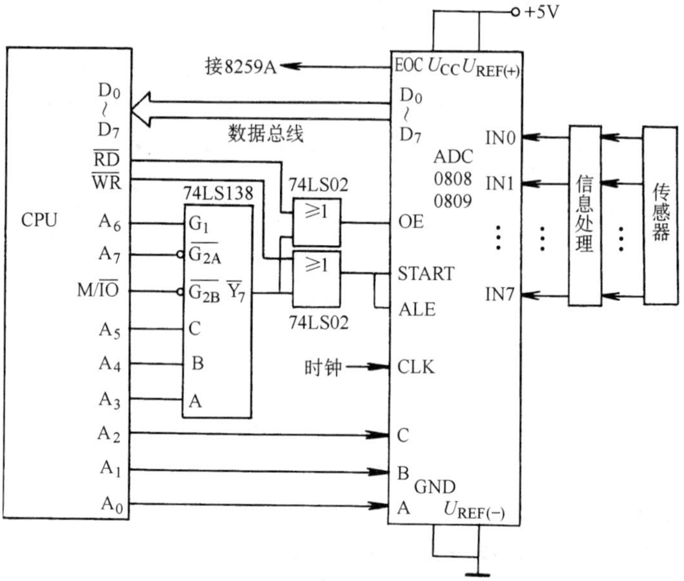

图 5-6　ADC0808/0809 和 CPU 的连接电路图

转换结束，ADC0808/0809 从 EOC 端发出一个正脉冲信号，通过中断控制器 8259A 向 CPU 发出中断请求，CPU 响应中断后，转去执行中断服务程序。中断服务程序中，执行一条输入指令，即可读取转换后数据。如执行 IN　AL，78H，即可将以启动转换的 IN0 通路的转换数据读入 AL 中。因为执行这条指令时，使片选信号 $\overline{Y}_7$ 和读信号 $\overline{RD}$ 同时出现有效低电平，ADC0808/0809 的输出允许信号 OE 端出现一开门正脉冲，使输出三态门开启，CPU 可读取转换后的数据。

图 5-7 所示为 ADC0808/0809 通过并行接口 8255A 与计算机的连接电路。

若从输入通道 IN0（A，B，C 为 0，0，0）读入一个模拟量，经 ADC0808/0809 转换后送 CPU，8255A 端口地址为 80H～83H，ADC0808/0809 端口地址为

84H～87H。有关程序如下：

```
        MOV  AL，98H ；8255A 初始化，方式 0，PA 口输入，PB 口输出
        OUT  83H，AL ；PC 高 4 位输入
        MOV  AL，00H
        OUT  81H，AL ；选择通道 000
        ADD  AL，10H
        OUT  81H，AL ；PB4＝1 启动 ADC 转换
        SUB  AL，10H
LOOP：  IN   AL，82H  ；从 C 口的 PC7 检查 EOC
        TEST AL，80H  ；检测 PC7
        JZ   LOOP     ；PC7＝0 即 EOC＝1，转换未结束，继续查询
        IN   AL，84H  ；允许输出转换结果 OE 有效，结果送入 8255A 的 A
                      口
        IN   AL，80H  ；由 8255A 口读入数据
        HLT
```

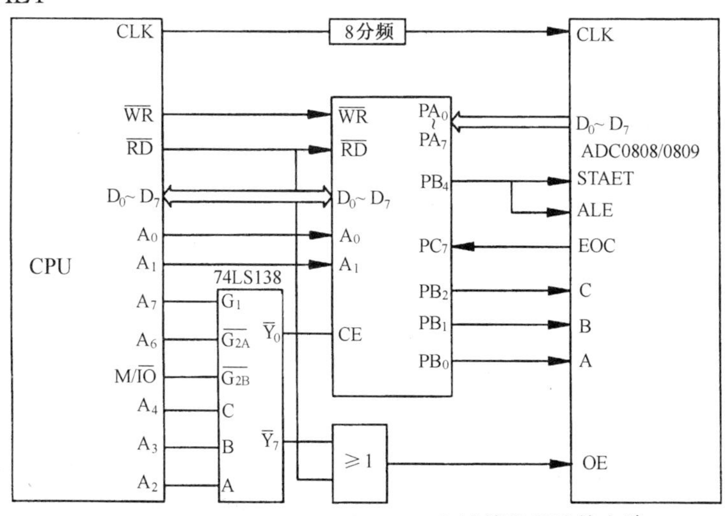

图 5-7　ADC0808/0809 通过 8255A 与计算机的连接电路

(2) 12 位 A/D 转换器 AD574

1) AD574 结构及原理　图 5-8 给出了 AD574 转换器原理图。它由两部分组成：一部分是模拟芯片；另一部分是数字芯片。其中模拟芯片是由高性能的 12 位 AD565D/A 转换器和参考电压组成（AD565 快速，单片结构，电流输出，建立时间为 200ns）。数字芯片由逻辑控制电路、逐次逼近型寄存器和三状态输出缓冲器组成。AD574 的转换原理与 ADC0809 基本是一样的，这里不作介绍。

2) AD574 的引脚功能　AD574 各个型号都采用 28 引脚双列直插式封装，引

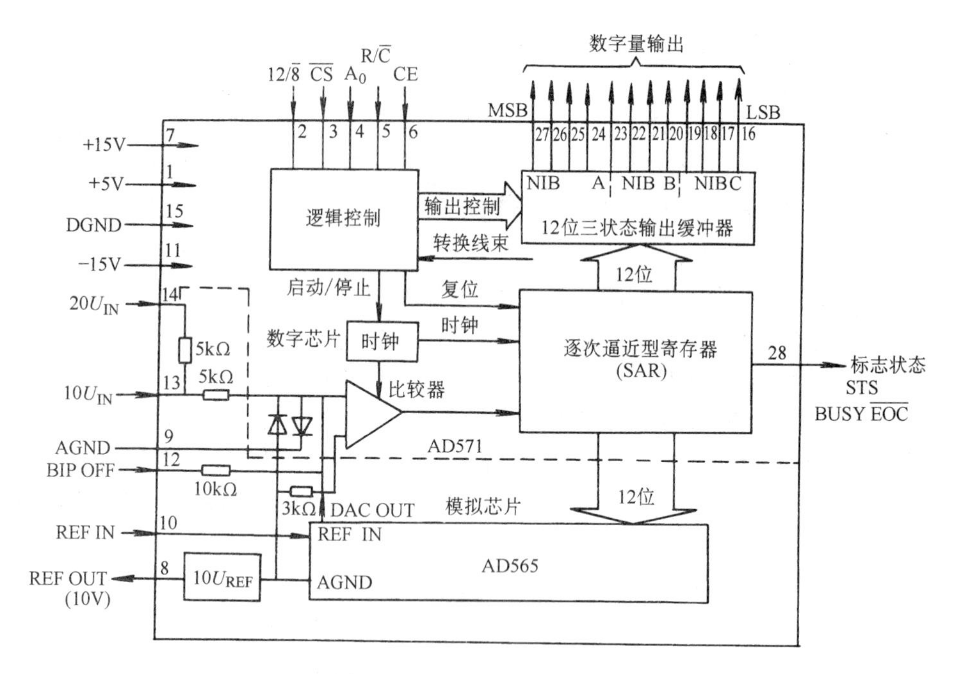

图 5-8 AD574 结构原理图

脚图如图 5-9 所示。

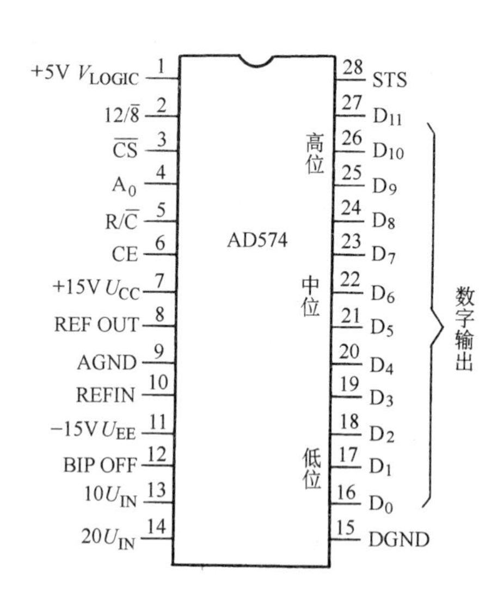

图 5-9 AD574 引脚图

D_{11}～D_0：12 位数据输出，分三组，均带三状态输出缓冲器。

U_{LOGIC}：逻辑电源 + 5V（4.5 ～ 5.5V）。

U_{CC}：正电源 + 15V（+ 13.5 ～ + 16.5V）。

U_{EE}：负电源 − 15V（− 13.5 ～ − 16.5V）。

AGND、DGND：模拟、数字地。

CE：片允许信号，高电平有效。简单应用中固定接高电平。

$\overline{CS}$：片选择信号，低电平有效。

R/$\overline{C}$：读/转换信号。

CE = 1，$\overline{CS}$ = 0，R/$\overline{C}$ = 0 时，转换开始。

CE = 1，$\overline{CS}$ = 0，R/$\overline{C}$ = 1 时，允许读数据。

A_0：转换和读字节选择信号。

启动：

CE=1，$\overline{CS}$=0，R/$\overline{C}$=0，A_0=0时，启动按12位转换；

CE=1，$\overline{CS}$=0，R/$\overline{C}$=0，A_0=1时，启动按8位转换；

读数：

CE=1，$\overline{CS}$=0，R/$\overline{C}$=1，A_0=0时，读取转换后高8位数据；

CE=1，$\overline{CS}$=0，R/$\overline{C}$=，A_0=1时，读取转换后低4位数据（低4位+0000）；

12/$\overline{8}$：输出数据形式选择信号。此端接U_{LOGIC}时，数据按12位形式输出；此端接DGND时，数据按双8位形式输出。

STS：转换状态信号。转换开始STS=1；转换结束STS=0。

10U_{IN}：模拟信号输入。单极性0～10V，双极性±5V。

20U_{IN}：模拟信号输入。单极性0～20V，双极性±10V。

REF IN：参考输入。

REF OUT：参考输出。

BIP OFF：双极性偏置。

3）AD574的输入方式　AD574有单极性输入和双极性输入两种工作方式。图5-10给出了单极性输入工作方式。模拟量从0～+10V（或0～+20V）端子输入（根据量程决定），参考输入电平REF IN=10.00V（REF OUT=10V）。图5-11为双极性输入工作方式。

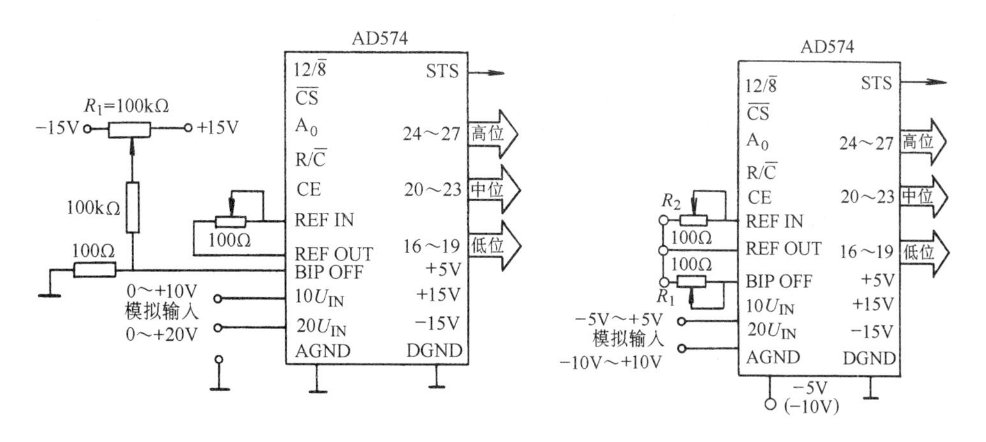

图5-10　单极性输入电路图　　　　图5-11　双极性输入电路图

双极性输入与单极性输入的区别就是双极性输入偏差端BIP OFF的连接，单极性输入时双极性偏差输入端BIP OFF的接线如图5-10所示；双极性输入时BIP OFF=10V，如图5-11所示。另一个差别则是模拟输入端分别接±5V或±10V（根据需要而定）。

4) AD574的主要技术指标

①	分辨率	12位
②	非线性误差	±1/2LSB
③	模拟输入	
	双极性	±5V，±10V
	单极性	0～10V，0～20V
④	供电电源	
	U_{LOGIC} 逻辑电平	+4.5～+5.5V
	U_{CC} 供电电源	−13.5～−16.5V
⑤	内部参考电平	10.00±0.1（max）V
⑥	转换时间	15～35μs
⑦	存放温度	−60～150℃

5) AD574转换器与计算机的接口电路　如图5-12所示为AD574与计算机的接口电路。输入模拟电压信号是双极性，按双极性输入接线。通过运算放大器放大后的输入直流电压的线性变化范围为−5V～+5V，从10U_{IN}端输入。AD574的$\overline{CE}$端固定接+5V，恒为“1”。那么当按74LS138译码器给AD574一个偶地址执行一条输出指令时，有$\overline{CS}$=0、A_0=0、R/C=0，就可启动AD574按12位转换。转换结束信号STS连接在系统并行接口8255A的某一输入线上，CPU可以检测该输入线的状态，当检测到该输入线的状态由“1”变为“0”时，表示转换

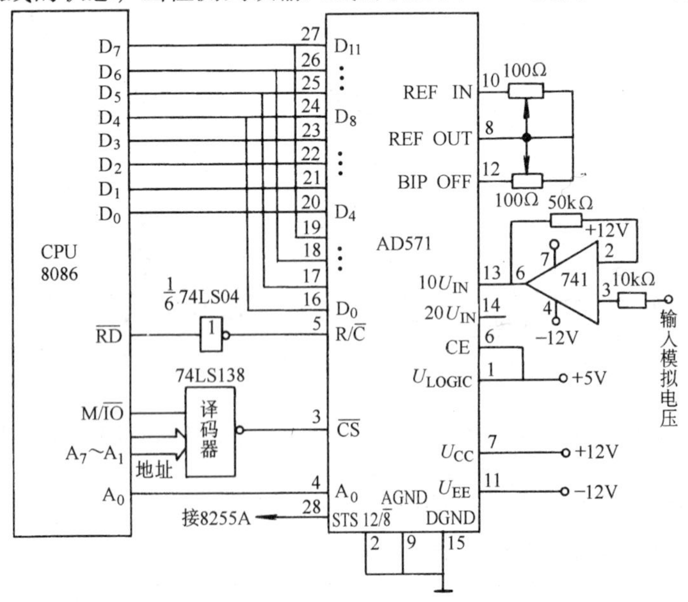

图5-12　AD574与计算机的接口电路

已结束，因 $12/\overline{8}$ 端接 DGND 端，则 CPU 连续执行两条输入指令即可读取转换后数据。第一条输入指令按启动转换时的偶地址（$A_0=0$）操作，读入的是转换后的高 8 位数据。第二条输入指令应按启动转换时的偶地址加 1 后的奇地址（$A_0=1$）操作，读入的是转换后的第 4 位数据后跟 4 个“0”。

设转换结束信号 STS 接 8255A 的 PA_2，8255A 已初始化设定为 A 口输入，采用查询法启动和读取 AD574 的转换数据，其控制程序如下：

```
        OUT   ADPORT，AL      ；启动 A/D 按 12 位转换，ADPORT 是 AD574
                              的一个偶地址
WAIT1：IN   AL，PA            ；读取转换结束信号，PA 是 8255A 的 A 端口
                              地址
        MOV   CL，03
        RCR   AL，CL          ；右移三次
        JC   WAIT1            ；如为高电平，则等待
        IN   AL，ADPORT       ；读取转换后高 8 位数据
        MOV   AH，AL          ；高 8 位数据传送到 AH
        IN   AL，ADPORT+1     ；读取转换后的低 4 位数据后跟 4 个 0
        ⋮
```

二、模拟量输出接口

在机电一体化产品中，很多被控对象要求用模拟量作控制信号，如交流电动机变频调速、直流电动机调速器、滑差电动机调速器等，而计算机系统是数字系统，不能输出模拟量，这就要求控制输出接口能完成 D/A 转换，且必须具有输出保持功能，这是因为计算机控制是分时的，每个输出回路只能周期地在一个时间段内得到输出信号，即这时执行部件得到的是时间上离散的模拟信号，而实际的执行部件却要求连续的模拟信号，因此为了使执行部件在两个输出信号的间隔时间内能得到输出信号，就必须有输出保持器。

1.D/A 转换通道的结构形式

D/A 转换通道依据输出保持器与 D/A 转换器的位置关系有两种结构形式。如图 5-13a 所示，各路输出上均有一个 D/A 转换器，每个通路的输出数据由 D/A 转换器的数据寄存器保持，由于保持的信息为数字量，所以是一种数字保持方式。这种结构的通道转换速度快、工作可靠，能满足各路同时进行 D/A 转换输出的要求，即使其中有一路 D/A 转换出故障，其他几路仍可继续正常工作。但该结构 D/A 转换器的个数较多，成本较高，一般用于需要同一时刻进行 D/A 转换的场合。图 5-13b 为多路通道共用一个 D/A 转换器，在 CPU 的控制下，D/A 转换器分时工作，依次把 D/A 转换器转换成的模拟电压或电流，通过多路切换开关，传送给各路模拟量输出保持器，由于保持的是模拟量，故是一种模拟量保

持方式。由于只用了一个 D/A 转换器，节省了硬件设备，但必须在微机控制下分时工作，影响通道速度，多用于速度要求不高的场合。

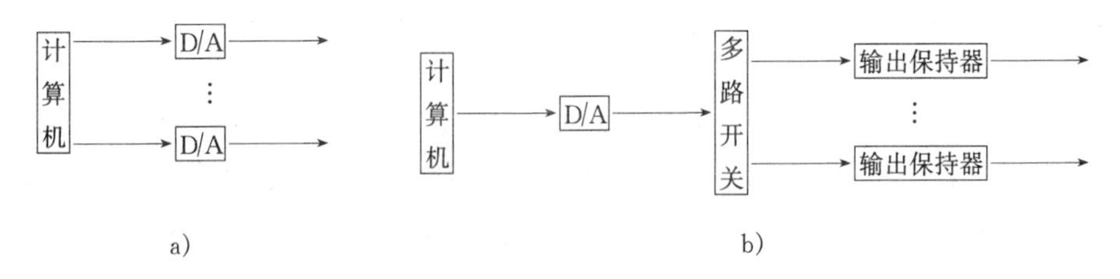

图 5-13 D/A 转换通道的几种结构形式

2. 常用 D/A 转化器及其接口电路

D/A 转换器集成芯片，品种很多，大多数在片内设置了输入缓冲器，可以直接利用它来锁存数据直到新的数据到来为止，下面重点介绍 DAC0832 转换器。

(1) DAC0832 结构及原理 DAC0832 是具有两级输入数据寄存器（或称输入数据缓冲器）的 8 位 D/A 转换器，其内部结构如图 5-14 所示，它主要由一个 8 位输入寄存器、一个 8 位 DAC 寄存器、R-2R T 型电阻解码网络的 8 位 D/A 转换器及输入控制电路等部分组成，芯片内有一反馈电阻 R_{fb}，其值为 15kΩ，它为外部运算放大器提供反馈电阻，当 R_{fb}和电阻解码网络不能满足量程精度时，可通过外接电阻 R 或电位器 R_w 来调节。由于 DAC0832 有两级输入数据寄存器(称双缓冲器结构)，一级为 8 位输入寄存器，另一级为 8 位 DAC 寄存器，可以克服连续两个数据之间的“毛刺”问题，这两级输入寄存器，可以分别控制，因而形成了不同的工作方式，使用灵活、方便。在使用时若采用双输入数据寄存器，称为双缓冲工作方式，这种工作方式需两次使用输出指令，用$\overline{CS}$、$\overline{XFER}$来选择这两级寄存器，即需二个不同的端口地址，应用双缓冲工作方式可以实现在 D/A 转换的同时，进行下一个数据的输入，提高 D/A 转换效率，并且还常用于多片 DAC0832 需同时进行转换的系统，当多个数据分别输入到每片的输入寄存器锁存之后，再同时控制 DAC 寄存器，使数据锁存到 DAC 寄存器中，达到同时输出多路模拟信号的目的。也可以采用一级数据寄存器，称为单缓冲工作方式，在这种工作方式中通常将第二级 8 位 DAC 寄存器分别由两个寄存命令$\overline{LE_1}$和$\overline{LE_2}$控制，当$\overline{LE_1}$或$\overline{LE_2}$为高电平时，寄存器的输出随输入变化；当$\overline{LE_1}$或$\overline{LE_2}$为低电平时，数据锁存在寄存器中，输出不随输入数据变化而变化。

(2) DAC0832 的引脚及功能 DAC0832 外部结构为 20 条引线，单电源供电，外形形状为双列直插式封装。

$D_7 \sim D_0$ 为 8 位数字量输入线，可直接与 CPU 的数据总线相连接，D_0 为最低有效位 LSB，D_7 为最高有效位 MSB。

I_{OUT1}，I_{OUT2}为两个模拟电流输出端，这两个输出信号常作运算放大器差动输入信号，并且 $I_{OUT1}+I_{OUT2}=$常数。

R_{fb}反馈电阻接出端，可接一电阻作为外接运算放大器的反馈电阻。

U_{REF}、U_{CC}、AGND、DGND 分别为 $-10V\sim+10V$ 的参考电压、$+5V\sim+15V$的电源电压、模拟地、数字地。U_{REF}电压稳定性好，模拟输出精度就高。

$\overline{CS}$为片选信号，输入线，低电平有效，常常与地址译码器相连来控制对 8 位输入数据寄存器的选择。

ILE 是允许输入锁存信号，输入线，高电平有效。

$\overline{WR_1}$、$\overline{WR_2}$是两个写信号，均为输入线，低电平有效。因为 DAC0832 有两级输入数据寄存器，在双缓冲工作方式时，要进行两级写操作，$\overline{WR_1}$控制第一级输入数据寄存器，$\overline{WR_2}$控制第二级 DAC 寄存器。

$\overline{XFER}$为传送控制信号，低电平有效。在双缓冲工作方式中，常与地址译码器连接来控制对 DAC 寄存器选择。因此可见，由于 DAC0832 内部有两个寄存器，需要两个端口地址。

由图 5-14 所示的 DAC0832 内部结构看出，$\overline{LE_1}=ILE\cdot\overline{CS}\cdot\overline{WR_1}$，$\overline{LE_2}=\overline{WR_2}\cdot\overline{XFER}$，当$\overline{CS}$、$\overline{WR_1}$为有效低电平，LIE 为有效高电平时，输入寄存器的输出随输入变化；这三个信号有一个无效时，$\overline{LE_1}=0$，输入数据被锁存在寄存器中；当$\overline{XFER}$和$\overline{WR_2}$同时为有效低电平时，$\overline{LE_1}=1$，DAC 寄存器的输出随它的输入变化而变化，即允许 D/A 转换。同样，$\overline{XFER}$和$\overline{WR_2}$任一个变高，输入数据被锁存，禁止（停止）将输入寄存器内的数据进行 D/A 转换。

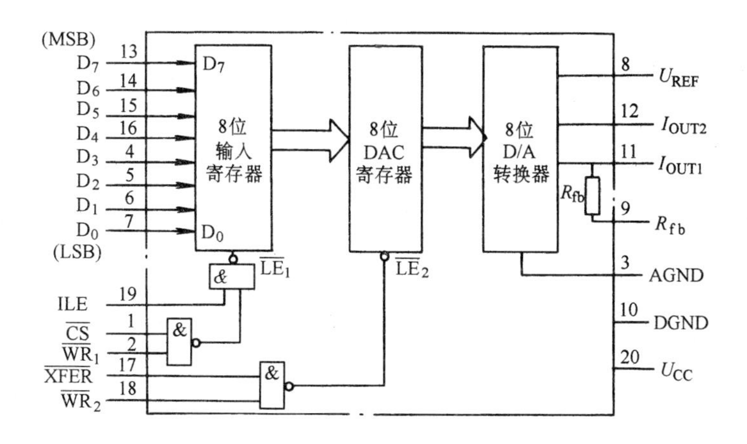

图 5-14　DAC0832 原理框图及引脚

(3) DAC0832 的技术指标

① 分辨率　8 位

② 电流转换时间　1μs

③ 满刻度误差　±1LSB

④ 单电源　5～15VDC

⑤ 参考电压　±10V（或±5V）

DAC0832 模拟输出是电流信号，当需要模拟输出为电压时，可在 DAC0832 的输出端接一运算放大器，将电流信号转换成电压信号，此时得到的输出电压 u_{OUT}是单极性的，极性与参考电压 U_{REF}相反，由此推得

$$u_{OUT} = -\frac{N}{2^n}U_{REF} \tag{5-1}$$

当 $n=8$ 时，$$u_{OUT} = -\frac{N}{256}U_{REF}$$

N 为输入数字量，当 $N=11111111B$ 时为最大，即 u_{OUT}满刻度输出；当 $N=000000000B$ 时，$u_{OUT}=0$。

(4) D/A 转换器的输出方式　D/A 转换器的输出有电流和电压两种方式。其中电压输出型又有单极性电压输出和双极性电压输出之别。这里所说的电流输出型不是指 D/A 转换芯片的电流输出型（因为这种形式的输出不能直接带动负载），而是指接上负载后的 D/A 输出方式。

D/A 转换器的输出方式只与模拟量输出端的连接方式有关，与其位数无关。这里，仅以 8 位 D/A 转换器为例进行讨论。

1) 单极性电压输出　一般而言，电压输出型 D/A 转换器，即单极性电压输出方式。在电流输出型 D/A 转换器中，一般要求 I_{OUT2}端接地，否则将使 T 形网络各臂上的电压发生变化，致使解码网络的线性度变差。对于电流输出型 D/A 转换芯片，只要在其电流输出端上加上一级电压放大器，即可满足电压输出的要求。典型的 DAC0832 的电压单极性输出电路图，如图 5-15 所示。

图 5-15 中，DAC0832 的电流输出端 I_{OUT1}接至运算放大器的反相输入端，故输出电压 u_{OUT}与参考电压 U_{REF}极性反相。当 U_{REF}接±5V（或±10V）时，D/A 转换输出电压范围为 -5V/+5V（或 -10V/+10V）。

单极性输出信号转换代码应用最多的是二进制码，其转换关系是全零代码对应 0V 电压输出；全 1 代码对应满刻度电压减去一个最小代码对应的电压值，这包含了转换器有限字长所引起的误差。转换代码也有使用补码二进制数和 BCD 码的。

8 位单极性电压输出采用二进制代码时，数字量与模拟量间的关系如表 5-1 所示。

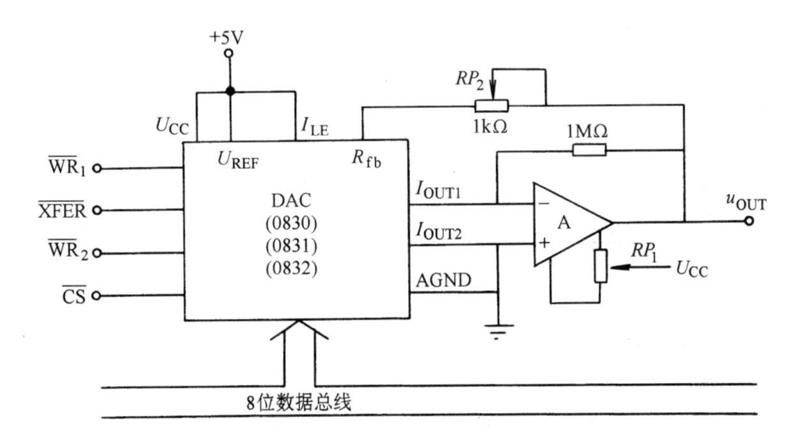

图 5-15　DAC0832 单极性电压输出电路

表 5-1　单极性电压输出时数字量与模拟量之间的关系

数字量 MSB　　　　LSB	模拟量
1 1 1 1 1 1 1 1	$\pm U_{REF}\cdot\left(\frac{255}{256}\right)$
1 0 0 0 0 0 0 1	$\pm U_{REF}\cdot\left(\frac{129}{256}\right)$
1 0 0 0 0 0 0 0	$\pm U_{REF}\cdot\left(\frac{128}{256}\right)$
1 0 0 0 0 0 1 1	$\pm U_{REF}\cdot\left(\frac{127}{256}\right)$
0 0 0 0 0 0 0 0	$\pm U_{REF}\cdot\left(\frac{0}{256}\right)$

2) 双极性电压输出　在随动系统中（例如电机控制系统），由偏差产生的控制量不仅与其大小有关，而且与极性相关。在这种情况下，要求 D/A 转换器输出电压为双极性。双极性电压输出的 D/A 转换电路通常采用偏移二进编码、补码二进制码和符号—数值编码。只要在单极性电压输出的基础上再加一级电压放大器，并配以相关的电阻网络，就可以构成双极性电压输出。这种接法在效果上，相当于把数字量的最高位视做符号位。双极性电压输出电路图如图 5-16 所示。

在图 5-16 中，运算放大器 A_2 的作用是把运算放大器 A_1 的单向输出电压转变为双向输出，其原理是将 A_2 的输入端通过电阻 R_1 与参考电源 U_{REF} 相连。U_{REF} 经 R_1 向 A_2 提供偏流 I_1，其电流方向如图所示。因此，运算放大器 A_2 的输入电流为两支路电流 I_1、I_2 之代数和。由图 5-16 所示可求出 D/A 转换器的总输

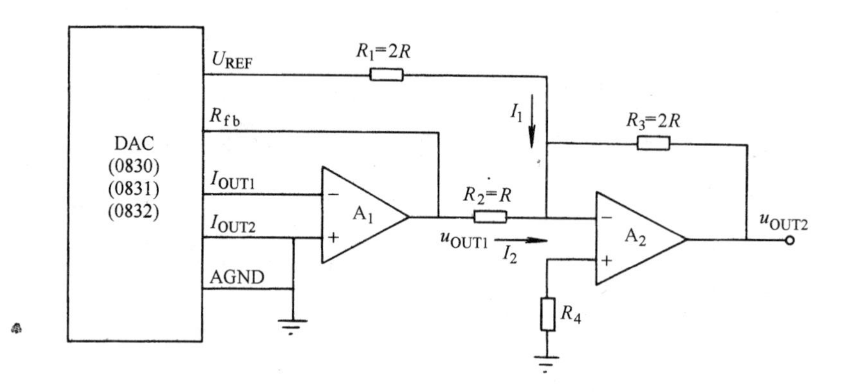

图 5-16　DAC0832 双极性电压输出电路

出电压

$$u_{OUT2}=-R_3(I_2+I_1)=-\left(\frac{R_3}{R_2}u_{OUT1}+\frac{R_3}{R_1}U_{REF}\right) \tag{5-2}$$

代入 R_1，R_2，R_3 的值，可得

$$u_{OUT2}=-\left(\frac{2R}{R}u_{OUT1}+\frac{2R}{2R}U_{REF}\right)=-(2u_{OUT1}+U_{REF}) \tag{5-3}$$

设 $U_{REF}=+5V$，则由上式可得出：

当 $u_{OUT1}=0V$ 时，$u_{OUT2}=-5V$；

$u_{OUT1}=-2.5V$ 时，$u_{OUT2}=0V$；

$u_{OUT1}=-5V$ 时，$u_{OUT2}=+5V$。

采用偏移二进制代码的双极性电压输出时，数字量与模拟量之间的关系，如表 5-2 所示。

表 5-2　双极性输出时数字量与模拟量之间的关系

输入数字量	输出模拟量	
MSB　　　　LSB	$+U_{REF}$	$-U_{REF}$
1 1 1 1 1 1 1 1	$U_{REF}-1LSB$	$-\lvert U_{REF}\rvert+1LSB$
1 1 0 0 0 0 0 0	$\frac{U_{REF}}{2}$	$-\frac{U_{REF}}{2}$
1 0 0 0 0 0 0 0	0	0
0 1 1 1 1 1 1 1	$-1LSB$	$+1LSB$
0 0 1 1 1 1 1 1	$-\frac{U_{REF}}{2}-1LSB$	$\frac{U_{REF}}{2}+1LSB$
0 0 0 0 0 0 0 0	$-U_{REF}$	$+U_{REF}$

（5）DAC0832与计算机的接口　按单缓冲方式，它与CPU的连接电路如图5-17所示。由于DAC0832内部有8位数据输入寄存器，可以用来锁存CPU输出的数据。因此，CPU的数据总线可直接接到DAC0832的数据输入线D_0～D_7上。按单缓冲工作方式，使输入寄存器处于锁存状态，ILE接+5V，$\overline{WR_1}$接CPU写信号$\overline{WR}$，$\overline{CS}$接地址译码器。DAC寄存器处于不锁存状态，所以将$\overline{WR_2}$和XFER直接接地。通常AGND和DGND都接在一起，接到数字地上。

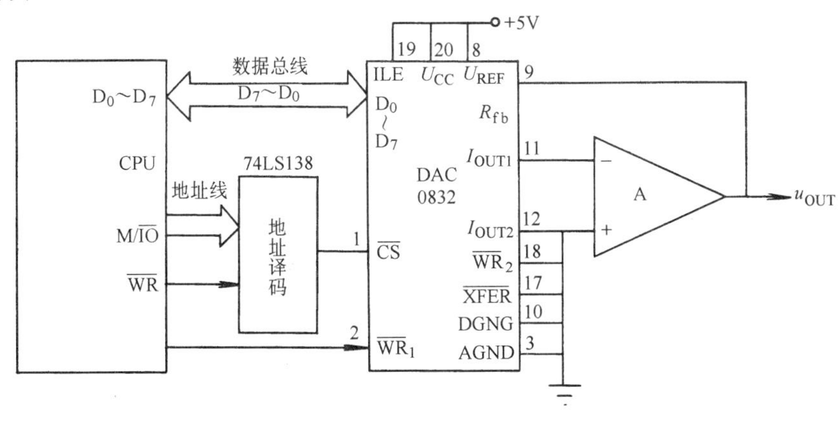

图5-17　DAC0832与计算机的接口电路

按单缓冲工作方式，只需两条简单的指令即可启动DAC0832开始一次转换，具体如下：

START：MOV　AL，DATA；取8位数据到AL

　　　　OUT　PORT，AL　；数据送DAC0832输入寄存器锁存，开始转换（PORT为DAC0832数据端口地址）

　　　　⋮

三、开关型功率接口

1．光电隔离技术

在开关量控制中，最常用的器件是光电隔离器，光电隔离器是把发光元件与受光元件封装在一起，当发光二极管有正向电流通过时，即产生人眼看不见的红外光，其光谱范围为700～1000nm，受光元件接收光照以后便导通。而当该电流撤去时，发光二极管熄灭，受光元件随即截止。利用这种特性即可达到开关控制的目的。由于该器件是通过“电—光—电”的转换来实现对输出设备进行控制的，彼此之间没有电气连接，因而起到隔离作用，隔离电压与光电隔离器的结构形式有关。双列直插式塑料封装形式的隔离电压一般为2500V左右；陶瓷封装形式的隔离电压一般为5000～10000V。不同型号的光电隔离器输入电流也不同，一般为10mA左右，其输出电流的大小将决定控制输出外设的能力。一般负载电流比较小的外设可直接带动，若负载电流要求比较大时可在输出端加接驱动器。

图 5-18 所示为几种主要光电耦合器示意图。

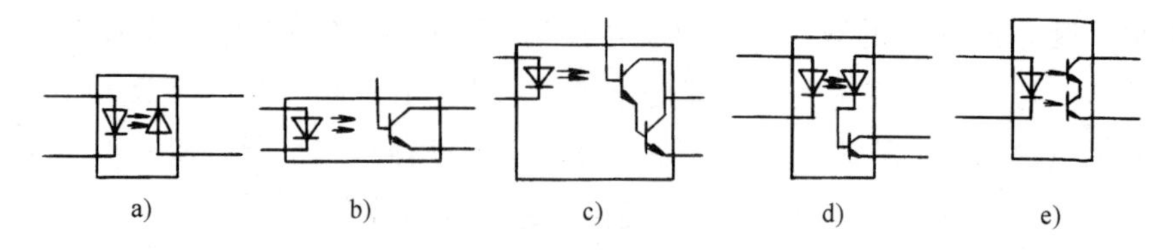

图 5-18　几种光电耦合器示意图

由于一般计算机控制系统的接口芯片大都采用 TTL 电平，不能直接驱动发光二极管，所以通常在它们之间加一级驱动器，如 7406 和 7407 等。

需要注意，光电耦合器的输入、输出端两个电源必须单独供电，如图 5-19 所示。否则，如果使用同一电源（或共地的两个电源），外部干扰信号可能通过电源串到系统中来，如图 5-20 所示，这样就失去了隔离的意义。

如图 5-19 中所示，当控制信号为高电平时，经反相驱动器后变为低电平，此时发光二极管有电流通过并发光，使光敏三极管导通，从而在集电极上产生输出电压 u_O，此电压即可用来控制外设。

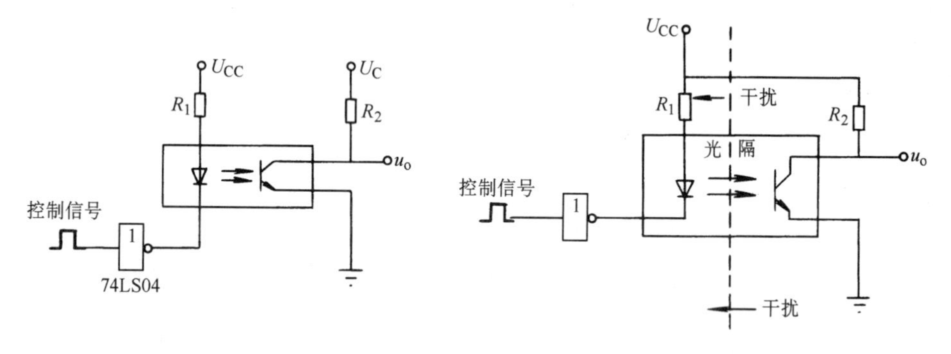

图 5-19　正确的隔离　　　　图 5-20　不正确的隔离

2．晶闸管接口

晶闸管是一种大功率电器元件，也称可控硅。它具有体积小、效率高、寿命长等优点，在计算机自动控制系统中，可作为大功率驱动器件，实现用小功率控件控制大功率设备。

(1) 单向晶闸管接口　单向晶闸管又称可控硅整流器，其最大特点是有截止和导通两个稳定状态（开关作用），同时又具有单向导电的整流作用。

图 5-21 是控制计算机控制单向晶闸管实现 220V 交流开关的例子。当控制计算机发出的控制信号为低电平时，光电耦合器发光二极管截止，晶闸管门极不触发而断开。当控制信号为高电平时，经反相驱动器后，使光电耦合器发光二极管

导通，交流电的正负半周均以直流方式加在晶闸管的门极，触发晶闸管导通，这时整流桥路直流输出端被短路，负载即被接通。控制信号回到低电平时，晶闸管门极无触发信号，而使其关断，负载失电。

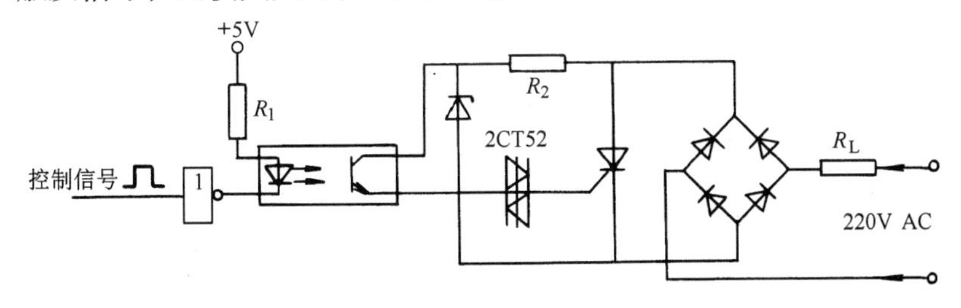

图 5-21　控制计算机与单向晶闸管接口电路

(2) 双向晶闸管驱动接口　双向晶闸管在结构上可看成是两个单向晶闸管反向并联构成的，这种结构使其在应用特性与单向晶闸管不同。第一，它在触发后是交流双向导通的；第二，在门极中所加的触发信号不论是正还是负都可以使双向晶闸管导通。双向晶闸管一般用作过零开关，对交流回路进行功率控制。

图 5-22 为双向晶闸管与控制计算机的接口电路。图中 MOC3021 是双向晶闸管输出型的光电耦合器，其作用是隔离和触发双向晶闸管。

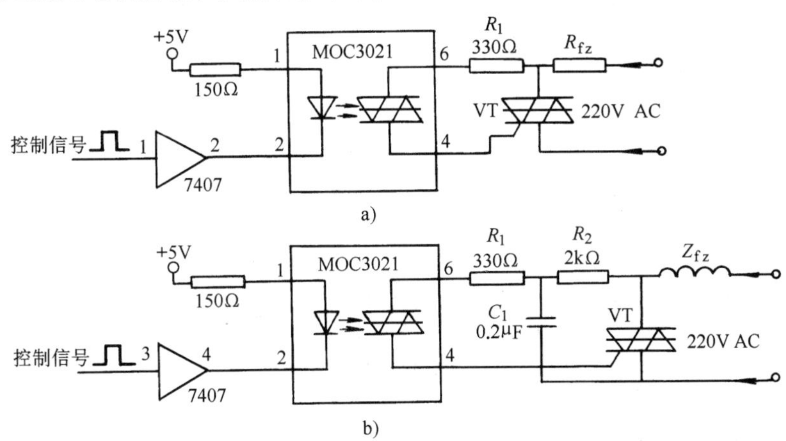

图 5-22　双向晶闸管与控制计算机接口电路

a) 阻抗负载　b) 电感负载

当计算机输出控制信号为低电平时，7407 也输出低电平，MOC3021 的输入端有电流流入，输出端的双向晶闸管导通，触发外部的双向晶闸管 VT 导通。当计算机输出控制信号为高电平时，MOC3201 输出端（双向晶闸管）关断，外部双向晶闸管 VT 也关断。

电阻 R_1 的作用是限流，$R_1 = U_P/I_P$，U_P 为工作电压峰值，I_P 为光电耦合器输出端最大允许电流。当工作电压为 200V 时，$R_1 = 311\Omega$。由于 R_1 的串入，

使得触发电路有一个最小触发电压，低于这个电压时，双向晶闸管 VT 不会导通，这个最小触发电压的计算如下

$$U_T = R_1 I_{GT} + U_{GT} + U_{TM} \tag{5-4}$$

式中 I_{GT}——双向晶闸管 VT 的最小触发电流；

U_{GT}——双向晶闸管 VT 的最小触发电压；

U_{TM}——MOC3201 光电耦合器输出端压降，取 3V。

设双向晶闸管 VT 的门极触发电流为 50mA，触发电压为 2V，R_1 阻值取为 330Ω，则最小触发电压为：

$$U_T = (330 \times 0.05 + 2 + 3)\text{V} = 21.5\text{V}$$

对应的最小控制角 α 为：

$$\alpha = \arcsin(U_T/U_P) = \arcsin(21.5/311) = 3.96°$$

即控制角只有大于 3.96°时，晶闸管才可能被导通。当外接双向晶闸管功率较大时，I_{GT}需要较大，这时 α 就比较大，可以会超过使用要求。解决的方法是在光电耦合器与双向晶闸管之间再加一个触发用的晶闸管，以便采用较小的限流电阻，使控制角相应地减小。

当负载为感性负载时，由于电压上升速度 $\mathrm{d}U/\mathrm{d}t$ 较大，有可能超出 MOC3021 允许的范围，使晶闸管误导通，这时可以在光电耦合器输出回路中加入 R_2、C_1 构成 RC 回路，使 $\mathrm{d}U/\mathrm{d}t$ 降低到允许范围内。按照 MOC3021 的技术指标，$\mathrm{d}U/\mathrm{d}t$ 的最大值为 10V/μs，结温上升时，$\mathrm{d}U/\mathrm{d}t$ 下降，在极端工作条件下 $\mathrm{d}U/\mathrm{d}t = 0.8\text{V}/\mu\text{s}$。因为

$$\frac{\mathrm{d}U}{\mathrm{d}t} = \frac{U_{t0}}{t} \approx \frac{U_P}{t} = \frac{U_P}{R_2 C_1}$$

所以

$$R_2 C_1 = \frac{U_P}{\mathrm{d}U/\mathrm{d}t} = \frac{311}{0.8 \times 10^6}\text{s} = 389 \times 10^{-6}\text{s}$$

R_1 和 R_2 之和与最小触发电压和晶闸管门极电流的关系如下

$$R_1 + R_2 \approx \frac{U_T}{I_{GT}} \tag{5-5}$$

设 $U_T = 40\text{V}$，$I_{GT} = 15\text{mA}$，由式（5-5）可得

$$R_2 \approx \frac{U_t}{I_{GT}} - R_1 = \left(\frac{40}{0.015} - 330\right)\Omega = 2336\Omega \approx 2\text{k}\Omega$$

$$C_1 = \frac{389 \times 10^{-6}}{2 \times 10^3}\text{F} = 0.19 \times 10^{-6}\text{F} = 0.19\mu\text{F} \approx 0.2\mu\text{F}$$

在实际应用中，双向晶闸管 VT 不允许有太大的电压上升率，所以在控制功率较大的使用场合，双向晶闸管 VT 也需要加电阻电容串联的 RC 回路，由 RC 阻容回路与电源变压器的漏感组成滤波环节，使用于双向晶闸管 VT 的电压上升

率下降。这时 MOC3021 输出端的电压上升速度也会下降，R_2 和 C_1 的值可以减小些。在一般情况下 $R_2=470\Omega\sim1k\Omega$，$C_1=0.05\sim0.15\mu F$。VT 两端所加的 RC 保护电路如图 5-23 所示。电容大小根据负载电流大小和感抗大小确定，一般取 $0.1\sim0.5\mu F$。RC 保护回路中，电阻的作用是防止电容产生振荡以及减小晶闸管导通时的电流上升率 di/dt。电阻值一般取 51Ω。R_3 的作用是防止 VT 误触发。

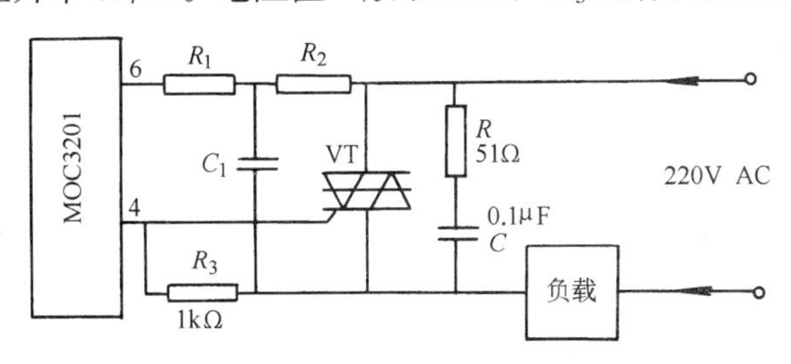

图 5-23　双向晶闸管保护电路

在晶闸管控制电路中，常常要求晶闸管在电压过零或刚过零时触发晶闸管，以减小晶闸管导通时对电源的影响，这种触发方式为过零触发，过零触发需要过零检测电路，目前在许多晶闸管输出型光电耦合器中设有过零检测电路，图 5-22 所示为使用 MOC3061 的双向晶闸管触发电路。

图 5-24 中，当控制信号为低电平时，MOC3061 输入端约有 16mA 的电流，在 MOC3061 的输出端和 6 和 4 脚之间的电压稍过零时，其内部双向晶闸管导通，触发外部双向晶闸管 VT 导通。当计算机输出的控制信号为高电平时，双向晶闸管 VT 关断。MOC3061 在关断状态时，也有 50μA 的电流，接入 R_3 可以消除这个电流对 VT 的误触发。R_1 是 MOC3061 的限流电阻，使其输出电流小于器件的最大浪涌电流（1A），MOC3061 过零检测的电压为 20V，所以 R_1 取值稍大于 20Ω。如果负载是电感性负载，由于电感的影响，触发外部双向晶闸管 VT 的时间延长，这时流经 MOC3061 输出端的电流会增大，所以这种情况下 R_1 取值应更大些。当负载的功率因素小于 0.5 时，R_1 最大值为

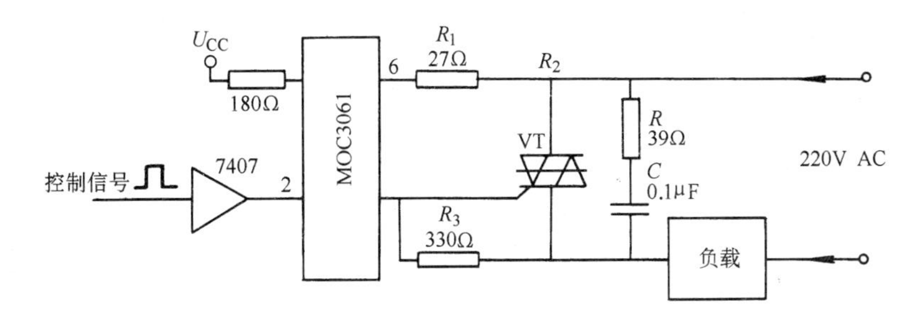

图 5-24　MOC3061 双向晶闸管触发电路

$$R_1 = U_P/I_T = \frac{220\sqrt{2}}{1}\Omega = 311\Omega \text{（取 }300\Omega\text{）}$$

在其他情况下可取 27～330Ω。R_1 取值大了，对最小触发电压会有影响，最小触发电压 V_T 由下式计算

$$U_T = R_1(I_{R3} + I_{GT}) + U_{GT} + U_{TM} \tag{5-6}$$

式中 I_{R3}——流过 R_3 的电流，$I_{R3} = U_{GT}/R_3$；

I_{GT}——双向晶闸管 VT 门极触发电流，MOC3061 为 15mA；

U_{GT}——双向晶闸管 VT 导通的导通压降，一般取 3V。

图 5-24 中与双向晶闸管 VT 并联的 RC 回路用于降低双向晶闸管所受的冲击电压，保护双向晶闸管 VT 及 MOC3061。

3. 继电器输出接口

由于继电器在是通过改变金属触点的位置，使动触点与定触点闭合或分开，所以具有接触电阻小、流过电流大及耐高压等优点，但在动作可靠性上不及晶闸管。继电器中，电流切换能力较强的电磁式继电器称为接触器。

继电器有电压线圈与电流线圈两种工作类型，它们在本质上是相同的，都是在电能的作用下产生一定的磁势。电压继电器的电气参数包括线圈的电阻、电感或匝数、吸合电压、释放电压和最大允许工作电压。电流继电器的电气参数包括线圈匝数、吸合电流和最大允许工作电流。

继电器/接触器的供电系统分为直流电磁系统和交流电磁系统，工作电压也较高，因此从控制计算机输出的开关信号需经过驱动电路进行转换，使输出的电能能够适应其线圈的要求。继电器/接触器动作时，对电源有一定的干扰，为了提高控制计算机系统的可靠性，在驱动电路与控制计算机之间常采用光电耦合器隔离。

常用的继电器控制接口电路如图 5-25 所示。当计算机输出的控制信号为高电平时，经反相驱动器 7406 变为低电平，使发光二极管发光，从而使光敏三极管导通，进而使三极管 9013 导通，因而使继电器 K 的线圈通电，继电器触点 K1-1 闭合，使～220V 电源接通。反之，当计算机控制输出的控制信号输出低电压时，使 K1-1 断开。图中电阻 R_1 为限流电阻，二极管 VD 的作用是保护晶体管 9013。当继电器 K 吸合时，二极管 VD 截止，不影响电路工作。继电器释放时，由于继电器线圈存在电感，这时晶体管 9013 已经截止，所以会在线圈的两端产生较高的感应电压。此电压的极性为上负下正，正端接在晶体管的集电极上。当感应电压与 U_{CC} 之和大于晶体管 9013 的集电极反向电压时，晶体管 9013 有可能损坏。加入二极管 VD 后，继电器线圈产生的感应电流从二极管 VD 流过，从而使晶体管 9013 得到保护。

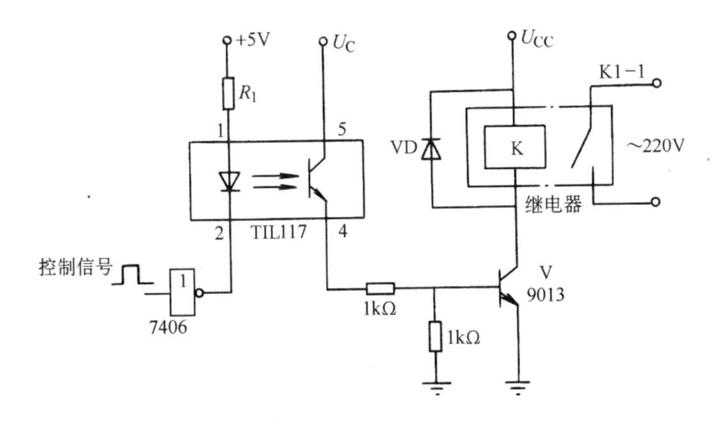

图 5-25 继电器接口电路

不同的继电器，其线圈驱动电流的大小，以及带动负载的能力不同，选用时应考虑下列因素：

1）继电器额定工作电压（或电流）。

2）接点负荷。

3）接点的数量或种类（常闭或常开）。

4）继电器的体积、封装形式、工作环境、接点吸合或释放时间等。

4．固态继电器接口

在继电器控制中，由于采用电磁吸合方式，在开关瞬间，触点容易产生火花，从而引起干扰；对于交流高压等场合，触点还容易氧化，影响系统的可靠性。随着微型计算机控制技术的发展，近些年又研制出一种新型的输出控制器件——固态继电器。

固态继电器（Solid State Relay）简称 SSR。它是用晶体管或晶闸管代替常规继电器的触点开关，而在前级中与光电隔离器融为一体。因此，固态继电器实际上是一种带光电隔离器的无触点开关。根据结构形式，固态继电器有直流型固态继电器和交流型固态继电器之分。

由于固态继电器输入控制电流小，输出无触点，所以与电磁式继电器相比，具有体积小、重量轻、无机械噪声、无抖动和回跳、开关速度快、工作可靠等优点。在微型计算机控制系统中得到了广泛的应用，大有取代电磁继电器之势。

(1) 直流型 SSR　直流型 SSR 的原理电路如图 5-26 所示。由图 5-26 所示可以看出，固态继电器的输入部分是一个光电隔离器，因此，可用 OC 门或晶体管直接驱动。它的输出端经整形放大后带动大功率晶体管输出，输出工作电压可达 30～180V（5V 开始工作）。

直流型 SSR 主要用于带直流负载的场合，如直流电动机控制、步进电动机控制和电磁阀等。图 5-27 所示为采用直流型 SSR 控制三相步进电动机的原理电

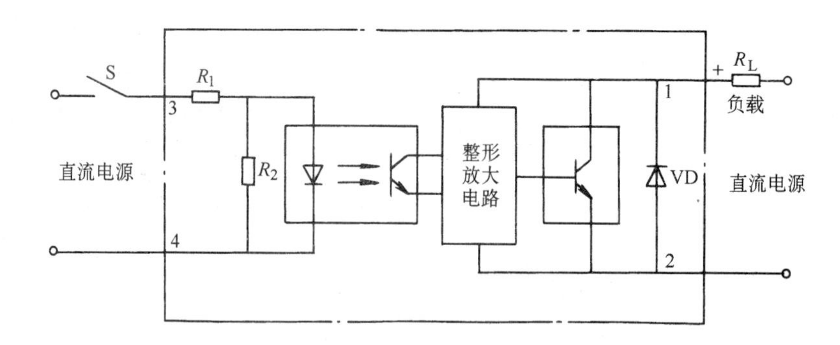

图 5-26　直流型 SSR 原理图

路图。图中 A，B，C 为步进电动机的三相，每相由一个直流型 SSR 控制，分别由三路控制信号控制。只要按着一定的顺序分别给三个 SSR 送高低电平信号，即可实现对步进电动机控制。

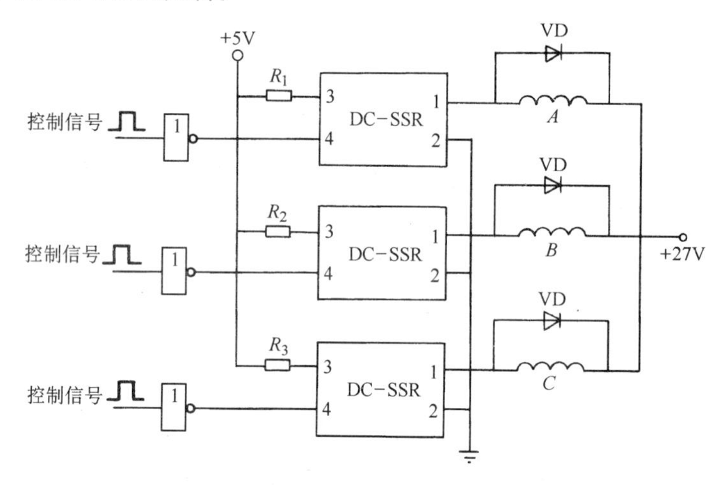

图 5-27　步进电动机控制原理图

(2) 交流型 SSR　交流型 SSR 又可分为过零型和移相型两类。它采用双向晶闸管作为开关器件，用于交流大功率驱动场合，如交流电动机、交流电磁阀控制等，其原理电路如图 5-28 所示。对于非过零型 SSR，在输入信号时，不管负载电流相位如何，负载端立即导通；而过零型必须在负载电源电压接近零且输入控制信号有效时，输入端负载电源才导通。当输入的控制信号撤销后，不论哪一种类型，它们都只在流过双向晶闸管负载电流为零时才关断，其波形如图 5-29 所示。

一个交流型 SSR 控制单向交流控制电动机的实例如图 5-30 所示。图中，改变交流电动机通电绕组，即可控制电动机的旋转方向；如用此接口电路控制流量调节阀的开和关，也可实现控制管道中流体流量的目的。

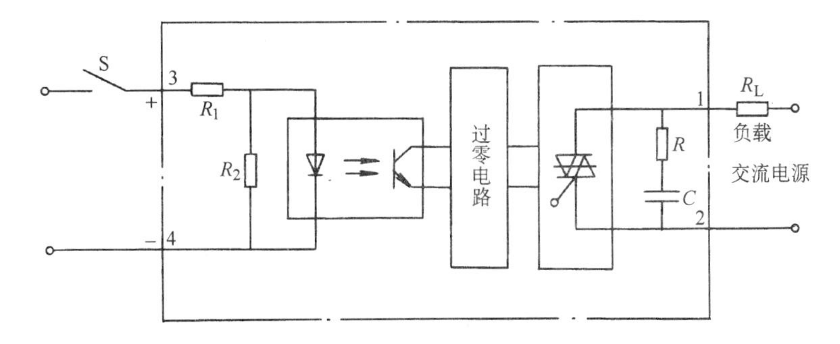

图 5-28　交流过零型 SSR 原理图

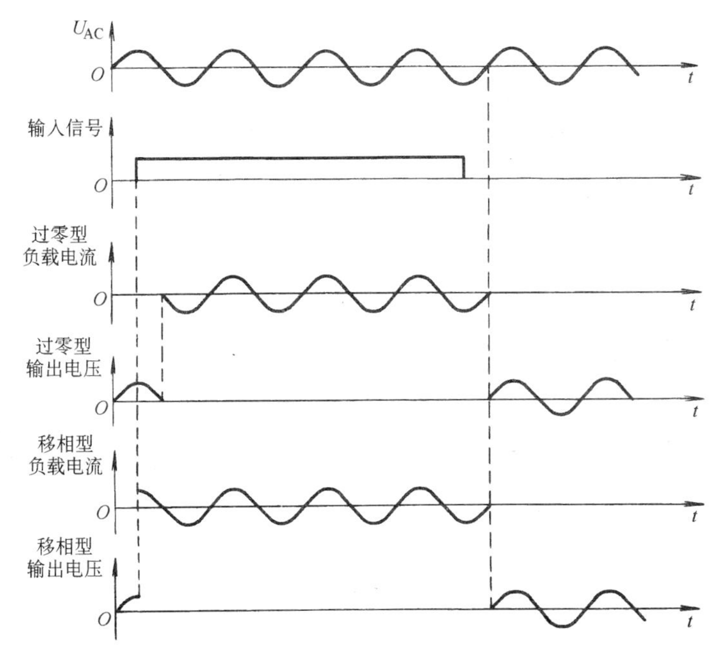

图 5-29　交流 SSR 输出波形图

如图 5-30 中所示，当控制信号为低电平时，经反相后，使 AC—SSR1# 导通，AC—SSR2# 截止，交流电通过 A 相绕组，电动机正转；反之，如果控制信号为高电平，则 AC—SSR1# 截止，AC—SSR2# 导通，交流电流经 B 相绕组，电动机反转。图中所示的 R_P，C_P 组成浪涌电压吸收回路。通常 R_P 为 100Ω 左右，C_P 为 0.1μF。R_M 为压敏电阻，用做过电压保护。

选用交流型固态继电器时主要注意它的额定电压和额定工作电流。

固态继电器在使用时应注意以下几点：

1) 电子开关器件的通病是存在通态压降和断态漏电流，SSR 也不例外，其通态压降一般小于 2V，断态漏电流为 5～10mA，其中漏电流会使小电流执行器

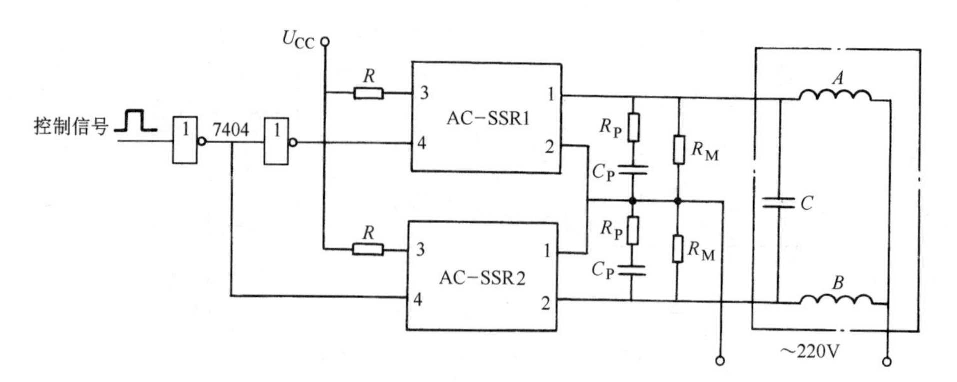

图 5-30　用交流型 SSR 控制交流电动机原理图

件（如几毫安就能动作的灵敏继电器）产生误动作，因此在使用时可在负载两端并联一个适当阻值的分流电阻抑制漏电流的影响。

2）固态继电器电压过载能力差，当负载为感性时，在 SSR 的输出端必须接压敏电阻，压敏电阻标称电压可取电源电压有效值的 1.6～1.9 倍。

3）固态继电器的电流容量、负载能力随温度升高而下降，使用的温度范围不宽（−40～+80℃），所以当温度较高时，选用 SSR 的输出电压和电流应留有一定的余量，同时应装散热器。

4）对于白炽灯、电炉等具有“冷阻”特性的负载，在电源接通瞬间将产生超过额定电流的浪涌电流。这时，在选择额定电流时，应留有足够的余量，一般可按负载平时工作电流约等于固态继电器额定电流的三分之二来选择固态继电器。

5. 大功率场效应管开关接口

在开关量输出控制中，除了前面介绍的固态继电器以外，还可以用大功率场效应管开关作为开关量输出控制元件。由于场效应管输入阻抗高，关断漏电流小，响应速度快，而且与同功率继电器相比，体积较小、价格便宜，所以在计算机开关量输出控制中也常作为开关元件使用。

场效应管的种类非常多，如 IRF 系列，电流可从几毫安到几十安培，耐压可从几十伏到几百伏，因此可以适合各种场合。

大功率场效应管的表示符号，如图 5-31 所示。其中 G 为控制栅极，D 为漏极，S 为源极。对于 NPN 型场效应管来讲，当 G 为高电平时，源极与漏极导通，允许电流通过。否则，场效应管关断。

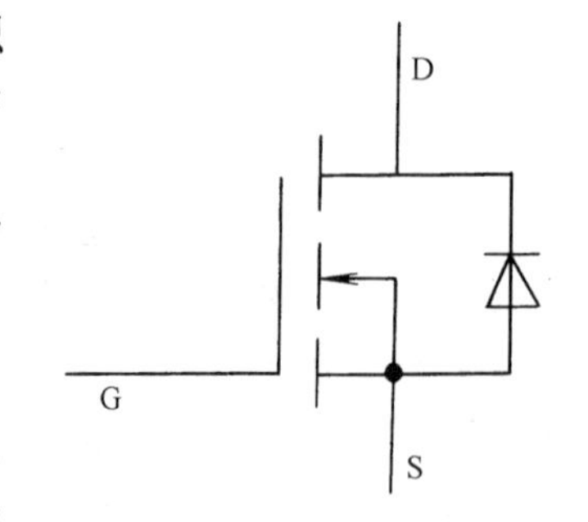

图 5-31　大功率场效应管表示符号

值得说明的是，由于大功率场效应管本身没有隔离作用，故使用时为了防止高压对微型计算机系统的干扰和破坏，通常在它的前边加一级光电隔离器，如4N25、TIL113 等。

利用大功率场效应管可以实现步进电动机控制。其原理电路如图 5-32 所示。

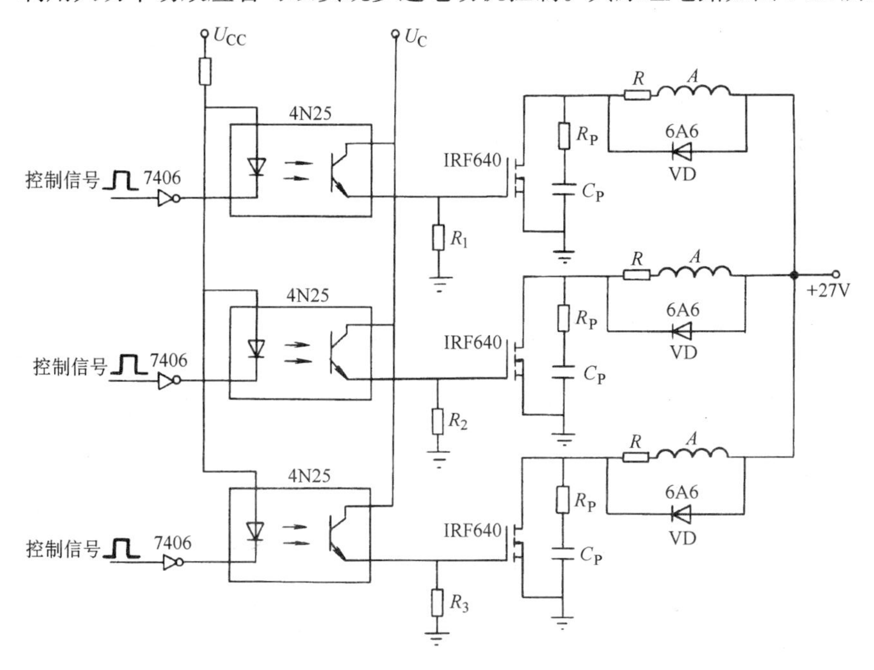

图 5-32　采用大功率场效应管的步进电动机控制电路原理图

四、直流伺服电动机的功率接口

目前，直流伺服电动机的驱动控制一般采用脉冲宽度调制法（PWM），所以本节主要介绍直流伺服电动机的 PWM 功率驱动接口。

1.PWM 功率驱动接口工作原理

PWM 功率驱动接口组成如图 5-33 所示。该接口由电压—脉宽变换器和开关功率放大器两部分组成，接口输入端与控制器直连，接受电压控制信号 U_I，接口的输出端与直流伺服电动机直连，输出控制电压 U_P。

电压—脉宽变换器由三角波发生器和比较器组成，三角波发生器产生频率恒定的三角波 U_T，U_T 与输出的电压控制信号 U_I 相加后送给比较器正输入端进行比较，由于比较器的负输入端接地，只要（U_T+U_I）>0，则比较器输出满幅度正电平；（U_T+U_I）<0 时，比较器输出满幅度负电平，比较器输出的正/负电平 U_S 送给开关功率放大器进行放大，变成可以驱动直流伺服电动机动作的开关电平 U_P，从而驱动直流伺服电动机转动。PWM 脉宽调制输出的形成过程可用图 5-34 来说明。

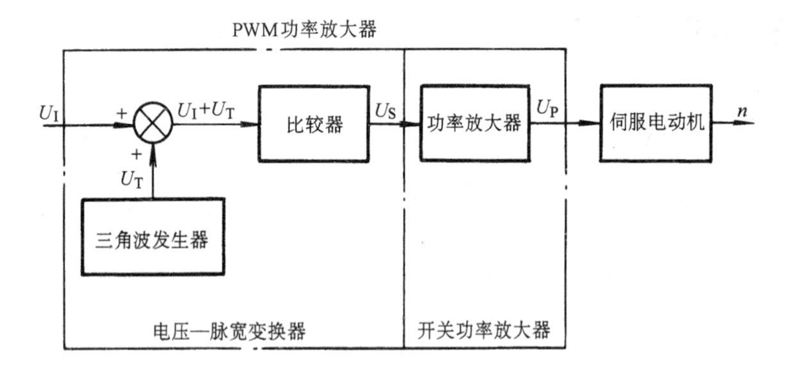

图 5-33　PWM 功率驱动接口组成框图

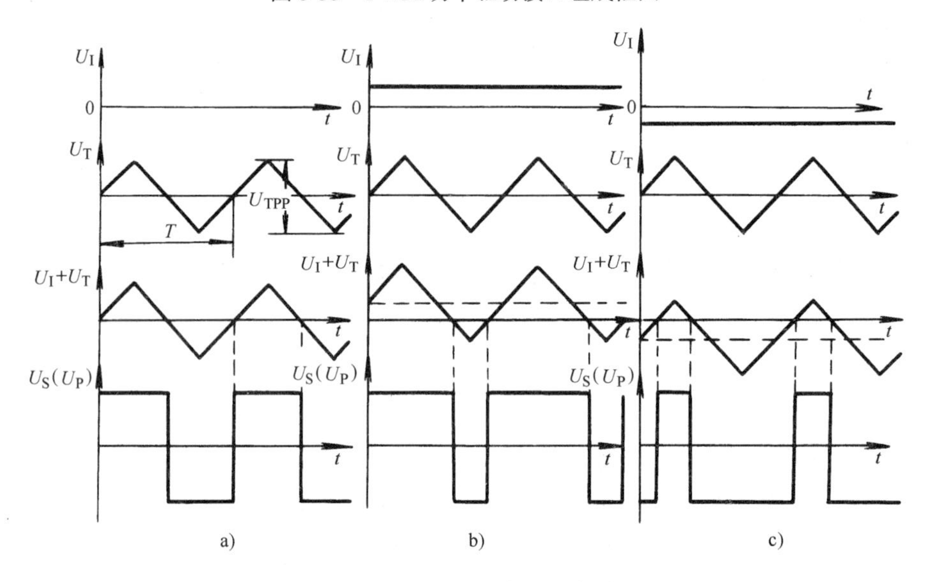

图 5-34　PWM 脉宽调制波形

在图 5-34a 中，控制信号 $U_I=0$，U_T 与 U_I 相加后，仍然是一个正负幅度相等的三角波，通过比较器之后，输出正负幅度相同、宽度相同的矩形波 U_S，经功率放大器后其直流分量为零，电动机不会转动，只是在交流分量的作用下在停止位置处微振，这种振动对直流伺服电动机有利，可以克服直流伺服电动机时的静摩擦。

在图 5-34b 中，控制信号 $U_I>0$，这时 U_T 与 U_I 相加后形成一个不对称的三角波，它的正波幅度和宽度增大，负波幅度和宽度减小，通过比较器后，输出正脉冲宽、负脉冲窄的矩形波。该波形经开关功率放大器进行放大后，驱动直流电动机转动。由于此时输出电压的平均值（直流分量）为正，因此电动机正转。而且 U_I 越大，输出信号 U_S 的正脉冲宽度越宽，在电动机中产生的直流分量越大，电动机正转的速度也就越快。

在图 5-34c 中，控制信号 $U_I<0$，产生的 U_T+U_I 的信号是一个正波幅度和宽度较小，负波幅度和宽度较大的不对称三角波。由比较器比较之后，产生正脉冲窄、负脉冲宽的矩形波，经开关功率放大器放大之后驱动电动机转动。由于在电动机中产生的直流分量为负，故电动机反向旋转。很明显，U_I 越负，则负的直流分量越大，电动机反转速度越快。

由上述分析可知，控制信号 U_I 的特性决定了电动机的工作状态，$U_I=0$，电动机停止；$U_I>0$，电动机正转，$U_I<0$ 电动机反转，且 $|U_I|$ 越大，转速则越快。

功率放大器是 PWM 功率接口的主电路，可分为单极性和双极性两种，电路原理如图 5-35 所示。图 a 为单极性电路，电动机只能单方向转动。能使电动机正、反向转向的双极性电路有 T 型电路（图 b）和 H 型桥式（图 c）电路两种形式。T 型电路需双电源供电，而 H 型电路只需单电源供电，但需要 4 只大功率晶体管。

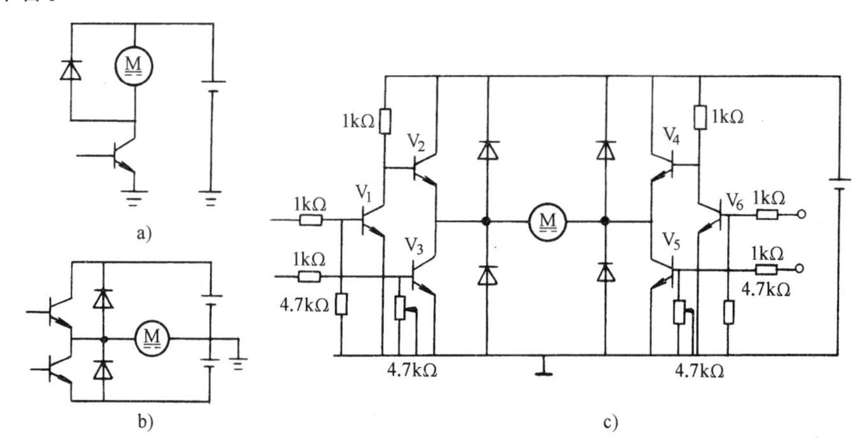

图 5-35　PWM 功放电路的形式

a）单极性功率放大电路　b）T 型功率放大电路　c）H 型桥式功率放大电路

2. 控制计算机与 PWM 功率放大器的接口方法

上面介绍了 PWM 功率放大器工作原理。事实上，作为直流调速系统的标准化接口，在实现的手段上是各种各样的，因此接口参数也有所不同。图 5-36 是一个控制计算机与 PWM 功率放大器的接口例子。

图 5-36 中，控制计算机模拟量输出通道由 DAC0832 转换器和 ADOP-07 运算放大器组成，它把数字量（00H-FFH）的控制信号转换成 $-2.0\sim+2.0$V 模拟量控制信号 U_I，ADOP-07 与 DAC0832 之间的连线是一种特殊的连接方法。

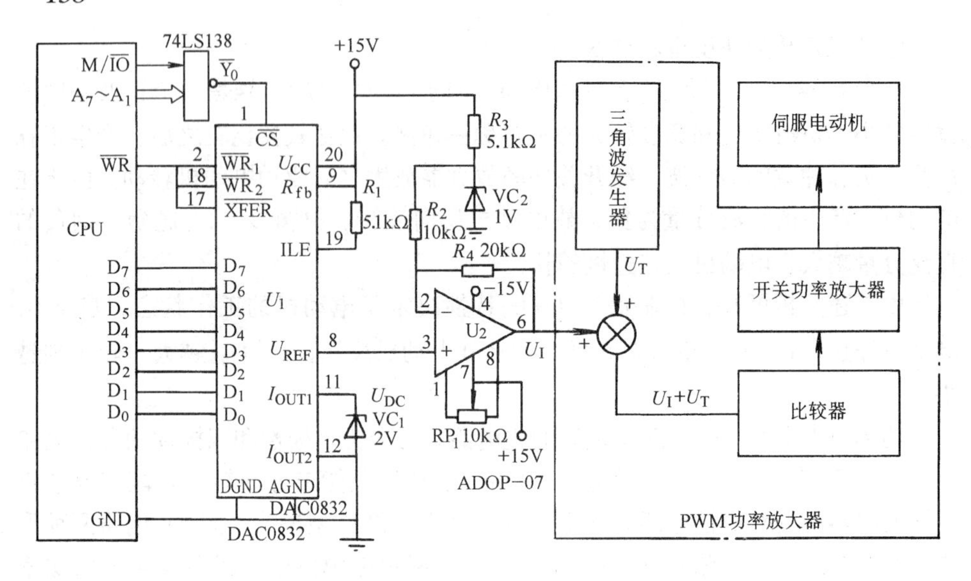

图 5-36 控制计算机与 PWM 功率放大器的接口

通常，DAC0832 以电流开关方式进行 D/A 转换后以电流形式从 I_{OUT1}、I_{OUT2}端输出，I_{OUT1}、I_{OUT2}两端脚与运放的两输入端相连，运放的输出再接反馈电阻端 R_{fb}，由运放器件把 DAC0832 电流输出信号转换成电压信号输出。运放的输出电压为 $u_{OUT}=-U_{REF}N/256$，U_{REF}是接入 0832 的参考电压，N 为控制计算机输出的 8 位数据。而在图 5-36 中，DAC0832 接成电压开关方式进行 D/A 转换，此时将参考电压接 I_{OUT1}、I_{OUT2}端，而且 I_{OUT2}端接地，I_{OUT1}接正电压 V_{DC}，DAC0832 的 D/A 结果以电压形式从 U_{REF}端输出，U_{REF}输出的电压为 $U_{REF}=U_{DC}N/256=2N/256$（V），$U_{DC}$为 I_{OUT1}、I_{OUT2}端的参考电压值。图 5-36 中，VC_1 为 2V 稳压管，所以 $U_{DC}=2V$。

运算放大器 U_2 的负输入端由 R_3 和 VC_2 形成一个 1V 的恒压源，正输入接 DAC0832 的 U_{REF}端，U_2 的放大倍数 $\beta=R_4/R_2=2$。在 $U_{REF}=0$ 时，U_2 的输出 $U_1=-2V$；在 $U_{REF}=2V$ 时，$U_I=+2V$，U_I 的计算为

$$U_I = U_{DC}\left(\frac{D}{128}-1\right) = 2\left(\frac{D}{128}-1\right) \qquad (5\text{-}7)$$

上述分析说明，控制计算机经 DAC0832 转换后，再经运算放大器可产生与控制数据对应的控制电压 U_I，去控制 PWM 功率放大器工作，使被控直流伺服电动机实现可逆变速转动。

五、交流电动机变频调速功率接口

变频调速是交流电动机调速的发展方向，而且有的变频调速系统在动态性能及稳态性能的指标上已超过直流调速。因此在机电一体化系统设计时可优先选用

交流电动机变频调速方案。

交流电动机变频调速系统中，变频器就是一个功率驱动接口，目前已形成了规格较为齐全的通用化、系列化产品，因此在系统设计时，主要是解决变频器的选用、与控制系统的连接及控制算法的实现等问题。

1. 变频器的分类

变频器的作用是将供电电网的工频交流电变为适合于交流电动机调速的电压可变、频率可变的交流电。按照变频方式和控制方式可分为：

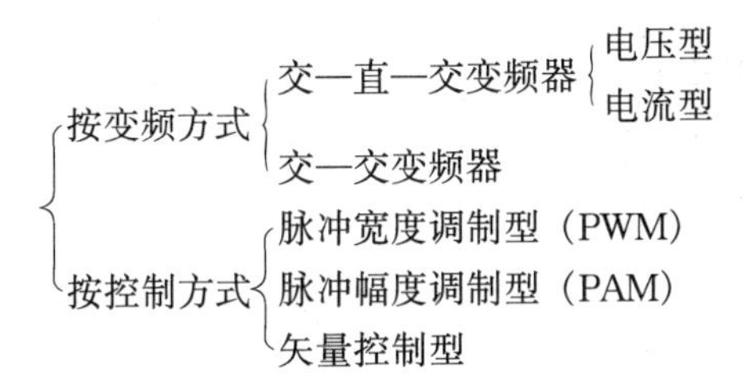

控制器根据变频调速的不同控制方式，产生相应的控制信号来控制功率逆变器各功率元件的工作状态，使逆变器输出预定频率和预定电压的交流电。控制器有两种控制方式：一种是以集成电路构成的模拟控制方式；另一种是以控制计算机构成的数字控制方式。后者是目前常用的控制方式。

根据用途和使用效果，变频器分为以下几种：

(1) 通用变频器　它有两方面的应用：用于节能，平均节电20%，主要用于压缩机、泵、搅拌机、挤压机及净洗机械；用于提高控制性能实现自动化，主要用于运输机械、起重机、升降机、搬运机械等。

(2) 纺织专用变频器　用于纺纱、化纤机械，能改善传动特性，实现自动化、省力化。

(3) 矢量控制变频器　用于冶金、印刷、印染、造纸、胶片加工等机械，上述机械设备要求高精度的转矩控制，加速度大，能与上位机进行通讯。这种变频器能提高传动精度及实现系统的集散控制性能。

(4) 机床专用变频器　这种变频器专门用于机床主轴传动控制，以满足工艺上要求的大加减速转矩，宽广的恒功率控制以及高精度的定位控制，提高机床的自动化水平和动态、静态性能。

(5) 电梯专用矢量变换控制变频器　这种变频器可实现缓慢平滑的升降速。

(6) 高频变频器　适用于超精密加工、高速电动机。如专用脉冲调幅型（PAM）变频器，频率达3kHz，对应转速18×10^{4}r/min。

2. 变频器选择

电动机的容量及负载特性是变频器选择的基本依据。在选择变频器前，首先要分析控制对象的负载特性并选择电动机的容量，根据用途选择合适的变频器类型，然后再进一步确定变频器的容量，一般的原则是：

(1) 连续运行场合　要求变频器容量（kVA）满足

$$变频器容量 \geqslant \frac{KP_{M}}{\eta\cos\varphi} \tag{5-8}$$

式中　P_{M}——负载要求的电动机输出功率（kVA）；

η——电动机效率，通常为 0.85 左右；

$\cos\varphi$——电动机的功率因数，通常为 0.75 左右；

K——考虑电动机波形的修正系数，$K=1.05\sim1.1$。

(2) 多台电动机并联场合　有些场合由一台变频器供电，同时驱动多台并联的电动机，组成所谓的成组传动。在允许过载 150%，过载时间为 1min 的情况下，可按下式计算变频器的容量

$$1.5\times变频器容量 \geqslant \frac{KP_{M}}{\eta\cdot\cos\varphi}[\beta_{T}+\beta_{S}(K_{S}-1)] = P_{a}\left[1+\frac{\beta_{S}}{\beta_{T}}(K_{S}-1)\right] \tag{5-9}$$

式中　P_{a}——连续容量（kVA）；

β_{T}——并联电动机台数；

β_{S}——同时起动的电动机台数；

K_{S}——电动机起动电流与额定电流之比。

(3) 起动时变频器所需的容量　在起动（加速）过程中应考虑动态加速转矩，即为克服机械传动系统转动惯量 J_{L} 所需的动态转矩，这时变频器容量（kVA）计算为

$$变频器的容量 \geqslant \frac{Kn}{973\eta\cos\varphi}\left(T_{fz}+\frac{J_{L}}{375}\times\frac{\eta}{t_{A}}\right) \tag{5-10}$$

式中　J_{L}——机械传动系统折算到电动机轴上的飞轮惯量（$kg\cdot m^{2}$）；

T_{fz}——负载转矩（N·m）；

n——电动机转速（r/min）；

t_{A}——电动机加速时间（s）。

在选择变频器时，除确定容量外，还应正确地确定变频器的输入电源、输出特性、操作功能等，使选用的变频器满足使用要求。

3. 变频器使用方法

变频器作为交流电动机变频调速的标准功率驱动接口，在使用上十分简便，它可以单独使用也可以与外部控制器连接进行在线控制。

变频器是通过装置上的接线端子与外部连接的。接线端子分为主回路端子和控制回路端子，前者连接供电电源、交流电动机及外部能耗制动电路，后者连接变频控制的控制按钮开关或控制电路。

在人工控制系统中，只要在控制回路接线端上接上相应的机械开关即可实现变频调速。在自动控制系统中，则有三种方法：第一种使用继电器开关电路，继电器的开/关受上位控制器的控制，这种方法适用于简单的恒速控制，其控制电路如图 5-37a 所示；第二种方法是模拟控制方法，上位机模拟通道与控制回路的电压频率设定端子或电流频率设定端子相连其控制电路如图 5-37b 所示；第三种

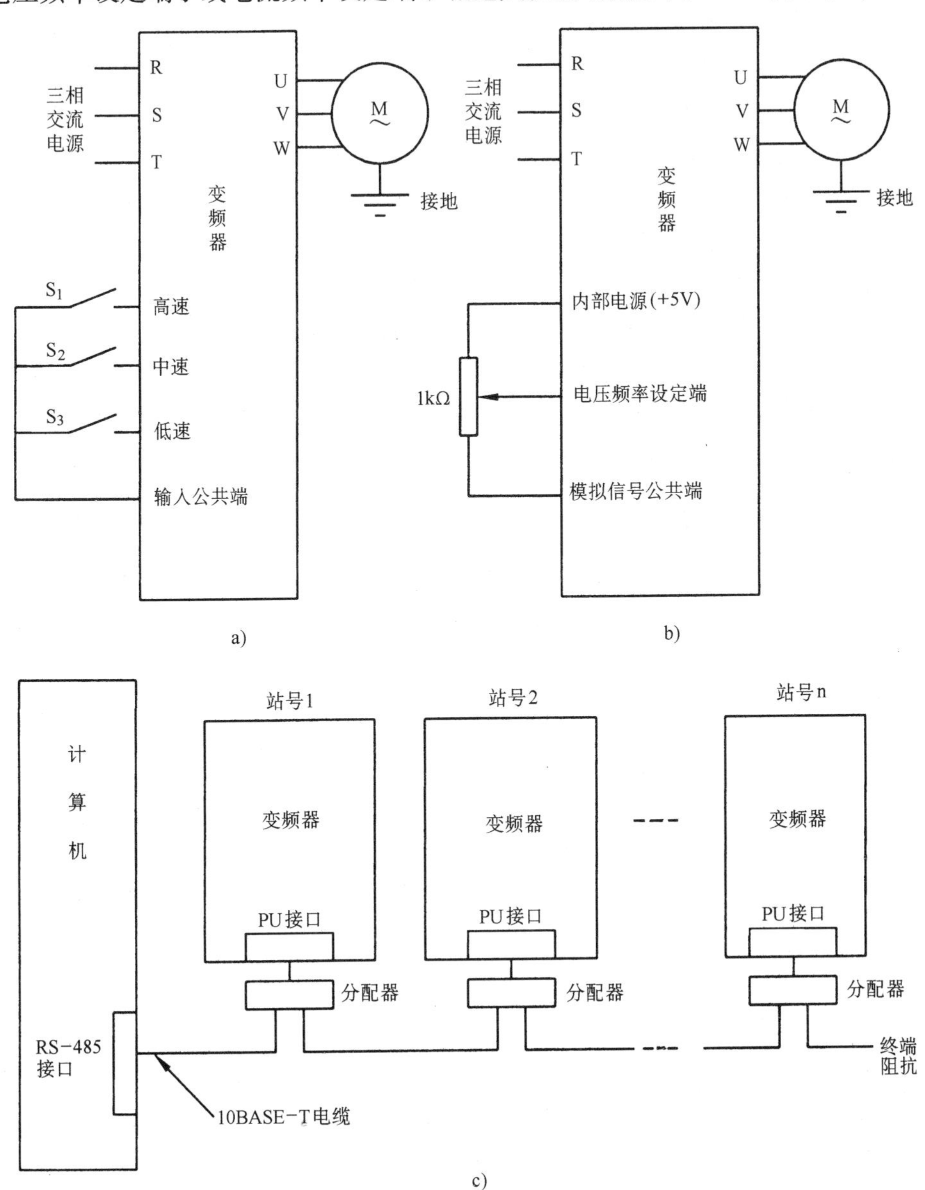

图 5-37　变频器的三种控制方法

方法是采用变频器数字接口板，接口板是变频器的选件，将它接入变频器后，变频器就可以通过数字接口与上位控制器的并行输出口直接相联，以实现直接数字控制，其控制电路如图 5-37c 所示。

可见，变频器不仅可以独立使用，而且还可以用上位控制器控制，连接方便，操作简便。具体细节请参阅相应产品的说明书。

六、步进电动机功率驱动接口

步进电动机功率驱动接口包含环形脉冲分配器和功率放大器两部分。

1. 脉冲分配器的实现方法

脉冲分配器有两种形式，一种是由专用环形分配集成电路或数字时序逻辑电路构成的硬件分配器，如图 5-38 所示的 CH250 三相步进电动机的脉冲分配器集成电路，表 5-3 为其功能真值表，它能产生双三拍或单六拍（三相六拍）两种脉冲分配方式，并且有正反向控制。

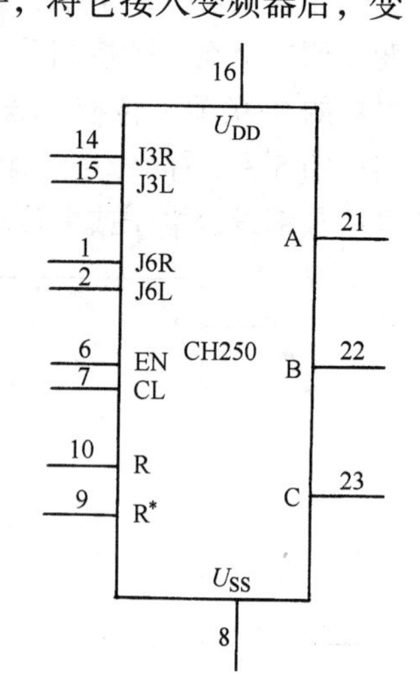

图 5-38 CH250 集成电路端脚功能图

表 5-3 CH250 功能真值表

CL	EN	J3R	J3L	J6R	J6L	功　能
↑	1	1	0	0	0	双三拍正转
↑	1	0	1	0	0	双三拍反转
↑	1	0	0	1	0	单六拍反转
↑	1	0	0	0	1	单六拍正转
0	↓	1	0	0	0	双三拍正转
0	↓	0	1	0	0	双三拍反转
0	↓	0	0	1	0	单六拍正转
0	↓	0	0	0	1	单六拍反转
↓	1	X	X	X	X	不变
X	0	X	X	X	X	不变
0	↑	X	X	X	X	不变
1	X	X	X	X	X	不变

CH250 的基本电气参数如下：工作电源 $U_{DD}=10V$，输入电流 $I_{IN}=1\mu A$，输入阻抗>20MΩ，输出电流 $I_{OH}=300\mu A$，$I_{OL}=300\mu A$。

图 5-39 为 CH250 构成三相单六拍的硬件接线原理图，起步时 R 置 1，使环

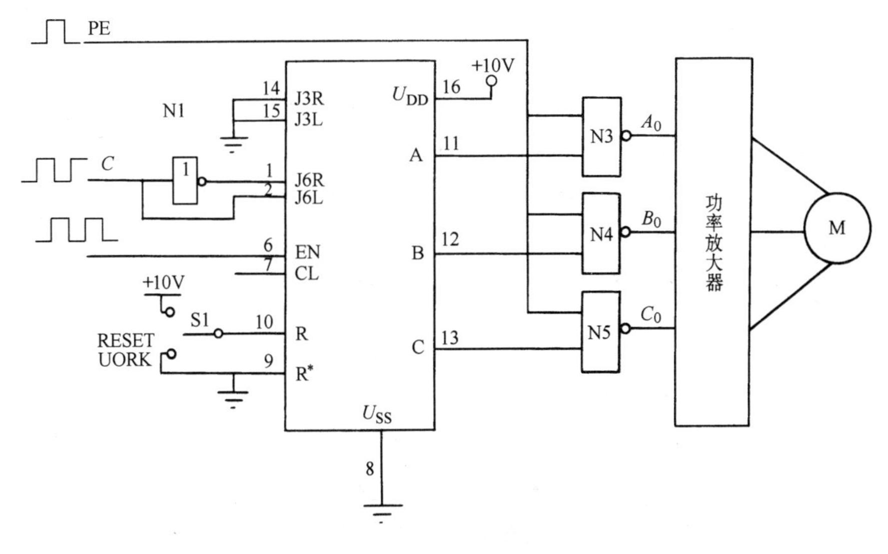

图 5-39　硬件环形分配电路原理图

形分配器进入单拍程序。EN 接受由控制计算机发送的步进脉冲，C 为转向控制端。C 为“1”时，输出 A_0、B_0、C_0 为正转顺序；C 为“0”时，输出 A_0、B_0、C_0 为反转顺序，PE 端为输出允许端，PE＝1 有效。

脉冲分配的另一种方法是采用计算机软件，利用查表或计算方法来进行脉冲的环形分配，简称软件环形分配。如表 5-4 为三相六拍分配状态，可将表中状态代码 01H、03H、02H、06H、04H、05H 列入程序数据表中，通过软件可顺序在程序数据表中提取数据并通过输出接口输出数据即可，通过正向顺序读取和反向顺序读取可控制电动机进行正反转。通过控制读取一次数据的时间间隔可控制电动机的转速。该方法能充分利用计算机软件资源以降低硬件成本，尤其是对多相的脉冲分配具有更大的优点。但由于软环分占用计算机的运行时间，故会使插补一次的时间增加，易影响步进电动机的运行速度。

表 5-4　三相六拍分配状态

转向	1-2 相通电	CP	W	V	U	代码	转向
	A	0	0	0	1	01H	
	AB	1	0	1	1	03H	
	B	2	0	1	0	02H	反
↓ 正	BC	3	1	1	0	06H	↑
	C	4	1	0	0	04H	
	CA	5	1	0	1	05H	
	A	0	0	0	1	01H	

2. 步进电动机功率放大电路的形式

从计算机输出口或从环形分配器输出的信号脉冲电流一般只有几个毫安，不能直接驱动步进电动机，必须采用功率放大器将脉冲电流进行放大，使其增加到几安培甚至十几安培，从而驱动步进电动机运转。

功率放大电路的结构形式对步进电动机的工作性能有十分重要的作用，常用的功率放大电路有单电压、双电压、斩波型、调频调压型和细分型等。

(1) 单电压功率放大图　图 5-40 为该电路的原理图，是步进电动机控制中最简单的一种驱动电路，在本质上它是一个简单的功率反相器。晶体管 V 用作功率开关，L 是步进电动机中的一组绕组电感；R_L 是绕组电阻；R_C 是外接电阻；VD 是续流二极管。

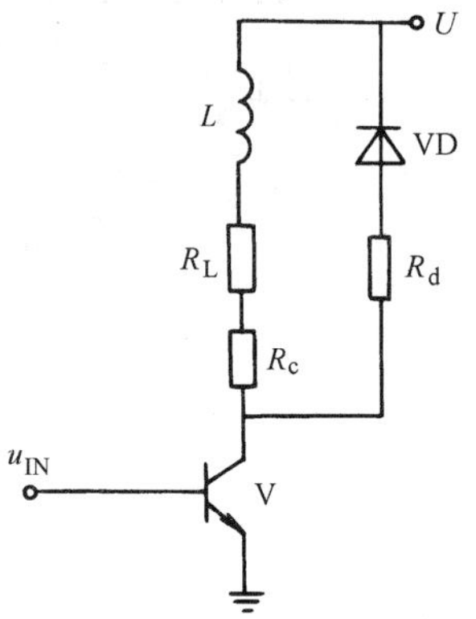

图 5-40　单电压功率放大电路原理图

工作时，晶体管 V 基极输入的脉冲信号必须足够大，使其在高电平时保证 V 过饱和，在低电平时 V 充分截止。外接电阻 R_C 是一个限流电阻，也是为改善回路时间常数的元件（由于回路时间常数 $T = L/(R_L + R_C)$，绕组内阻 R_L 和电感 L 是固定的，所以改变 R_C 可以改变步进电动机的频率响应）。

单电压功率放大电路最大特点是结构简单，缺点是工作效率低，在高频工作状态时，效率尤其差。由于外接电阻 R_C 是一个能耗元件，在驱动电流作用下发热耗能，还会影响电路的正常稳定状态，所以这种电路一般只用于小功率步进电动机的驱动。

图 5-41 所示为恒流功放电路，它是单电压功率放大电路的一种改进电路。该电路的特点是用恒流源代替外接电阻 R_C，使功耗大为降低，电源效率得到提高。

(2) 双电压功率放大电路　电路结构如图 5-42 所示，图中使用 U_1 和 U_2 两个直流电源，U_1 为高电压（80～150V），U_2 为低电压（5～20V），V_1、V_2 为两个大功率晶体管。其中 V_1 是高压开关管，V_2 是功率驱动管；VD_1 是 U_2 的钳位二极管，它在 V_1 导通时截止。在 V_1 截止时，由于 VD_1 正向偏置而向步进电动机绕组提供低电源 U_2；VD_2 是续流二极管，在 V_1，V_2 都截止时向绕组提供放电回路。

双电压功放电路需要两个基极控制信号（u_1 和 u_h），要保证高压开关信号 u_h 与步进信号（低压控制信号）u_1 的上升沿在时间上一致，u_1 的脉冲宽度＞u_h

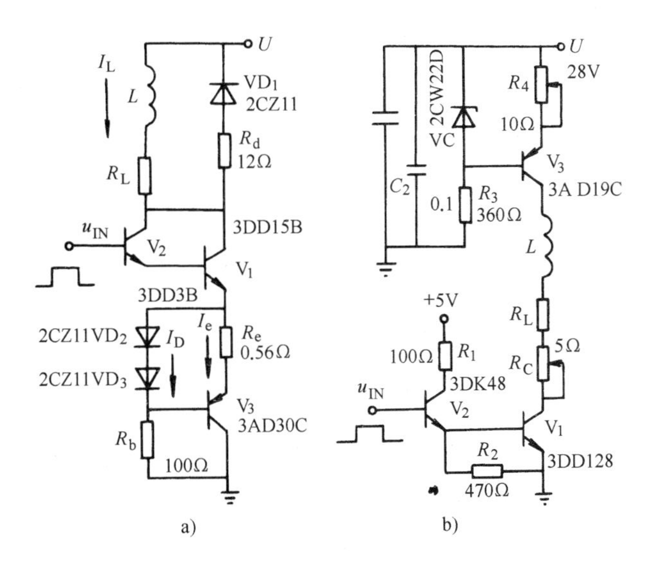

图 5-41　恒流功放电路原理图

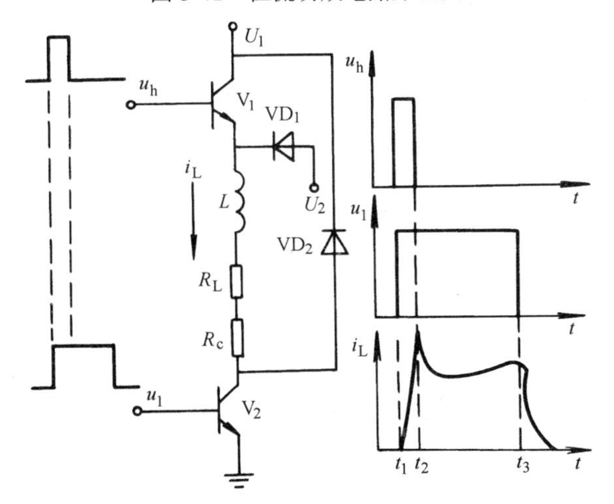

图 5-42　双电源功率放大电路结构图

的脉冲宽度。在实际应用中，u_h 是由 u_1 来产生的，即把 u_1 通过一个微分电路之后再整形得到 u_h；也可以把 u_1 通过一个单稳态电路产生 u_h，当然单稳态的延时时间必须小于 u_1 的脉冲宽度。

(3) 斩波型功率放大电路　此类电路有两种：一种是斩波恒流型；另一种为斩波平滑型。前者应用较为广泛。

斩波恒流功放是利用斩波方法使电流恒定在额定值附近，典型电路如图 5-43a 所示。正常工作时，u_{IN}端输入步进脉冲，这时晶体管 V_5 导通，二极管 VD_1 发光，引起 V_1 导通，V_2 截止，V_3、V_4 导通。同时，u_{IN}使晶体管 V_6、V_7、V_8

导通，加在绕组 L 上的电源 U 使绕组中的电流上升，当绕组中的电流升到额定值以上时，恒流采样电阻 R_{12}上产生的压降 U_S 高于运算放大器 OP_1 的正输入端参考电压 U_P，使 OP_1 输出低平，VD_2 导通，而使 V_5、V_1 截止，V_2 导通，V_3、V_4 截止，即关闭了电源 U。这样在绕组 L 中产生反电动势，由于 V_7、V_8 仍导通，故这时的反电动势有两个回路进行泄放，一个回路是 L、R_L、V_8、R_{12}、VD_3；另一个回路是 L、R_L、R_{13}、VD_4、U、VD_3。由于两个泄放回路的并联电阻很小，泄放时间常数较大，绕组 L 中的电流泄露放缓慢。当电流降至额定值以下时，R_{12}采样电压 U_S 低于 U_P，OP_1 输出高电平，二极管 VD_2 截止，晶体管 V_5、V_1 导通，V_2 截止、V_3、V_4 导通。电源 U 又重新加于绕组 L，使其电流上升。上述过程在一个步进脉冲信号有效时间内不断重复，使绕组中的电流在额定值上下似锯齿波的波形维持相对恒定，如图 5-43b 所示。

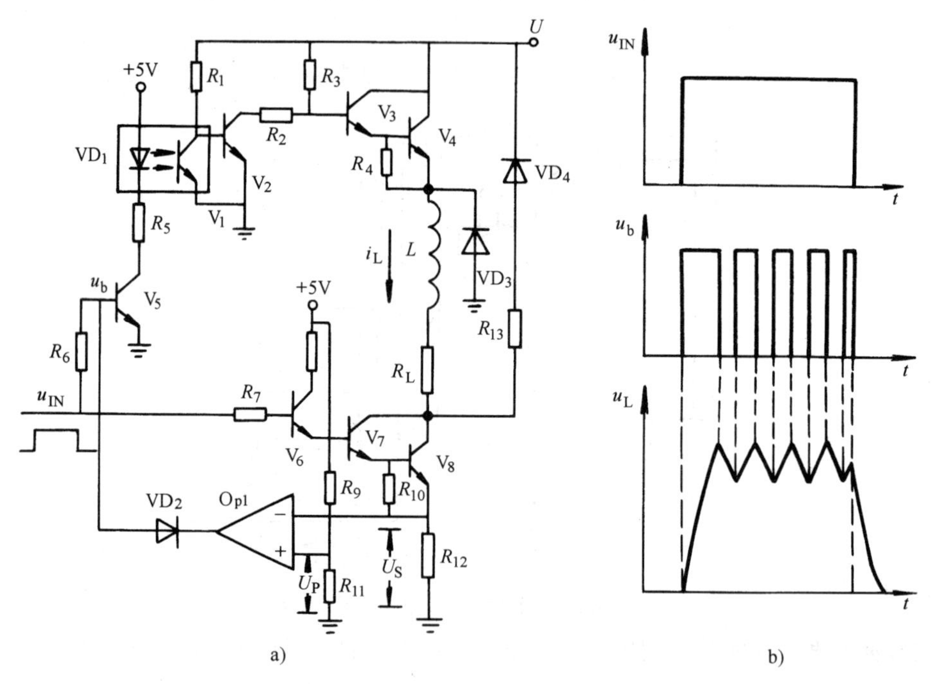

图 5-43 斩波恒流功放电路

调整电阻 R_{12}、R_{11}的阻值都可改变额定电流的数值。当步进脉冲 $u_{IN}=0$ 时，V_5 截止，V_1 截止，V_2 导通，从而使 V_3、V_4 截止；同时 V_6、V_7、V_8 截止，绕组中的电流从 R_L、R_{13}、VD_4、U、VD_3 回路泄放，这时相当于绕组 L 加上一个负电流 $-U$，使电流下降速率提高。

从提高高频工作性能及电源效率的角度看，斩波恒流型功放电路可以用较高的电源电压，同时无需外接电阻来限定额定电流和减小时间常数，但是由于电流波形呈锯齿状，驱动时会有较大的电磁噪声。要消除电磁噪声，有两种措施：一是使斩波频率提高至超声波频率；另一种是使步进电动机各相采用同一个频率的斩波信号。

恒频脉宽调制功放电路就是按上述两个措施设计的一种常用的功放电路，其电路原理及输入波形如图 5-44 所示。

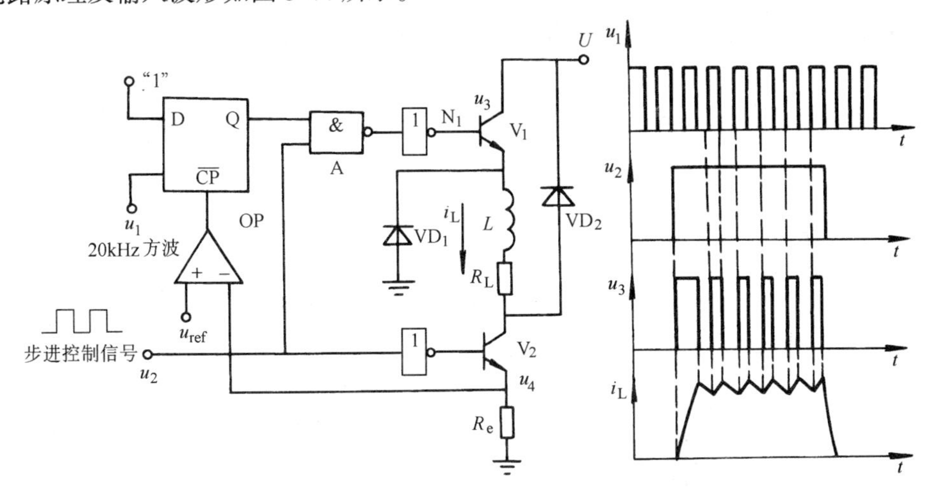

图 5-44　恒频脉宽调制功放电路

u_1 是各相 D 触发器的时钟信号，信号频率为 20kHz。u_2 是步进控制脉冲信号，u_{ref}是比较器 OP 的正输入端信号，用于确定电动机绕组的额定电流 i_L 稳定值，显然 $i_L = u_{ref}/R_e$。

当 $u_2 =$ "1"，如果绕组电流 $i_L <$ 给定值 u_{ref}/R_e 时，比较器 OP 输出"1"，D 触发器不清零，而且在 u_1 方波的作用下，Q 端输出"1"。这时，u_3 也为"1"，晶体管 V_1 导通，无斩波作用。当 $i_L > u_{ref}/R_e$ 时，比较器 OP 输出"0"，对 D 触发器清零，经过非门 A，基极驱动电路 N_1 后，使 V_1 截止。绕组中的电流经 R_L、V_2、R_e、VD_1 回路和 R_L、VD_2、V_1、VD_1 回路进行泄放。在 u_1 下一方波的上升沿到来时，又会对 D 触发器置"1"，V_1 又再次导通，直到 $i_L \geqslant u_{ref}/R_e$ 时，比较器 OP 输出 0 信号，使 D 触发器清零。

上述过程重复进行，所以在步进脉冲信号 u_2 为正时，可保持绕组电流 i_L 在给定值 u_{ref}/R_e 处波动极小。当 u_2 为低电平时，晶体管 V_1、V_2 截止，这时绕组中的电流通过 R_L、VD_2、VD_1 泄放。

恒频脉宽调制功率放大电路不但有较好的高频特性，而且有效地减少了步进电动机的电磁噪声，同时还降低了功耗。但由于斩波频率较高，对功放管及续流二极管的频率响应要求也比较高。另外，这种电路的低频振荡较高。

第三节 可编程控制器

一、PLC的组成及工作原理

PLC是一种专用工业控制计算机系统，在硬件上它能与执行机构“直接”连接，在软件上提供了更直接的适用于控制要求的用户编程语言。

1. 硬件组成

PLC的硬件主要由CPU模块、I/O接口模块两部分组成，图5-45为其硬件组成框图。

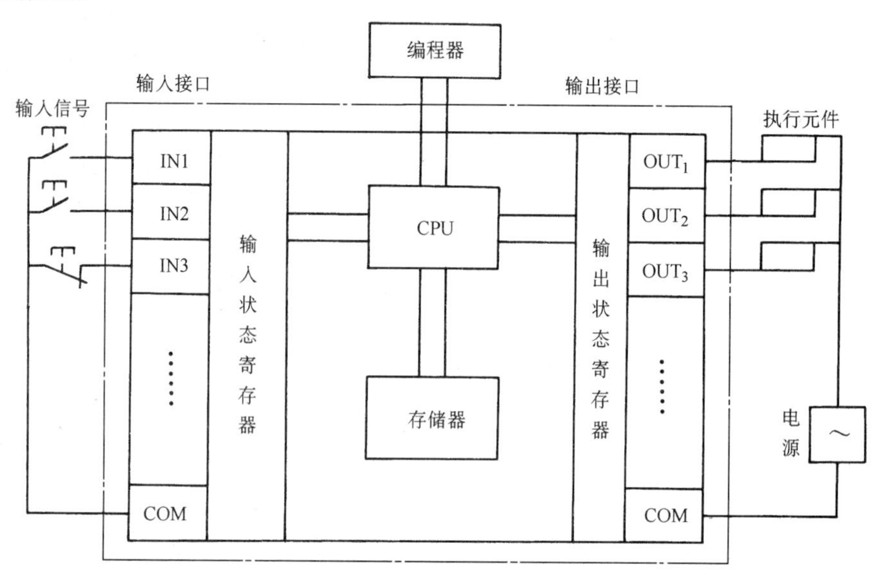

图5-45 PLC硬件组成框图

(1) CPU模块 CPU模块是PLC的核心，它由CPU和存储器两部分组成。大多数中小型PLC采用8位或16位的微处理器作为CPU采用单片机作控制器。其中小型PLC中普遍采用8位的Z80A、Intel8085、8031、8039等，中型PLC多采用16位的8086、M68000等。

(2) 存储器 PLC中的存储器分为系统程序存储器和用户程序存储器。其中系统程序存储器用于存放监控程序、命令解释程序、故障自诊断程序、键盘输入处理程序、功能子程序及其调用管理程序。系统程序由PLC制造厂提供，一般都固化在ROM或EPROM中，用户不能直接存取。用户程序存储器主要用来存放通过编程器输入的用户程序。中小型PLC的用户存储器的容量一般小于8KB。用户程序存储器中一部分空间还用作数据寄存器存放过程数据，如输入输出信息、中间运算结果、运行参数（如计数定时器的时间常数）等。用户程序存储器有静态 RAM（SRAM）、E^2PROM 两种，PLC 还可配置外存储装置，如磁盘驱动器和存储盒等。

（3）I/O 接口模块　其作用是将工业现场装置与 CPU 模块连接起来，包括开关量 I/O 接口、模拟量 I/O 接口、智能 I/O 接口及外设通讯接口模块等。用户可根据需要选取、扩充不同功能、不同点数（1 点相当于控制计算机 I/O 口中的 1 位）的 I/O 模块组件，组成所需的 PLC 控制系统。

1）智能 I/O 接口模块　主要用于实现某些复杂控制功能，如用于位置精确控制的位置闭环控制 I/O 模块；对频率远远超过 100Hz 的脉冲信号进行计数处理所用的高速计数模块；还有 PID 运算控制模块等。

2）外设通讯接口模块　主要用于人—机对话、编程器与 PLC 对话，以及 PLC 与监视器、打印机及其他计算机相连的接口。

3）开关量 I/O 接口　PLC 开关量接口是按强电要求设计的即输入输出接口可直接与强电控制信号相连，为了使 PLC 免受电力线、电气噪声、负载的感性冲击或外设接线的干扰，在 I/O 接口中均采用了光电耦合隔离电路，各 I/O 接口电路图参见图 5-46。

2. 编程器

编程器是供用户开发、调试和监视 PLC 工作的必备工具。它与 PLC 上的专用接口相连，主要完成：向 PLC 输入用户控制程序；在线监视 PLC 的运行；控制 PLC 运行、暂停和复位；将 PLC RAM 中的用户程序固化写入 E^2PROM 或转存到磁盘或存储盒上等功能。

PLC 编程器有便携式和 CRT 智能式两种。不同厂家、不同型号的 PLC 都用各自专用的编程器，不能通用。

（1）便携式编程器　由键盘、LED 或 LCD 数码显示器、工作方式选择开关、外设接口组成。编程器上面的数码显示部分主要用于显示用户程序的步序号、指令符、指令器件号或常数值等数据。键盘由数字键、指令键、功能键三个部分组成：数字键为 0～9 的数字；指令键由各指令符号组成，每一指令符号与一条相应的指令相对应，用于程序的手工输入；功能键供用户调试、编辑、存储用户程序使用。

（2）CRT 智能式编程器　其硬件主体是个人计算机（PC 机），由于 PC 机有丰富的软件资源可供利用，装入专用的 PLC 开发应用程序软件包，可用人机对话方式进行编程并用屏幕编辑方法来调试程序，能在屏幕上显示梯形图，还可离线对用户程序进行仿真调试。

3. PLC 的工作过程

PLC 的基本工作过程如下：

（1）读取现场信息　在系统软件的控制下，顺次扫描各输入点的状态。

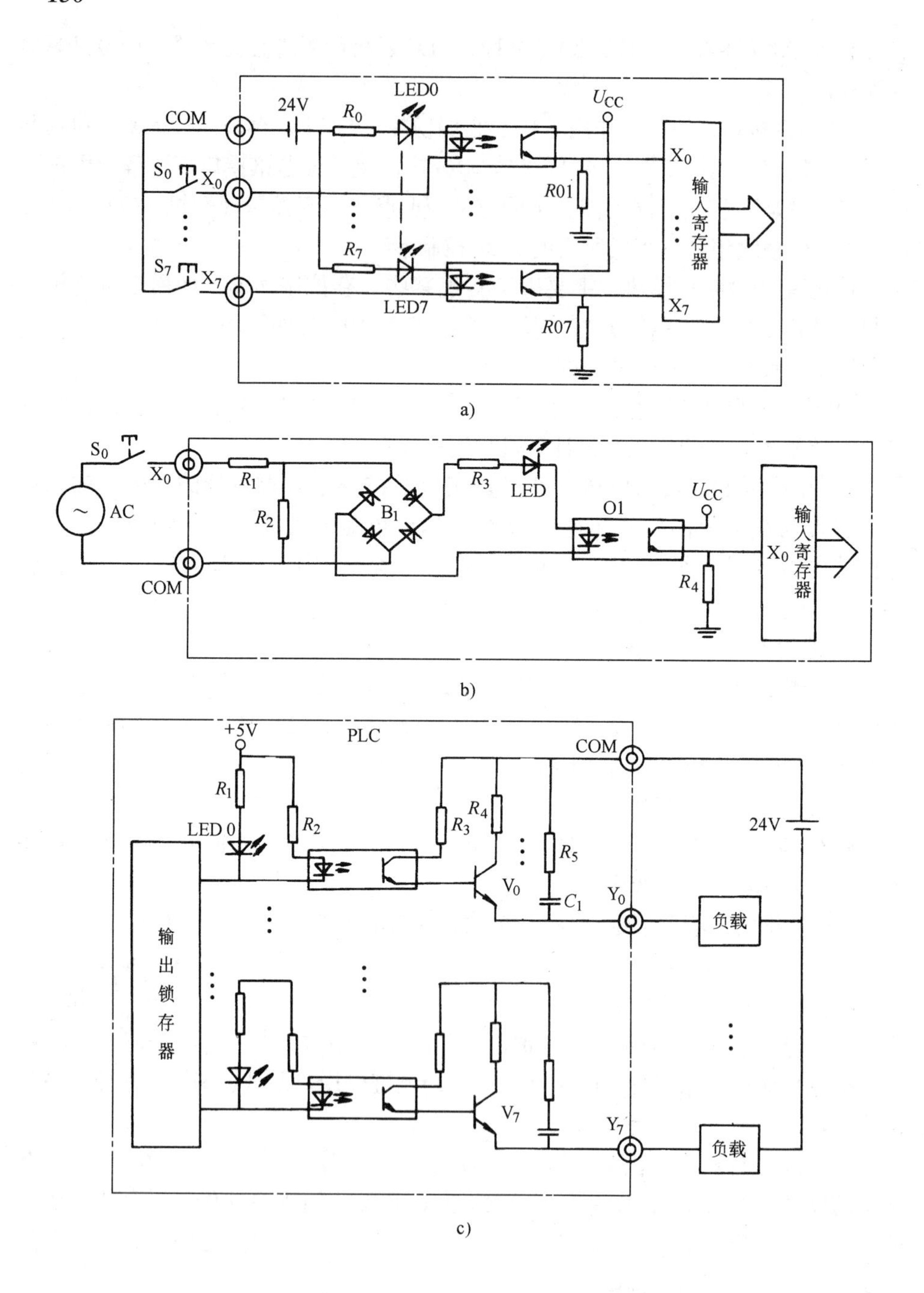

图 5-46　PLC 中的 I/O 接口电路示意

a) 8 路直流开关量输入接口电路　b) 交流输入接口电路

c) 晶体管输出接口电路　d) 继电器输出方式　e) 晶闸管输出方式

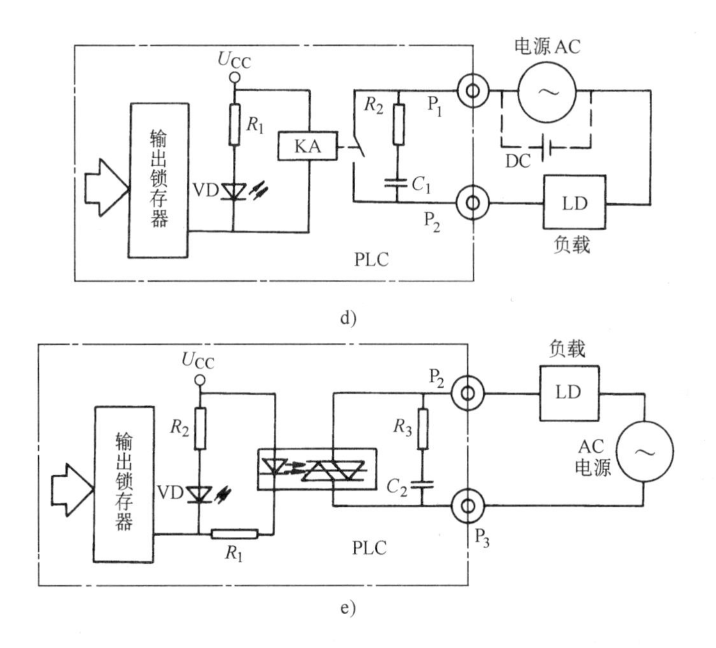

图 5-46 （续）

(2) 执行用户程序　顺序扫描用户程序中的各指令，根据输入点的状态和指令内容进行逻辑运算。

(3) 输出控制信号　根据逻辑运算的结果，向各输出点发出相应的开关信号或模拟信号，实现所要求的控制功能。

上述过程执行完成后，又重新开始循环执行。每执行一遍所需的时间称为扫描周期，PLC 的扫描周期通常为 10～40ms。

为了提高工作的可靠性，及时接受外来的控制命令，PLC 在工作期间，除完成上述三步操作外，通常还要进行系统故障自诊断、与编程器通信等。因此，PLC 的整个过程可用图 5-47 表示。

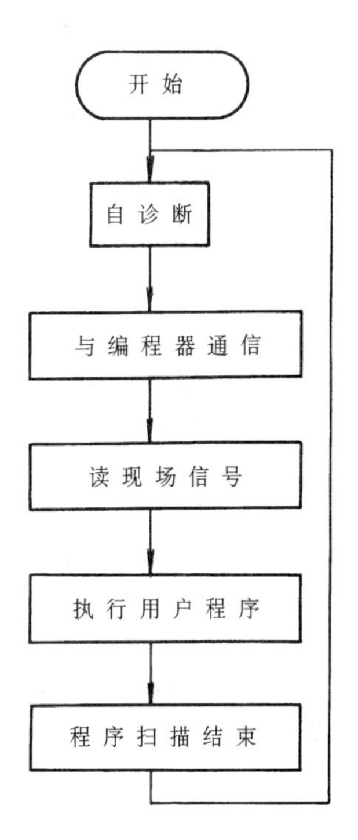

图 5-47　PLC 工作流程图

二、PLC 控制系统设计

1. PLC 控制系统设计步骤

1) 首先要分析控制任务，了解被控对象的工艺过程，画出工艺流程。

2) 确定输入、输出的类型、点数，正确选择输入装置及输出装置的规格、型号。

3) 合理选择 PLC 类型及规模。

4）编制输入、输出接点的现场编号与PLC内部地址编号的对照表。

5）根据工艺流程、结合输入输出编号对照表，画出PLC控制的梯形图。

6）按照梯形图编写用户控制程序。

7）用编程器将用户控制程序送入PLC。

8）进行系统模拟调试，检查和修改程序的语法及控制逻辑、控制参数。

9）进行PLC控制系统硬件的安装连线，设计PLC外围电路，将外围控制装置与PLC输入输出端连接起来。

10）对整个系统进行在线调试。

11）正式投入使用。

2.PLC的选用

正确地选用PLC对于保证整个系统的技术经济性能指标起着重要的作用。PLC的选用主要包括PLC容量估算、PLC功能选择和I/O模块选择。

（1）PLC的容量估算　PLC的容量估算涉及两方面内容，即用户程序存储器及数据存储器的容量和输入输出点数。

1）估算输入、输出点数　估算PLC输入输出点数及种类应考虑下列问题：

① 估算I/O点数及电压值。

② 开关量输出的点数及输出功率。

③ 模拟量的I/O个数。

④ PLC距现场的最远距离。

一般小型PLC的I/O点数之比为3:2，充分用好I/O点数的比例是选好PLC机型的关键。现有的PLC提供的I/O点数有以下的规格：16、32、64、128、256、512、1024、2408、8192等。在确定应用系统实际所需的I/O点数之后，按估算点数再增加15%～20%，最后按上述规格系列选择PLC的I/O容量。

为了准确地统计出被控机械的I/O点数，可以把被控信号逐一列出，并认真地分析各I/O点的信号类型，表5-5列出了常用I/O类型。

表5-5　常用的I/O类型

信号类型		例　子
输入	开关量	操作开关、限位开关、光电开关、继电开关、按钮
	模拟量	位移、速度、加速度、流量、压力、温度传感器
	中　断	限位开关、事故信号、停电信号等
	脉冲量	串行信号、各种脉冲信号源
	字输入	计算机接口、键盘、其他数字设备
输出	开关量	继电器、指示灯、电磁阀、制动器、离合器
	模拟量	晶闸管触发信号、记录仪表、比例调节阀
	字输出	数字显示器、计算机接口、CRT接口、打印机接口

2）估算存储量　小型 PLC 的用户存储器容量是固定的，一般有下列的规格：256 字节、0.5KB、1KB、4KB、8KB、16KB、32KB 等。应用系统所需的存储容量与 I/O 点数密切相关，根据经验有如下的关系：

①　开关量输入　10～20 字节/点

②　开关量输出　5～10 字节/点

③　定时计数器　2 字节/个

④　寄存器　1 字节/个

⑤　模拟量　100～150 字节/点

⑥　与计算机等的通信接口　每个接口按占内存 300 字节以上计算。

存储器容量与控制系统的复杂程度、运算数据量的大小、程序结构优劣等有关。因此，在未完成整个系统之前，很难确定 PLC 所应配置的存储器容量。一般按 I/O 点数和种类估算出所需的字节数后，再增加 15%～20% 的备用空间，作为选择存储器容量的依据。

（2）PLC 的功能选择　PLC 功能要与应用系统应完成的任务相适应。如果选用的 PLC 功能过多，很多功能用不着，就会造成功能浪费、成本增加、可靠性降低。

由于 PLC 一般用来实现顺序控制，所以只要选用具有逻辑运算、定时器、计数器等基本功能的 PLC 就可以了。如果控制任务较复杂，包含了数值计算（如 PID）、模拟量处理等内容，就必须选用具有数值计算、模/数和数/模转换等功能的 PLC。

PLC 采用指令顺序扫描方式工作，它不可能可靠地接收持续时间小于扫描周期的信号。所以对于过程控制来说，还必须考虑 PLC 的运算速度。

在 PLC 功能选择上还应考虑其编程功能及系统调试功能。PLC 的最大特点之一在于“可编程序”上，PLC 的编程分为离线编程和在线编程两种，PLC 主机与编程器共用一个 CPU，编程和运行靠一个选择开关决定。当开关拨至“编程”方式时，CPU 将失去对现场的控制作用，只为编程服务，即“离线”编程。程序编好后，如将开关拨至“运行”方式，CPU 则去执行对现场的控制，而对编程指令不作响应。此类 PLC 节省了大量软硬件，编程器的价格也较低。

梯形图编程方式因继承了继电器控制的电气原理图，比较直观、易懂，应用较为广泛。

（3）选择 I/O 模块　系统在 I/O 模块部分的价格占 PLC 价格的一半以上，不同的 I/O 模块、其性能及电路不同，直接关系到 PLC 功能的实现和价格，所以应根据 PLC 控制的实际情况合理选择。

1）输入模块的选择　输入模块分为数字量输入和模拟量输入两种。数字量输入又分为直流、交流和脉冲三种；模拟量输入分为电压和电流输入两种。无论何种输入，它们都应将输入的高电平信号转换为 PLC 内部的低电平信号。输入模块按电压分有直流 5V、24V、48V、60V，交流 115V、220V；按电路形式分有汇点输入和隔离输入。选择输入模块时应注意：

① 选择工作电压　应根据现场设备与模块间的距离来考虑。一般 5V、24V、48V，其传输距离不宜太远，如 5V 模块最远不超过 10m。距离较远的应选用具有较高工作电压的模块。

② 同时接通的点数　高密度的输入模块（如 32 点、64 点），同时接通的点数取决于输入电压和环境温度。一般来讲，同时接通的点数不应超过输入点数的 60%。

③ 门槛电平　为了提高系统的可靠性，必须考虑门槛电平的大小。门槛电平越高，抗干扰能力越强，传输距离也就越远。

④ A/D 转换模块　凡是现场采集的电压、电流、温度、力、张力、压力、速度、加速度等被测量信号要输入 PLC 时，必须使用 A/D 转换模块，而各输入点一般经过多路选择开关送入 A/D 转换器，转换时间大约在几毫秒到几十毫秒之间。对反馈等要求快速响应的场合，应选用转换时间短的 A/D 转换模块。转换后的数字量有 8 位、10 位、12 位等不同的精度，有的 A/D 模块还带有符号位，应根据所需的输入精度选择 A/D 模块。

2) 输出模块的选择　输出模块按输出方式分为继电器输出、晶体管输出及双向晶闸管输出三种。此外，输出模块的电压、电源也有不同的规格。选择输出模块应注意下列问题：

① 输出方式　继电器输出模块价格便宜，适应电压范围较宽，选通压降小，但它属于有触点元件，动作速度慢，更重要的是触点寿命较短。在选用输出模块时不但要注意到单输出点的驱动能力，而且还要注意整个输出模块的满负荷能力。例如，一个 AC220V、2A 的 8 点输出模块，虽然每个点可以提供 2A 电流，但模块满负荷电流不一定能达到 2A × 8 = 16A，而要比这个值小得多。为此，选择接点输出模块要留有余地。继电器输出仅适用于通断频率小于 1Hz 的负载。对于通断频率高且功率因数低的感性负载应选用无触点开关元件，即选用晶体管输出（直流负载）或双向晶闸管输出（交流负载）模块。

② 输出电流　输出模块的输出电流必须大于负载电流的额定值，因此，应根据负载的实际电流确定输出模块。

③ 同时接通的点数　一般来讲，同时接通的点数不能超过输出点数的 60%，否则将加重输出公共端承受的电流负担。

3) 智能 I/O 接口的选择　智能 I/O 模块的共同特点是模块本身带有 CPU。各 PLC 提供的智能 I/O 模块在控制原理、使用场合均有较大的差异，在选用时需参阅产品说明。

(4) 通信接口的选择　为了实现“人—机过程”或“机—机”间的对话，PLC还可配置各种通信接口。当与打印机相连时，可将过程信息、参数等输出打印；当与监视器相连时，可将过程图像显示出来；当与其他PLC相连时，则可组成多机连网系统实现整个生产过程的自动控制；当与计算机相连时，可组成集散控制系统（DCS），此时就注意尽可能选用同一型号或同一系列的PLC，以便相互兼容。

三、PLC外电路设计的一般原则

外电路设计，主要是指输入、输出设备（按钮、行程开关、限位开关、接触器、电磁阀等）与PLC的连接电路以及各运行方式、强电电路（自动、半自动、手动、连续、单步、半周期等）、电源电路、控制柜内电路等。控制系统设计中除PLC选型及I/O模块选择外，外电路设计是一个十分重要的内容，其中配置的低压电器、性能、质量会直接影响系统的可靠性。

1. 系统配套电器的选用原则

若选用的PLC可靠性较高，而设计的外电路配套电器的可靠性低，PLC高可靠性特点就不能充分发挥，所以PLC外电路配套电器具体选用原则如下：

(1) 提高工作可靠性　在配套电器中大量使用接触器，为保证系统在长期运转过程中接触器不发生误动作，应严格按标准选择、验收交流接触器。根据IEC-158-1和VDE-0660标准的规定，在交流工作制时，接触器的通断能力为额定电流的8～10倍，机械寿命为10万次。

(2) 采用小型化的低压电器　应采用小触点、通断能力强、强度高、寿命长、高导磁性和优质灭弧材料制成的低压电器。

(3) 采用新型的低压电器　目前市场上已推出各种新型接触器，如固态继电器、混合接触器、同步接触器、低真空接触器等。这些接触器可克服电磁交流式接触器固有缺点，大大地提高可靠性，延长使用寿命，但价格比较贵。

(4) 采用卡轨式安装和装配形式　卡轨式接触器安装方便，节省安装费用，可迅速排除故障，更换极其方便，所以应尽可能选用。

2. 中间继电器的配置原则

虽然PLC是用软件来替代继电接触控制中的中间继电器的，但在下列情况下还应配置中间继电器：

1) 连接手动电路、紧急停车电路，以备系统异常状况下使用。

2) 配线距离长，或与高噪声源设备相连，易产生干扰的场合。

3) 除PLC外，另有其他控制电路要使用该信号。

4) 大负载频繁通断。

图5-48为中间继电器接入I/O模块的实例。

3. 熔断器的使用原则

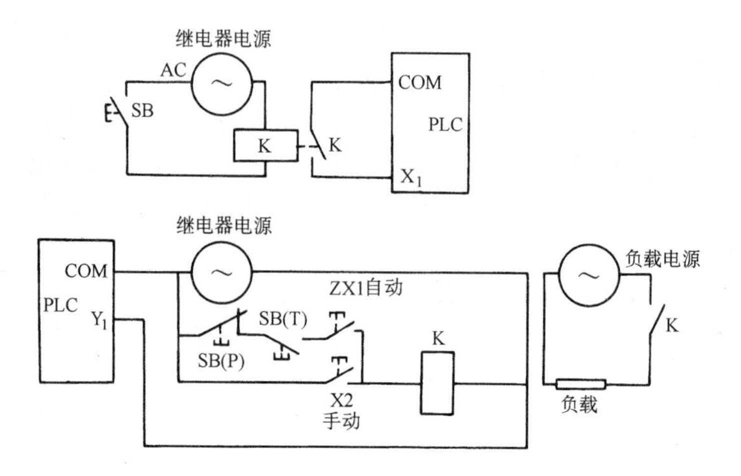

图 5-48　中间继电器接入 I/O 模块的实例

使用熔断器的目的是当输出端负载超过其额定电流或发生短路时，保证电器不被烧毁。特别是当外电路接入感性负载时，一定要接入熔断器。接入的负载不同，熔断器容量应有所不同。对于继电器感性负载常选用 2A 的熔断器，一般是一个线圈 L_i 接入一个熔断器 FU_i，如图 5-49a 所示。有时为了简化结构，也可将几个线圈组成一组后，接入一个熔断器，如图 5-49b 所示。值得注意的是，总的熔断器的熔断体容量 Q 要小于 n 个输出端每个线圈中单个接入熔断器中熔断体容量 q_i 的总和，即

$$Q < \sum_{i=1}^{n} q_i$$

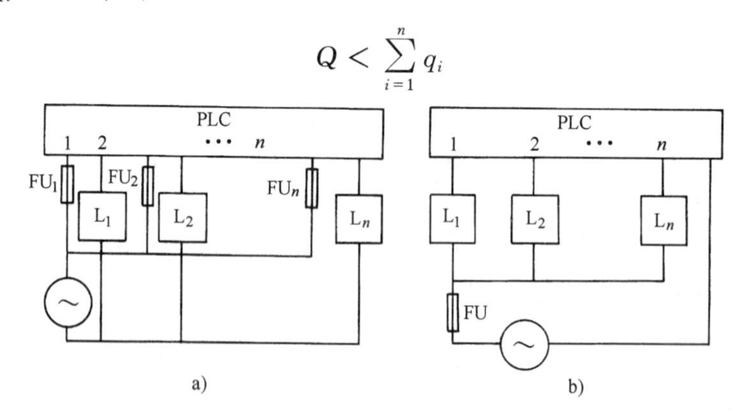

图 5-49　熔断器的安装

4．输入/输出联锁触点的接入方法

在编制 PLC 梯形图时，对输入、输出电路中的联锁触点有两种处理方式：一是软件化；另一种是硬件化；但切不可把凡是与开关量有关的，特别是它们之间有互锁关系的触点都软件化，误认为这样是优化了程序。一定要根据系统的要求，在确保任何情况下都能可靠工作为前提来选择最佳接入方式。一般情况下，

对于一些典型电路，如电动机正反转电路，把互锁的触点分别接入 PLC 的输入、输出回路，形成双回路设计方案，如图 5-50 所示。

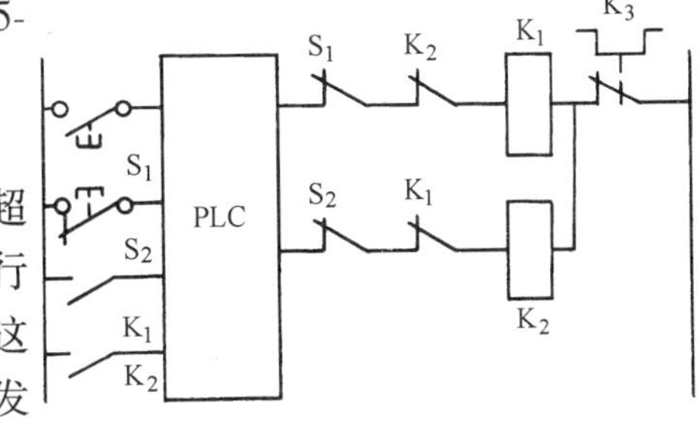

图 5-50　联锁触点接入方法示意图

5. 限位开关接入方法

像工作台等移动系统，为了避免因超行程而发生故障，在限位开关外设置超行程开关，并接至外电路直接控制设备，这样可避免因软件失灵而造成因超行程而发生故障。

6. 设备接地方法

良好接地是保证 PLC 可靠、稳定工作的重要因素之一，这点往往被设计者忽略。为了抑制附加在 PLC 电源或 I/O 端口的干扰，应采用专用接地方式，且与所接设备地线之间的距离不应超过 15m 为宜，如图 5-51a 所示。如果无法采用专用接地方式，也可采用公共接地方式，如图 5-51b 所示。绝不允许将 PLC 的地线接到其他设备的地线上，如图 5-51c 所示。

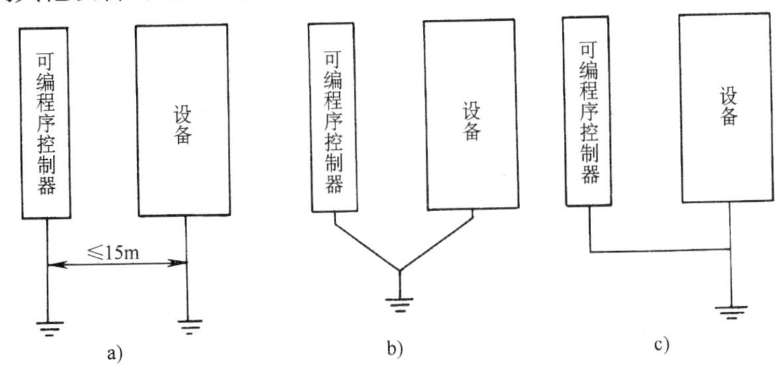

图 5-51　设备接地示意图

对于晶闸管和电动机之类的大功率设备，不要采用公共接地，但接地点应尽可能靠近 PLC，且接地电阻小于 200Ω。

四、PLC 控制系统设计举例

有一搬运工件的机械手，其操作是将工件从左工作台搬到右工作台，示意图如图 5-52 所示。现以采用三菱 F2U 系列 PLC 说明机械控制系统设计过程。

机械手每个工作臂上都有上、下限位和左、右限位开关，而其夹持装置不带限位开关。一旦控制夹持开始，定时器开始记时，定时结束，夹持动作随即完成。机械手到达 B 后，将工件松开的时间也是由定时器控制的，定时结束时，表示工件已松开。

机械手的动作过程如下：搬取工件时，按下起动开关，机械手先由原点下

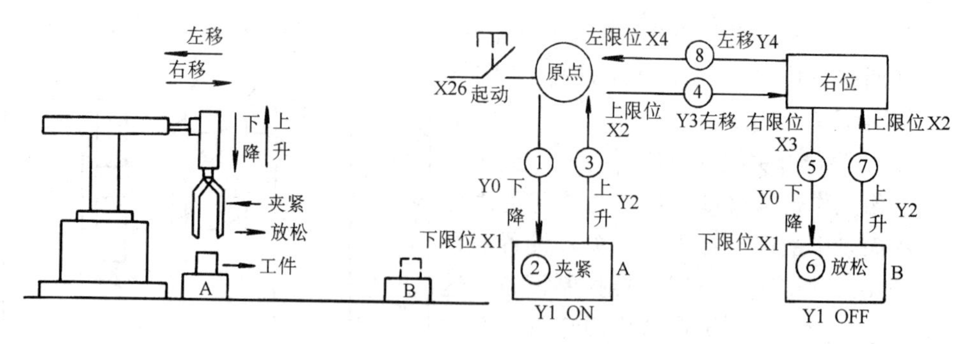

图 5-52　搬运工件的机械手动作过程示意图

降，碰到下限位开关（X1 接通）后，停止下降；同时接通定时器，机械手开始夹紧工件，定时结束，夹紧完成。机械手上升，上升到顶时，碰到上限位开关（X2 接通），上升停止。机械手右移，至碰到右限位开关（X3 接通）时，右移停止。机械手下降，下降到底时，碰到下限位开关（X1 接通），下降停止。同时接通定时器，机械手放松工件，定时结束，工件已松开。机械手上升，上升到顶碰到上限位开关（X2 接通）时，上升停止。机械手左移，左移到原点碰到左限位开关（X4 接通）时，左移停止。于是机械手动作的一个周期结束。

该机械手工作方式有手动、单步、一个周期和连续工作（自动）四种形式。机械手的操作面板如图 5-53 所示。工作方式选择开关分四档与四种方式相对应。上升、下降、左移、右移、放松、夹紧几个步序一目了然。下面就操作面板上标明的几种工作方式说明如下：

手动方式　指用各自的按钮使各个负载单独接通或断开。

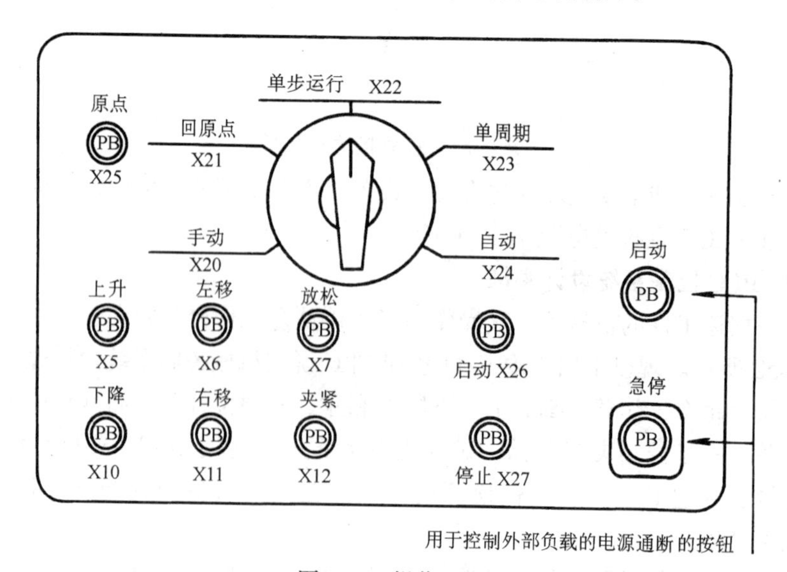

图 5-53　操作面板

回原点　按下此按钮，机械手自动回到原点。

单步　按动一次起动按钮，前进一个工步。

单周期　机械手在原点位置时按动启动按钮，自动运行一遍后再回到原点停止。若在中途按动停止按钮，则停止运行；再按启动按钮，从断点处继续运行，回到原点处自动停止。

连续工作（自动状态）　机械手在原点位置时按动启动按钮，连续反复运行。若中途按动停止按钮，运行到原点后停止。

面板上的启动和急停按钮与 PLC 运行程序无关，这两个按钮是用来接通或断开 PLC 外部负载的电源。有多种运行方式的控制系统，应能根据所设置的运行方式自动进入，这就要求系统应能自动设定与各个运行方式相应的初始状态。三菱公司生产的 FZX 系列 PLC 的 FNC60（IST）功能指令就具有这种功能。为了使用这个指令，必须指定具有连续编号的输入点，此例中指定的输入点如表 5-6 所示。

表 5-6　对照表

输入继电器 X	功　能	输入继电器 X	功　能
X20	手动	X24	连续运行
X21	回原点	X25	回原点启动
X22	单步运行	X26	自动启动
X23	单周期运行	X27	停止

X20 是输入的首元件编号；S20 是自动方式的最小状态器编号；S29 是自动方式的最大状态器编号。当应用指令 FNC60 满足条件时，下面的初始状态器及相应特殊辅助继电器自动被指定如下功能：

S0——手动操作初始状态；

S1——回原点初始状态；

S2——自动操作初始状态；

M8048——禁止转移；

M8041——开始转移；

M8042——启动脉冲；

M8047-STL——监控有效；

1. 初始化程序

任何一个完整的控制程序都要初始化。所谓程序初始化就是设置控制程序的初始化参数。简易机械手控制系统的初始化程序是设置初始状态和原点位置条件。图 5-54 是初始化程序的梯形图。

特殊辅助继电器 M8044 作为原点位置条件用。当在原点位置条件满足时，M8044 接通。其他初始状态是由 IST 指令自动设定。需要指出的是初始化程序只是在开始时执行一次，其结果存在元件映象寄存器中，这些元件的状态在程序执行过程中大部分都不再变化。有些则不然，像 S2 状态器就是随程序运行进行改变其状态的。

2. 手动方式程序

手动方式梯形图程序如图 5-55 所示。S0 为手动方式的初始状态。手动方式的夹紧、放松及上升、下降、左移、右移是由相应按钮来控制的。

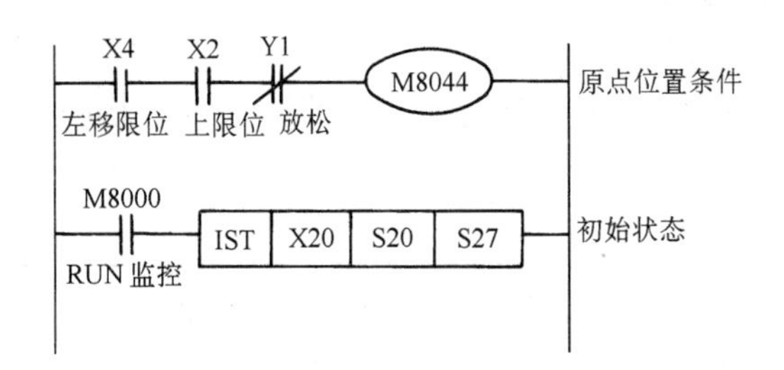

图 5-54　初始化梯形图程序

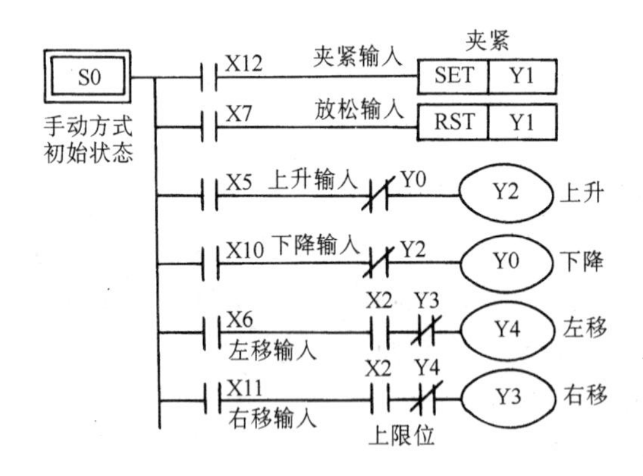

图 5-55　手动方式梯形图程序

3. 回原点方式程序

回原点方式状态图程序如图 5-56 所示。S1 是回原点的初始状态。回原点结束后，M8043 置 1。

4. 自动方式

自动方式的状态图如图 5-57 所示。其中 S2 是自动方式的初始状态。状态转移开始辅助继电器 M8041、原点位置条件辅助继电器 M8044 的状态都是在初始化程序中设定的，在程序运行中不再改变。

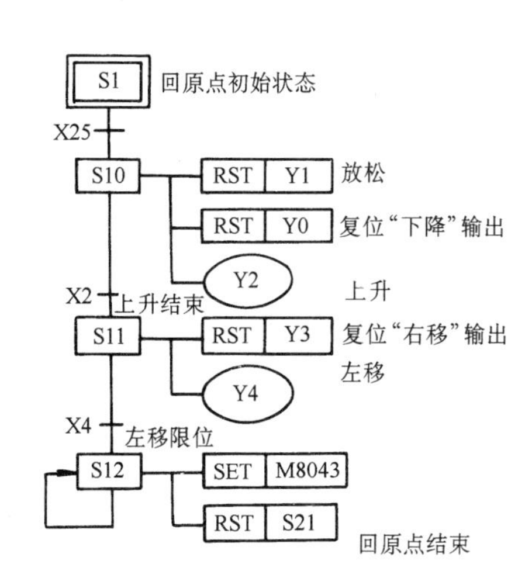

图 5-56　回原点方式

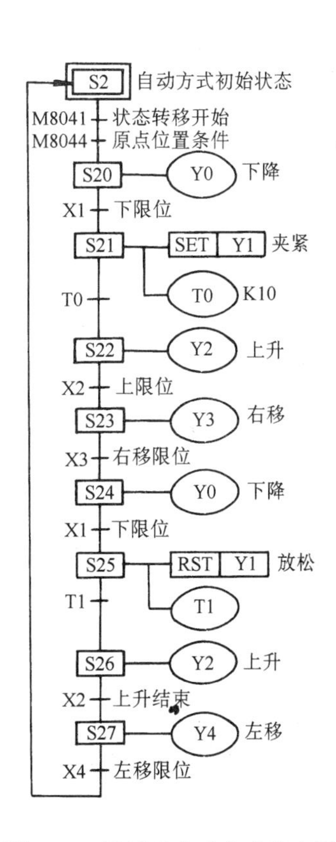

图 5-57　机械手自动方式状态图

第四节　数字控制器设计

在模拟系统中，其过程控制方式就是将被测参数（如位移、速度等）由传感器变换成统一的标准信号送入调节器，在调节器中与给定值进行比较，然后把比较出的差值经运算后送到执行机构，改变进给控制量，以达到自动调节之目的。而在数字控制系统中，则使用数字调节器来模拟模拟调节器。其调节过程是首先把过程参数进行采样，并通过模拟量输入通道将模拟量变成数字量，根据这些数字量由计算机按一定控制算法进行运算处理，运算结果由模拟量输出通道输出，并通过执行机构去控制生产，以达到调节的目的。这里计算机执行按某种算法编写的程序，实现对被控制对象的控制和调节，称为数字调节器。

数字调节器与模拟调节器相比，具有如下优点：

1）模拟调节器调节能力有限，当控制规律较为复杂时，就难以甚至无法实现。而数字调节器能实现复杂控制规律的控制。

2) 计算机具有分时控制能力，可实现多回路控制。

3) 数字调节器具有灵活性。其控制规律灵活多样，可用一台计算机对不同的回路实现不同的控制方式，并且改变控制程序或控制参数即可，使用起来简单方便。

4) 可靠性高。由于计算机的控制算法是用软件实现，因此比用硬件组成的调节器具有较高的可靠性，且系统维护简单。

计算机控制系统按一定时间间隔对被控对象进行状态检测、实施数字控制，由于被控对象通常都是连续的模拟量，所以在用数学模型表达控制系统时，以 $G(s)$ 表示被控对象的总传递函数，以 $D(z)$ 表示数字控制器，简化后的离散控制系统框图见图 5-58。要解决的问题是根据已知的被控对象传递函数，以及给定闭环系统的性能指标设计数字控制 $D(z)$，使系统控制性能达到最佳。

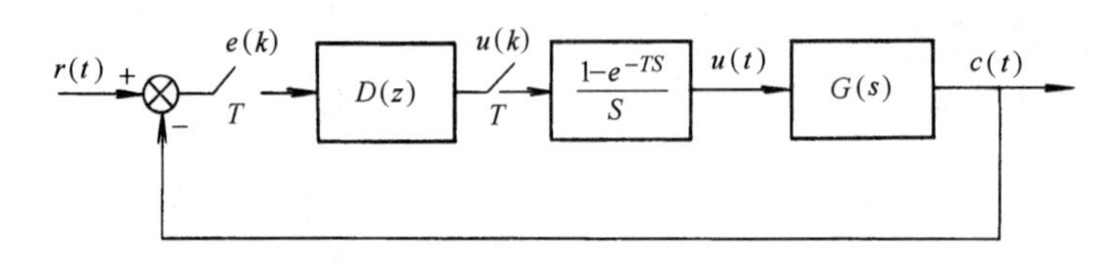

图 5-58　典型计算机控制系统框图

设计数字控制器 $D(z)$ 有几种方法。从设计思路来看，可归纳为连续化设计法和离散化设计法。连续化设计法又称间接设计法，该设计方法的基本思路是，当系统的采样频率足够高时，系统的特性接近于连续变化的模拟系统，因而可以忽略采样开关和保持器，将整个系统看成是连续变化的模拟系统，从而用 s 域的方法设计校正装置 $D(s)$，再使用 s 域到 z 域的离散化方法求得离散传递函数 $D(z)$。设计的实质是将一个模拟调节器离散化，用数字调节器取代模拟调节器。设计的基本步骤是，根据系统已有的连续模型，按连续系统理论设计模拟调节器，然后按照一定的对应关系将模拟调节器离散化，得到等价的数字调节器，从而确定计算机的控制算法。离散化设计法又称直接设计法，这种方法可直接在离散域用 z 域根轨迹设计法、W 域频率特性设计法和解析设计法等设计数字调节器 $D(z)$。

由于连续设计法是一套系统的、成熟的、实用的设计方法，并在控制领域已被人们所熟知和掌握。因此，在设计计算机控制系统时，仍然经常使用该设计方法，因此本书主要介绍数字控制器的连续设计法及其在控制计算机上的实现方法，并介绍了 PID 数字控制器的设计。

一、数字控制器的连续设计法

1. 连续设计法

连续设计法是数字控制器设计的一种经典方法。该方法把数字控制器 $D(z)$

（控制计算机）及其与计算机外部进行信息交换的A/D转换器、D/A转换器看成一个整体，首先针对被控对象在S域设计出满足要求的连续控制器$D(s)$，再由$D(s)$经过离散化求出所需的数字控制器$D(z)$。这种设计方法要求采样周期T足够短，以避免产生较大的模型误差。

(1) 设计连续控制器　首先假定所研究的系统为连续系统，并考虑计算机控制器信号输出保持器的影响，在控制器输出和被控对象之间插入保持器环节，然后按照连续控制系统的设计方法，在s域设计针对被控对象的满足要求的连续控制器$D(s)$。

(2) 离散化处理　选择合适的采样频率和离散化方法，通过将连续控制器$D(s)$离散化得到数字控制器$D(z)$。

(3) 控制系统性能检验　检验数字控制系统的性能，对因离散化处理而引起的相位滞后等予以数字补偿，若系统性能未能满足设计要求，则返回由$D(s)$开始重新设计，直至满足设计要求。

(4) 实现数字控制算法　根据$D(z)$编制计算机程序。

(5) 试验性验证　通过仿真技术或其他方法，进一步验证系统设计和程序编制的正确性。

数字控制器连续设计法最明显的优点在于其设计基础仍是已为广大技术人员所熟悉的连续控制系统的设计理论和应用实践，但不足之处是设计出来的采样频率一般偏高，而且带有一定的近似性。从连续设计法设计步骤可以看出，其关键是选用合适的离散方法将$D(s)$离散化。

2. 连续控制器的离散化

(1) 向后差分法　设某一装置的输入$e(t)$与输出$u(t)$可以用如下的一阶微分方程来表示

$$u(t)=\frac{\mathrm{d}e(t)}{\mathrm{d}t} \tag{5-11}$$

向后差分法可将式(5-11)所示的微分方程近似地表示为一阶差分方程

$$u(k)=\frac{e(k)-e(k-1)}{T} \tag{5-12}$$

其中，T为系统对$e(t)$进行采样的周期，$e(k)$、$e(k-1)$分别为第k个采样时刻和第$k-1$个采样时刻的输入值，$u(k)$为k个采样时刻的输出值。

由式(5-12)可见，式(5-11)所示的微分关系经过差分后变成了一种简单的乘法（乘以$1/T$）和减法的关系。这样的表达式特别适合计算机处理。当然式(5-12)是式(5-11)的一种近似表达式。其近似程度取决于采样周期T。T越小，两者就越加接近。

类似的，用二阶向后差分法也可将二阶微分方程

$$u(t)=\frac{\mathrm{d}^2e(t)}{\mathrm{d}t^2}$$

表示为

$$u(k)=\frac{1}{T}\frac{[e(k)-e(k-1)]-[e(k-1)-e(k-2)]}{T}$$

$$=\frac{e(k)-2e(k-1)+e(k-2)}{T^2} \tag{5-13}$$

式(5-12)两端进行 z 变换,有

$$U(z)=E(z)\frac{1-z^{-1}}{T} \tag{5-14}$$

或

$$D(z)=\frac{U(z)}{E(z)}=\frac{1-z^{-1}}{T} \tag{5-15}$$

而式(5-11)的拉氏变换式为

$$D(s)=\frac{U(s)}{E(s)}=s \tag{5-16}$$

比较式(5-15)与(5-16)可知,当用向后差分法将连续装置 $D(s)$数字化,求其相应的脉冲传递函数 $D(z)$时,可将 $D(s)$中的因子 s 直接用$(1-z^{-1})/T$ 代替,即

$$D(z)=D(s)\Big|_{s=\frac{1-z^{-1}}{T}} \tag{5-17}$$

(2) 匹配 z 变换法　匹配 z 变换法是从 z 域与 s 域的映射关系出发,将[s]平面上的零、极点 $s=a$ 直接映射为 z 域上的零、极点 $z=\mathrm{e}^{at}$,其中 T 为采样周期,这种直接映射关系可以表示为

$$D(z)=D(s)\Big|_{(s-a)=(1-z^{-1}\mathrm{e}^{aT})} \tag{5-18}$$

对于共轭复数零、极点,式(5-18)的映射关系变成

$$(s-a-jb)(s-a+jb)\rightarrow(1-z^{-1}\mathrm{e}^{aT}\mathrm{e}^{jbT})(1-z^{-1}\mathrm{e}^{aT}\mathrm{e}^{-jbT})$$

$$=1-2z^{-1}\mathrm{e}^{aT}\cos(bT)+z^{-2}\mathrm{e}^{2aT} \tag{5-19}$$

匹配 z 变换法的这种映射关系还应保证映射前后的增益相等,设

$$D(s)=\frac{K_s(s-a_1)\cdots(s-a_m)}{(s-b_1)\cdots(s-b_n)} \tag{5-20}$$

映射后

$$D(z)=\frac{K_z(1-z^{-1}\mathrm{e}^{a_1T})\cdots(1-z^{-1}\mathrm{e}^{a_mT})}{(1-z^{-1}\mathrm{e}^{b_1T})\cdots(1-z^{-1}\mathrm{e}^{b_nT})} \tag{5-21}$$

映射后应使

$$\lim_{z\to 1} D(z) = \lim_{s\to 0} D(s) \tag{5-22}$$

即

$$K_z = \lim_{z\to 1} D(z) \lim_{z\to 1} \frac{(1 - z^{-1}e^{b_1 T})\cdots(1 - z^{-1}e^{b_n T})}{(1 - z^{-1}e^{a_1 T})\cdots(1 - z^{-1}e^{a_m T})}$$

这种离散化方法应用于具有因式分解形式的传递函数时，比较方便。

(3) 双线性变换法　双线性变换法也称突斯汀(Tustin)法，是实际控制系统中比较常用的一种离散化方法，根据 z 变换定义：

$$z = e^{Ts} = e^{\frac{Ts}{2}}/e^{-\frac{Ts}{2}} \tag{5-23}$$

将 $e^{\frac{Ts}{2}}$ 和 $e^{-\frac{Ts}{2}}$ 展成台劳级数，并取前两项有

$$e^{\frac{Ts}{2}} \approx 1 + \frac{Ts}{2}, \quad e^{-\frac{Ts}{2}} \approx 1 - \frac{Ts}{2}$$

于是可得

$$z = \frac{1 + \frac{Ts}{2}}{1 - \frac{Ts}{2}} \tag{5-24}$$

从中解出 s，得双线性变换的近似表达式为

$$s = \frac{2}{T}\frac{1 - z^{-1}}{1 + z^{-1}} \tag{5-25}$$

根据式(5-25)的变换关系，如果连续装置的传递函数为 $D(s)$，则其离散化后的脉冲传递函数为

$$D(z) = D(s)\Big|_{s=\frac{2}{T}\frac{1-z^{-1}}{1+z^{-1}}} \tag{5-26}$$

式(5-26)表明，当

$$D(s) = \frac{U(s)}{E(s)} = s \tag{5-27}$$

时，则

$$D(z) = \frac{U(z)}{E(z)} = \frac{2}{T}\frac{1 - z^{-1}}{1 + z^{-1}} \tag{5-28}$$

或

$$\frac{U(z) + z^{-1}U(z)}{2} = \frac{E(z) - z^{-1}E(z)}{T} \tag{5-29}$$

与其相应的差分方程为

$$\frac{u(k) + u(k-1)}{2} = \frac{e(k) - e(k-1)}{T} \tag{5-30}$$

将式(5-30)与式(5-12)的向后差分法比较可知，在双线性变换中，用 $u(k)$ 和 $u(k-1)$ 二点的平均值代替了向后差分法中的 $u(k)$。所以双线性变换法比向后差分

法具有更高的精度，但在使用中比向后差分法繁杂一些。

二、数字控制器 $D(z)$ 在计算机系统中的实现方法

用微机实现数字控制算法的基本思想是把 $D(z)$ 再次变换为差分方程，然后利用计算机软件或数字硬件加以实现。虽然用软件或硬件都可以实现数字控制器 $D(z)$，但在一般机电一体化产品应用中，软件方式实现 $D(z)$ 具有简单易行、调整控制算法灵活，可以使产品具有更多柔性等优点，所以得到较多的采用。

在主要讲述数字控制器 $D(z)$ 在计算机控制系统中的实现方法。

1. 直接程序设计法

数字控制器 $D(z)$ 通常可表示为

$$D(z)=\frac{U(z)}{E(z)}=\frac{a_0+a_1z^{-1}+a_2z^{-2}+\cdots+a_mz^{-m}}{1+b_1z^{-1}+b_2z^{-2}+\cdots+b_nz^{-n}}$$

$$=\frac{\sum_{j=0}^{m}a_jz^{-j}}{1+\sum_{j=0}^{n}b_jz^{-j}}\qquad(m\leqslant n)\tag{5-31}$$

式中，$U(z)$ 和 $E(z)$ 分别为数字控制器输出序列和输入序列的 z 变换。

从式(5-31)中可以求出

$$U(z)=\sum_{j=0}^{m}a_jE(z)z^{-j}-\sum_{j=0}^{n}b_jU(z)z^{-j}\tag{5-32}$$

为了方便用计算机实现，把式(5-26)进行 z 反变换，写成如下所示的差分方程的形式

$$U(k)=\sum_{j=1}^{m}a_jE(k-j)-\sum_{j=0}^{n}b_jU(k-j)\tag{5-33}$$

由式(5-33)可画出数字控制器的直接实现形式，如图 5-59 所示。

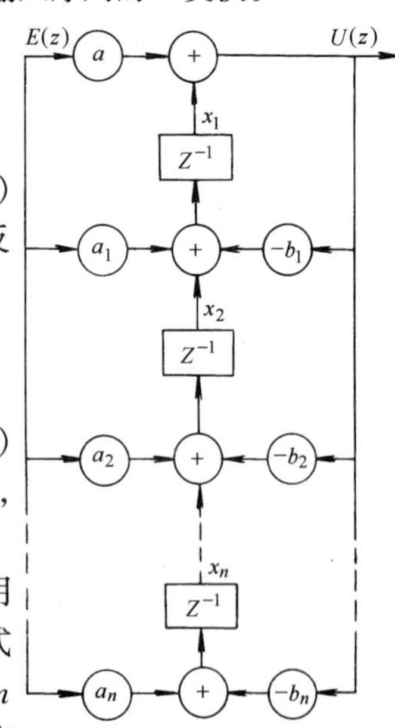

图 5-59　数字控制器的直接程序设计法

式(5-33)即为计算机采用直接程序设计法所用的表达式，它可以很容易地用软件程序来实现。由式(5-33)可以看出，每计算一次 $U(k)$，要进行 $m+n$ 次数据传递。因为在本次采样周期内输出的计算值 $U(k)$，在下一个采样周期中就变成 $U(k-1)$ 了。同理 $E(k)$ 将变成 $E(k-1)$，所以其余的 $E(k-j)$ 和 $U(k-j)$ 也都要递推一次，变成 $E(k-j-1)$ 和 $U(k-j-1)$，以便下一个采样周期使用。

2. 串行程序设计法

串行程序设计法也叫迭代程序设计法。如果数字控制器的脉冲传递函数 $D(z)$中的零点、极点均已知时，则 $D(z)$可以写成如下形式

$$D(z)=\frac{U(z)}{E(z)}=\frac{K(z+z_1)(z+z_2)\cdots(z+z_m)}{(z+p_1)(z+p_2)\cdots(z+p_n)}$$

令：

$$\left.\begin{aligned}D_1(z)&=\frac{U_1(z)}{E(z)}=\frac{z+z_1}{z+p_1}\\D_2(z)&=\frac{U_2(z)}{U_1(z)}=\frac{z+z_2}{z+p_2}\\&\vdots\\D_m(z)&=\frac{U_m(z)}{U_{m-1}(z)}=\frac{z+z_m}{z+p_m}\\D_{m+1}(z)&=\frac{U_{m+1}(z)}{U_m(z)}=\frac{1}{z+P_{m+1}}\\&\vdots\\D_n(z)&=\frac{U(z)}{U_{n-1}(z)}=\frac{K}{z+P_n}\end{aligned}\right\}\tag{5-34}$$

则

$$D(z)=D_1(z)D_2(z)\cdots D_n(z)\tag{5-35}$$

因此，$D(z)$可以看成由 $D(z)=D_1(z),D_2(z),\cdots,D_n(z)$串联而成，如图 5-60 所示。

为了计算 $U(k)$，可以先求出 $U_1(k)$，再算出 $U_2(k)$，$U_3(k)\cdots$，最后算出 $U(k)$。

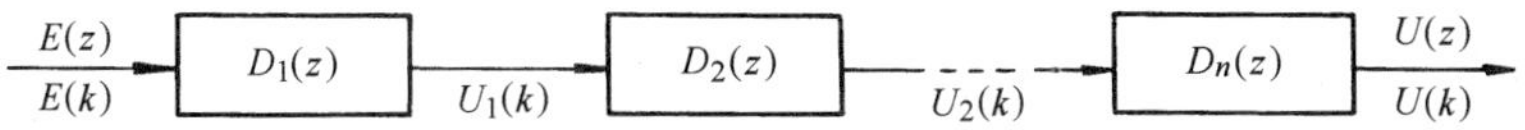

图 5-60　数字控制器的串行程序设计法

现在先计算 $U_1(k)$

$$\frac{U_1(z)}{E(z)}=D_1(z)=\frac{z+z_1}{z+p_1}=\frac{1+z_1z^{-1}}{1+p_1z^{-1}}\tag{5-36}$$

交叉相乘得

$$(1+p_1z^{-1})U_1(z)=(1+z_1z^{-1})E(z)$$

进行 z 反变换得

$$U_1(k)+p_1U_1(k-1)=E(k)+z_1E(k-1)$$

因此可得

$$U_1(k)=E(k)+z_1E(k-1)-p_1U_1(k-1)$$

依次类推,可得到 n 个迭代表达式

$$\left.\begin{aligned} U_1(k) &= E(k) + z_1E(k-1) - p_1U_1(k-1) \\ U_2(k) &= U_1(k) + z_2U_1(k-1) - p_2U_2(k-1) \\ &\vdots \\ U_m(k) &= U_{m-1}(k) + z_mU_{m-1}(k-1) - p_mU_m(k-1) \\ U_{m+1}(k) &= U_m(k-1) - p_{m+1}U_{m+1}(k-1) \\ &\vdots \\ U(k) &= kU_{n-1}(k-1) - p_nU(k-1) \end{aligned}\right\} \tag{5-37}$$

用式(5-37)计算 $U(k)$的方法称做串行程序设计法。此程序每算出一次 $U(k)$需进行$(m+n)$次加减法、$(m+n+1)$次乘法和 n 次数据传送。它只需传送 $U_1(k),U_2(k),\cdots,U_{n-1}(k)$和 $U(k)$共 n 个数据。

3. 并行程序设计

若 $D(z)$可以写成部分分式的形式

$$D(z) = \frac{U(z)}{E(z)} = \frac{k_1z^{-1}}{1+p_1z^{-1}} + \frac{k_2z^{-1}}{1+p_2z^{-1}} + \cdots + \frac{k_nz^{-1}}{1+p_nz^{-1}} \tag{5-38}$$

令

$$\left.\begin{aligned} D_1(z) &= \frac{U_1(z)}{E(z)} = \frac{k_1z^{-1}}{1+p_1z^{-1}} \\ D_2(z) &= \frac{U_2(z)}{E(z)} = \frac{k_2z^{-1}}{1+p_2z^{-1}} \\ &\vdots \\ D_n(z) &= \frac{U_n(z)}{E(z)} = \frac{k_nz^{-1}}{1+p_nz^{-1}} \end{aligned}\right\} \tag{5-39}$$

因此可得

$$D(z) = D_1(z) + D_2(z) + \cdots + D_n(z) \tag{5-40}$$

由此可见,$D(z)$等于 $D_1(z),D_2(z),\cdots,D_n(z)$并联而成,如图 5-61 所示。

与前面类似,也可以得出几个计算公式

$$\left.\begin{aligned} U_1(k) &= k_1E(k-1) - p_1U_1(k-1) \\ U_2(k) &= k_2E(k-1) - p_2U_2(k-1) \\ &\vdots \\ U_n(k) &= k_nE(k-1) - p_nU_n(k-1) \end{aligned}\right\} \tag{5-41}$$

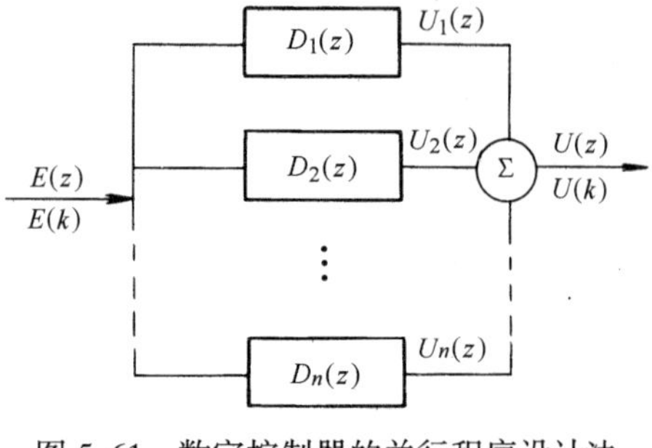

图 5-61 数字控制器的并行程序设计法

$U_1,U_2,\cdots,U_n(k)$求出以后,便可算出

$$U(k) = U_1(k) + U_2(k) + \cdots + U_n(k) \tag{5-42}$$

按式(5-41)和式(5-42)编写计算机程序,计算 $U(k)$的方法,叫并行程序设计法。这种方法每计算一次 $U(k)$,就要进行$(2n-1)$次加减法、$2n$ 次乘法和 $n+1$ 次数据传送。

以上 3 种求数字控制器 $D(z)$输出差分方程的方法各有所长。就计算效率而言,串行程序设计法为最佳。直接程序设计法具有独特的优点是:式(5-33)中除 $j=0$ 时涉及 $E(k)$的一项外,其余各项都可以在采集 $E(k)$之前全部计算出来,因而可大大减少计算机计算时间,提高系统的动态性能。另一方面,串行法和并行法在高阶数字控制器设计时,可以简化程序设计,只要设计出一阶或二阶的 $D(z)$子程序,通过反复调用子程序即可实现 $D(z)$。这样设计的程序占用内存容量少,容易读,且调试方便。

但必须指出,串行和并行法程序设计中,需要将高阶函数分解成一阶或二阶的环节,这样的分解并不是在任何情况下都可以进行的。当 $D(z)$为零点或已知时,很容易分解,但有时却要花费大量时间,有时甚至是不可能的。此时若采用直接程序设计法则优越性更大。

三、PID 数字控制器的设计

PID 数字控制器是按偏差(Proportional)、积分(Integral)和微分(Differentia)的比例进行控制的调节器(简称 PID 调节器),是连续系统中技术成熟、应用最为广泛的一种调节器。它的结构简单,参数易于调整。实际运行经验及理论分析证明,运用 PID 调节器在对相当多的工业对象进行控制时能够取得满意的效果。随着计算机技术的发展,采用计算机系统来实现 PID 控制时,其软件系统灵活、易修改的优点得以发挥,所以 PID 数字控制器被越来越广泛地应用。

1.PID 控制器的离散化

在模拟系统中,PID 算法的表达式为

$$P(t) = K_{\mathrm{p}}\left[e(t) + \frac{1}{T_{\mathrm{I}}}\int e(t)\mathrm{d}t + T_{\mathrm{D}}\frac{\mathrm{d}e(t)}{\mathrm{d}t}\right] \tag{5-43}$$

式中 $P(t)$——调节器的输出信号;

$e(t)$——调节器的偏差信号,它等于测量值与给定值之差;

K_{p}——调节器的比例系数;

T_{I}——调节器的积分时间。

由于计算机控制是一种采样控制,它只能根据采样时刻的偏差来计算控制量。因此,在计算机控制系统中,必须首先对式(5-43)进行离散化处理,用数字形式的差分方程代替连续系统的微分方程,此时积分项和微分项可用求和及增量式表示

$$\int_0^n e(t)\mathrm{d}t = \sum_{j=0}^{n} E(j)\Delta t = T\sum_{j=0}^{n} E(j) \tag{5-44}$$

$$\frac{de(t)}{dt} \approx \frac{E(k) - E(k-1)}{\Delta t} = \frac{E(k) - E(k-1)}{T} \tag{5-45}$$

将式(5-44)和式(5-45)代入式(5-43)中,则可得到离散式的 PID 表达式

$$P(k) = K_p \left\{ E(k) + \frac{T}{T_1} \sum_{j=0}^{k} E(j) + \frac{T_D}{T} [E(k) - E(k-1)] \right\} \tag{5-46}$$

式中 $\Delta t = T$——采样周期,必须使 T 足够小,才能保证系统有一定的精度;

$E(k)$——第 k 次采样时的偏差值;

$E(k-1)$——第$(k-1)$次采样时的偏差值;

k——采样序号,$k=0,1,2,\cdots$;

$P(k)$——第 k 次采样时调节器的输出。

式(5-46)中的前三项分别起着比例(P)控制、积分(I)控制、微分(D)控制作用,三种作用可组合使用也可分别单独使用(微分控制一般不单独使用),常用组合有:P 控制、PI 控制、PD 控制和 PID 控制。

数字 P 控制算法为

$$P(k) = K_p E(k) \tag{5-47}$$

根据控制理论可知,在没有积分环节的系统中采用比例控制,对于阶跃输入的系统响应具有恒值稳态误差(静差),且误差值随 K_p 的增大而变小,但应注意 K_p 过大时将会引起系统振荡,影响稳定性。若系统中包含有一个以上的积分环节时,采用比例控制可使系统阶跃响应的稳态误差为 0。

数字 PI 控制算法为

$$P(k) = K_p \left[E(k) + \frac{T}{T_1} \sum_{j=0}^{k} E(j) \right] \tag{5-48}$$

在控制算法中引入积分项有利于消除稳态误差,在电动机伺服控制中广泛采用的就是 PI 控制。但积分作用导致控制器相位滞后,每增加一个积分环节产生相位滞后 90°,对系统的稳定性有影响。积分作用还存在着积分饱和问题,即当系统输入给定值产生大幅度变化时,在较长时间内误差 $e(t)$保持相同符号,使得积分项有较大的积累值,造成系统输出在达到给定值后仍需继续变化,再经过相当一段时间才能回到正常控制状态。积分饱和的抑制有赖于控制算法的改进。

数字 PD 控制算法为

$$P(k) = K_p \left\{ E(k) + \frac{T_D}{T} [E(k) - E(k-1)] \right\} \tag{5-49}$$

微分作用是根据偏差的变化趋势进行控制,有利于改善高阶系统的控制品质,同时产生相位超前,每引入一个微分环节,相位就超前 90°,有利于改进稳定性。但微分作用对于噪声信号非常敏感,存在有较大噪声影响的系统一般不引入微分项,或在引入微分作用时先对输入信号进行滤波。另外微分作用常随偏差发生阶

跃变化,引起执行机构的剧烈动作,也需予以注意。

将 PID 三种控制作用完全组合起来,称作完全微分型 PID 控制,式(5-46)是基本的控制公式,由于该式的输出量与执行机构位置相对应,因此,通常把式(5-46)称为位置型 PID 的位置控制算式。

由式(5-46)可以看出,要想计算 $P(k)$,不仅需要本次与上次的偏差信号 $E(k)$和$E(k-1)$,而且还要在积分项中把历次的偏差信号 $E(j)$进行相加,即 $\sum_{j=0}^{k} E(j)$。这样,不仅计算烦琐,而且为保存 $E(j)$还要占用很多内存。因此,用式(5-46)直接进行控制很不方便。为此,我们做如下改动:

根据递推原理,可写出$(k-1)$次的 PID 输出表达式:

$$P(k) = K_p\left\{E(k-1) + \frac{T}{T_I}\sum_{j=0}^{k-1} E(j) + \frac{T_D}{T}[E(k-1) - E(k-2)]\right\} \tag{5-50}$$

用式(5-46)减去式(5-50),可得:

$$P(k) = P(k-1) + K_p[E(k) - E(k-1)] + K_1 E(k) + K_D[E(k) - 2E(k-1) + E(k-2)] \tag{5-51}$$

式中 $K_I = K_p\dfrac{T}{T_I}$——积分系数;

$K_D = K_p\dfrac{T_D}{T}$——微分系数。

由式(5-51)可知,要计算第 k 次输出值$P(k)$,只需知道 $P(k-1)$,$E(k)$,$E(k-1)$,$E(k-2)$即可,比用式(5-46)计算要简单得多。

在很多控制系统中,由于执行机构是采用步进电动机、伺服电动机或多圈电位器进行控制,所以,只要给一个增量信号即可。因此,把式(5-46)和式(5-50)相减,得到:

$$\begin{aligned}\Delta P(k) &= P(k) - P(k-1)\\ &= K_p[E(k) - E(k-1)] + K_I E(k) + K_D[E(k) - 2E(k-1) + E(k-2)]\end{aligned} \tag{5-52}$$

式中 K_p,K_D 同式(5-51)。

式(5-52)表示第 k 次输出的增量 $\Delta P(k)$,等于第 k 次与第$k-1$ 次调节器的输出差值,即在第$(k-1)$次基础上增加(或减少)的量,所以式(5-52)叫做增量型 PID 控制算式。

用控制计算机实现位置式和增量式控制算式的原理,如图 5-62 所示。

在位置控制算式中,不仅需要对 $E(j)$进行累加,而且计算机的任何故障都会引起 $P(k)$大幅度变化,对生产不利。

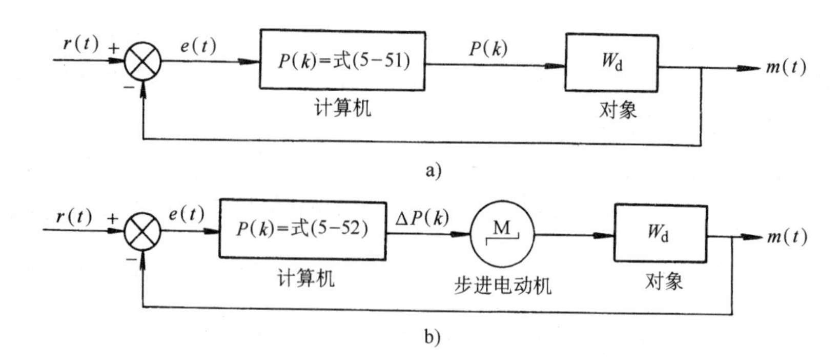

图 5-62　两种 PID 控制原理图

a)位置式控制　b)增量式控制

增量控制虽然改动不大,然而却给控制器带来了很多优点:

1) 由于计算机输出是增量,所以误动作影响小,必要时可用逻辑判断的方法去掉。

2) 在位置型控制算法中,由手动到自动切换时,必须首先使计算机的输出值等于阀门的原始开度,即 $P(k-1)$,才能保证手动/自动的无扰动切换,这将给程序设计带来困难。而增量设计只与本次的偏差值有关,与阀门原来的位置无关,因而增量算法易于实现手动/自动的无扰动切换。

3) 不产生积分失控,所以容易获得较好的调节品质。

增量控制因其特有的优点已得到了广泛的应用。但是,这种控制方法也有如下不足之处:

1) 积分截断效应大,有静态误差。

2) 溢出的影响大。

因此,应该根据被控对象的实际情况加以选择。一般认为,在以晶闸管或伺服电动机作为执行器件或对控制精度要求较高的系统中,应当采用位置型 PID 控制算法;而在以步进电动机或多圈电位器做执行器的系统中,则应采用增量式 PID 控制算法。

另外,除了上述两种控制算法外,还有一种称为速度控制的 PID 算法,即

$$V(k) = \frac{\Delta P(k)}{T}$$

$$= \frac{K_P}{T}\left\{E(k) - E(k-1) + \frac{T}{T_I}E(k) + \frac{K_D}{T}[E(k) - 2E(k-1) + E(k-2)]\right\} \tag{5-53}$$

由于 T 为常量,所以式(5-53)与式(5-52)没有多大区别,故不再详细讨论。

2.PID 算法的程序设计

用汇编语言进行 PID 程序设计有两种运算方法,一种用定点运算,一种为浮点运算。定点运算速度比较快,但精度低一些;浮点运算精度高,但运算速度比较慢。一般情况下,当控制量变化比较慢时,可采用浮点运算。如果系统要求控制速度比较快,则需采用定点运算的方法。但由于大多数被控对象的变化速度与计算机工作速度相差甚远,所以用浮点运算一般都可满足要求。此外,在很多大系统中,也常采用 C 语言等高级语言设计 PID 控制程序。

下边分别讲一下位置型和增量型两种 PID 控制程序的设计方法。

(1) 位置型 PID 算法控制程序的设计　由式(5-46)可写出第 k 次采样时 PID 的输出表达式为

$$P(k) = K_{p}E(k) + K_{I}\sum_{j=0}^{k}E(j) + K_{D}[E(k) - E(k-1)] \tag{5-54}$$

式中 K_{I},K_{D} 与式(5-51)中的相同。

为方便程序设计,将式(5-54)做进一步改进,设比例项输出如下

$$P_{p}(k) = K_{p}E(k)$$

积分项输出如下

$$\begin{aligned} P_{I}(k) &= K_{I}\sum_{j=0}^{k}E(j) = K_{I}E(k) + K_{I}\sum_{j=0}^{k-1}E(j) \\ &= K_{I}E(k) + P_{I}(k-1) \end{aligned}$$

微分项输出如下

$$P_{D}(k) = K_{D}[E(k) - E(k-1)]$$

所以,式(5-54)可写为

$$P(k) = P_{p}(k) + P_{I}(k) + P_{D}(k) \tag{5-55}$$

式(5-55)即为离散化的位置型 PID 控制算法的编程公式,其流程如图 5-63 所示。

(2) 增量型 PID 算法控制程序的设计　由式(5-52)可知,增量型 PID 算式为

$$\begin{aligned} \Delta P(k) = {} & K_{p}[E(k) - E(k-1)] + K_{I}E(k) \\ & + K_{D}[E(k) - 2E(k-1) + E(k-2)] \end{aligned}$$

设

$$\Delta P_{P}(k) = K_{P}[E(k) - E(k-1)]$$

$$\Delta P_{I}(k) = K_{I}E(k)$$

$$\Delta P_{D}(k) = K_{D}[E(k) - 2E(k-1) + E(k-2)]$$

所以,有

$$\Delta P(k) = \Delta P_{P}(k) + \Delta P_{I}(k) + \Delta P_{D}(k) \tag{5-56}$$

式(5-56)为离散化的增量型 PID 编程表达式。

增量型 PID 运算子程序流程图如图 5-64 所示。

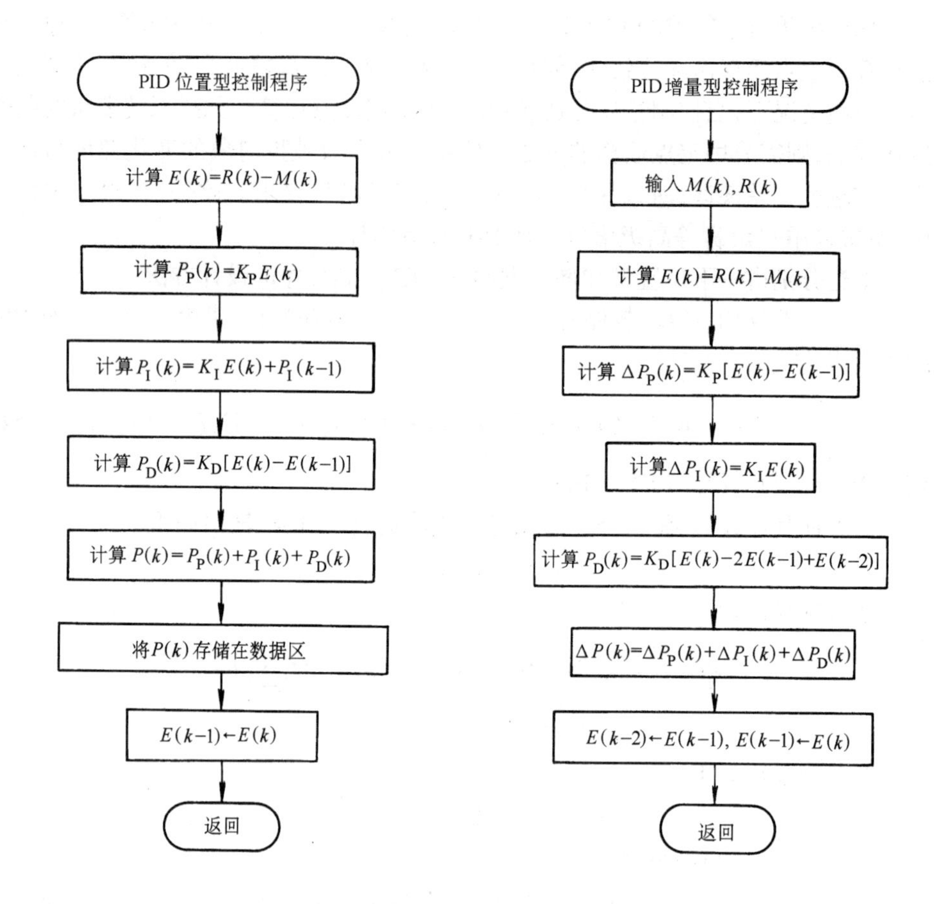

图 5-63　位置型 PID 控制程序流程图　　图 5-64　增量型 PID 控制程序流程图

3.PID 参数的整定

在计算机控制系统中，控制参数直接影响数字控制器的控制品质。数字 PID 控制器的参数包括 K_P、K_I、K_D，另外，还必须考虑采样周期 T。确定合理的 K_P、K_I、K_D 和 T 就是 PID 控制参数整定的任务。在数字 PID 控制中，采样周期 T 通常都要比控制对象的运行时间常数小许多，所以数字 PID 控制参数的整定仍沿用了的连续系统 PID 参数整定的方法。

(1) 采样周期　数字控制系统要求系统的采样周期与控制对象的运行时间常数相比小许多，根据香农(Shannon)采样定理，系统采样频率($1/T$)的上限为 $2f_{max}$，其中 f_{max}为输入信号的上限频率，此时系统可以恢复到原来的连续信号。理论上采样频率越高(T 越小)越好，但实际上受到计算速度、元器件频率特性和控制器调节机理的限制，故确定采样周期时必须综合考虑。影响 T 的因素有：

1) 被控对象的扰动频率　扰动频率高，相应的采样周期短。

2）控制回路　控制的回路越多，则采样周期越长。

3）控制质量　要求控制精度越高，则采样周期越短。

4）控制对象的动态特性。

5）被控对象的时间常数与纯滞后量　影响采样周期取值上限。

工程上确定采样周期最常用的是经验法，即试凑时间常数，在计算机控制系统调试过程中，根据实际控制效果不断调整采样周期 T，直至满意为止。图 5-65 提供了选择采样周期的三种经验公式。

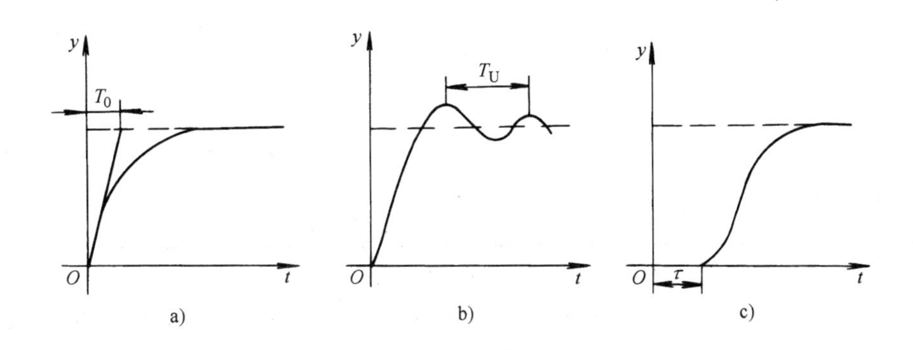

图 5-65　选择采样周期 T 的经验公式

a)单容过程 $T \leqslant 0.1T_0$　b)振荡过程 $T \leqslant 0.1T_U$　c)滞后过程 $T \leqslant 0.25$

(2) 扩充临界比例度整定法　采样周期确定之后就可以进行 K_P、K_I、K_D 的整定。扩充临界比例度整定方法是一种常用的工程方法，使用这种方法还需事先选定数字控制的效果与模拟控制效果的相当密度——控制度，控制度的定义为

$$\text{控制度} = \frac{\int_0^{\infty} e^2(t)\mathrm{d}t\,(\text{数字控制})}{\int_0^{\infty} e^2(t)\mathrm{d}t\,(\text{模拟控制})} \tag{5-57}$$

通常当控制度为 1.05 时，数字控制的效果与模拟控制相当。具体工作步骤如下：

1) 确定临界比例增益和临界周期。在单纯比例作用下（K_P 由小到大调整），使系统产生等幅振荡时的比例增益称为临界比例增益 K_U，此时的采样周期称为临界周期 T_U（参见图 5-65b）。

2) 选择控制度。

3) 根据表 5-7 求出 T、K_P、K_I、K_D，选定的参数还需在实际运行中加以适当调整，使系统性能得到满足。

(3) 简化扩充临界比例度整定法　这是一种简化方法，根据 Ziegler-Nichols 条件，令

表 5-7　扩充临界比例度法 PID 参数的整定

控制度	控制算法	T	K_P	T_I	T_D
1.05	PI	$0.03T_U$	$0.53K_U$	$0.88T_U$	—
	PID	$0.014T_U$	$0.63K_U$	$0.49T_U$	$0.14T_U$
1.2	PI	$0.05T_U$	$0.49K_U$	$0.91T_U$	—
	PID	$0.043T_U$	$0.47K_U$	$0.47T_U$	$0.16T_U$
1.5	PI	$0.14T_U$	$0.42K_U$	$0.99T_U$	—
	PID	$0.09T_U$	$0.34K_U$	$0.43T_U$	$0.20T_U$
2.0	PI	$0.22T_U$	$0.36K_U$	$1.05T_U$	—
	PID	$0.16T_U$	$0.27K_U$	$0.40T_U$	$0.22T_U$
模拟控制器	PI	—	$0.57K_U$	$0.83T_U$	—
	PID	—	$0.70K_U$	$0.50T_U$	$0.13T_U$

$$T = 0.1T_U,\ K_I = 0.5T_U,\ K_D = 0.125T_U$$

将以上三个参数代入式(5-55)或式(5-56),可使得 PID 控制参数的整定问题简化为单参数 K_P 的整定,从而通过 K_P 的调整使系统的控制效果达到设计要求。

4.PID 数字控制器设计举例

为了使钢板在轧制方向上厚度均匀,改善产品质量,提高板材收得率,设计一个轧机位置控制系统的数字控制器。

(1) 轧机系统的数学模型及数字控制器算式　轧机位置控制系统的主回路主要由电液伺服阀、液压缸及用于位移检测的差动变压器等组成。图 5-66 为控制系统的简化框图。

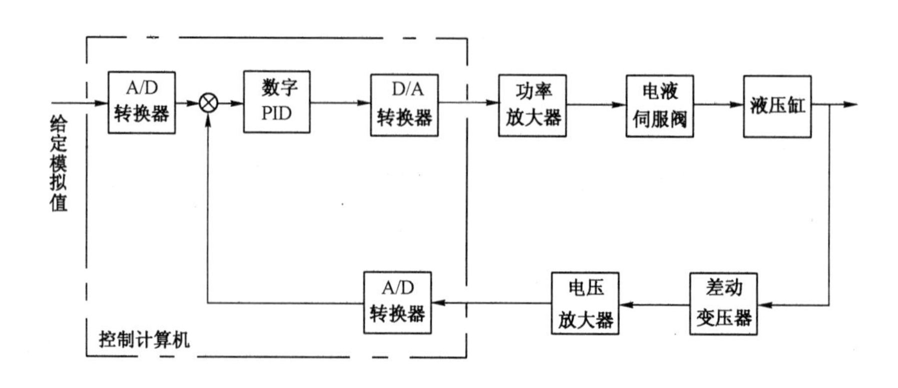

图 5-66　轧机液压厚度调节框图

在不考虑外来干扰的情况下,轧机位置反馈系统原理框图如图 5-67 所示。其

中 $D(s)$为校正环节的传递函数,由控制计算机来实现。

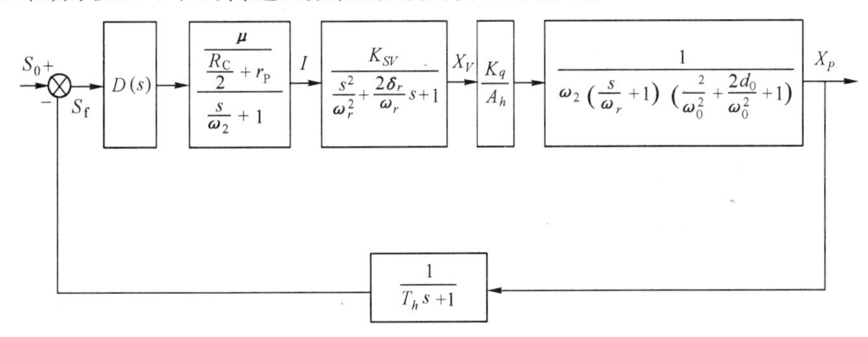

图 5-67 轧机位置反馈系统原理框图

I—输入电流 X_V—伺服阀开口量 X_P—液压缸位移

由图 5-67 可知,不考虑 $D(s)$时,轧机系统的开环传递函数原为六阶,从中找出影响系统动态性能的主要环节和参数,对系统进行简化,可以得到简化的轧机系统的开环传递函数

$$G(s)=\frac{\dfrac{\mu}{R_C/2+r_P}K_{SV}\dfrac{K_q}{A_h}}{\omega_2\left(\dfrac{1}{\omega_r}s+1\right)\left[\left(\dfrac{1}{\omega_a}+T_h\right)s+1\right]} \tag{5-58}$$

式中 μ——放大器增益;

R_C——电液伺服阀线圈的电阻;

r_P——放大器内阻;

ω_a——伺服阀线圈衔铁回路的转折频率;

K_{SV}——放大系数;

K_q——液压缸流量增益;

A_h——液压缸柱塞面积;

ω_2——负载刚度与阻尼系数;

ω_r——液压弹簧刚度和负载刚度串联耦合时刚度与阻尼系数之比;

T_h——差动变压器时间常数。

在式(5-58)中,令

$$K=\frac{\dfrac{\mu}{R_C/2+r_P}K_{SV}\dfrac{K_q}{A_h}}{\omega_2}$$

$$T_{s1}=\frac{1}{\omega_r}$$

$$T_{s2}=\frac{1}{\omega_a}+T_h$$

将其代入式(5-58),则得

$$G(s)=\frac{K}{(T_{s1}s+1)(T_{s2}s+1)} \tag{5-59}$$

$$T_{s1}>T_{s2}$$

整个系统的开环传递函数为

$$D(s)G(s)=D(s)\frac{K}{(T_{s1}s+1)(T_{s2}s+1)} \tag{5-60}$$

选择 $D(s)$为 PI 调节器,即

$$D(s)=\frac{\tau s+1}{T_i s} \tag{5-61}$$

为使调节器能抵消轧机系统中较大的时间常数 T_{s1},可选择

$$\tau=T_{s1} \tag{5-62}$$

式(5-60)化成

$$D(s)G(s)=\frac{\tau s+1}{T_i s}\frac{K}{(T_{s1}s+1)(T_{s2}s+1)}=\frac{1}{\frac{T_i}{K}s(T_{s2}s+1)} \tag{5-63}$$

令

$$\begin{cases}\dfrac{T_i}{K}=\sqrt{2T_2}\\ T_{s2}=\dfrac{1}{2}\sqrt{2T_2}\end{cases}$$

解得

$$T_i=2KT_{s2} \tag{5-64}$$

由式(5-62)与式(5-64)得到调节器的传递函数为

$$D(s)=\frac{T_{s1}s+1}{2KT_{s2}s}=K_P\left(1+\frac{1}{T_I s}\right) \tag{5-65}$$

式中 $K_P=\dfrac{T_{s1}}{2KT_{s2}}$, $T_I=T_{s1}$。

把式(5-65)离散化,得到数字控制器的差分方程为

$$P(k)=P(k-1)+a_0E(k)-a_1E(k-1) \tag{5-66}$$

式中

$$a_0=K_P\left(1+\frac{T}{T_I}\right)$$

$$a_1=K_P$$

由式(5-66)得到防止积分整量化误差的算式

$$P(k) = P(k-1) + a_0'E(k) - a_1E(k-1) + \sigma E(k) \tag{5-67}$$

式中

$$a_0' = a_1 = K_P$$

$$\sigma = K_P T/T_I$$

(2) 数字控制器的程序设计　轧机位置控制系统的数字控制器的程序框图如图 5-68 所示。

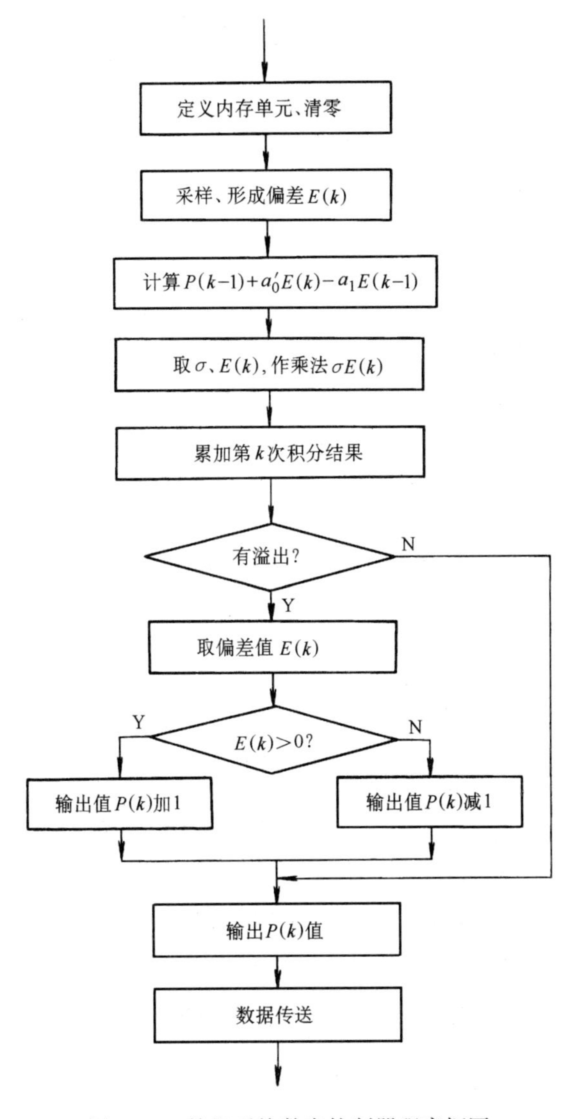

图 5-68　轧机系统数字控制器程序框图

其程序如下：

DATA

```
AOP    db      ?          ;存放 a0'
A1     db      ?          ;存放 a1
ICON   db      ?          ;存放 σ
EK     db      ?          ;存放 E(k)
EK1    db      ?          ;存放 E(k-1)
UK1    db      ?          ;存放 P(k-1)
MIDR   dw      ?          ;积分相累加结果的存放单元
CODE
main   PROC    far
PUSH   DS
MOV    AX,0
PUSH   AX
MOV    AX,@DATA           ;保存系统数据段值
MOV    DS,AX
IN     AL,PORT2           ;反馈值采样
MOV    DL,AL
IN     AL,PORT1           ;给定值采样
SUB    AL,DL
MOV    (EK),AL            ;E(k)→EK 单元
MOV    DL,(AOP)
IMUL   DL                 ;a0'E(k)→AX
MOV    BX,AX
MOV    (EK1),AL
MOV    DL,(A1)
IMUL   DL                 ;a1E(k-1)→AX
SUB    BX,AX
ADD    BX,(Uk1)           ;P(k-1)+a0'E(k)-a1E(k-1)→BX
MOV    AL,(ICON)          ;取 σ
MOV    DL,(EK)            ;E(k)→DL
IMUL   DL
ADD    AX,(MIDR)
MOV    (MIDR),AX
JAE    IT2                ;无溢出则转输出
CMP    DL,0
```

```
        JGE     IT1             ;E(k)大于等于 0 吗?
        DEC     BX              ;将 P(k)减 1
        JMP     IT2
IT1:    INC     BX              ;将 P(k)加 1
IT2:    MOV     AL,BL
        OUT     PORT3,AL        ;输出 P(k)
        MOV     (Uk1),BX        ;P(k)→P(k-1)
        MOV     (EK1),DL        ;E(k)→E(k-1)
        ENDP    main
        END     main
```

第六章　机电一体化系统设计及应用举例

第一节　机电一体化产品的系统设计要点

一、机电一体化产品典型设计进程

机电一体化产品覆盖面很广，在系统的构成上，有着不同的层次，但在系统设计方面有着相同的规律。机电一体化系统设计是根据系统论的观点，运用现代设计的方法构造产品结构、赋予产品性能并进行产品设计的过程。图 6-1 所示为机电一体化产品设计的典型流程图。

整个开发设计过程可划分为四个阶段：

1. 准备阶段

在这个阶段中首先对设计对象进行机理分析，对用户的需求进行理论抽象，确定产品的规格、性能参数；然后根据设计对象的要求，进行技术分析，拟定系统总体设计方案，划分组成系统的各功能要素和功能模块，最后对各种方案进行可行性研究对比，确定最佳总体方案、模块设计的目标和设计人员的组织。

2. 理论设计阶段

在这个阶段中首先根据设计目标、功能要素和功能模块，画出机器工作时序图和机器传动原理简图；对于有过程控制要求的系统应建立各要素的数学模型，确定控制算法；计算各功能模块之间接口的输入输出参数，确定接口设计的任务归属。然后以功能模块为单元，根据接口参数的要求对信号检测及转换、机械传动及工作机构、控制微机、功率驱动及执行元件等进行功能模块的选型、组配、设计；最后对所进行的设计进行整体技术经济评价、设计目标考核和系统优化，挑选出综合性能指标最优的设计。

3. 产品的设计实施阶段

在这一阶段中首先根据机械、电气图样，制造和装配各功能模块；然后进行模块的调试；最后进行系统整体的安装调试，复核系统的可靠性及抗干扰性。

4. 设计定型阶段

该阶段的主要任务是对调试成功的系统进行工艺定型，整理出设计图纸、软件清单、零部件清单、元器件清单及调试记录等；编写设计说明书，为产品投产时的工艺设计、材料采购和销售提供详细的技术档案资料。

纵观系统的设计流程，设计过程的各阶段均贯穿着围绕产品设计的目标所进行的“基本原理—总体布局—细部结构”三次循环设计，每一阶段均构成一个循

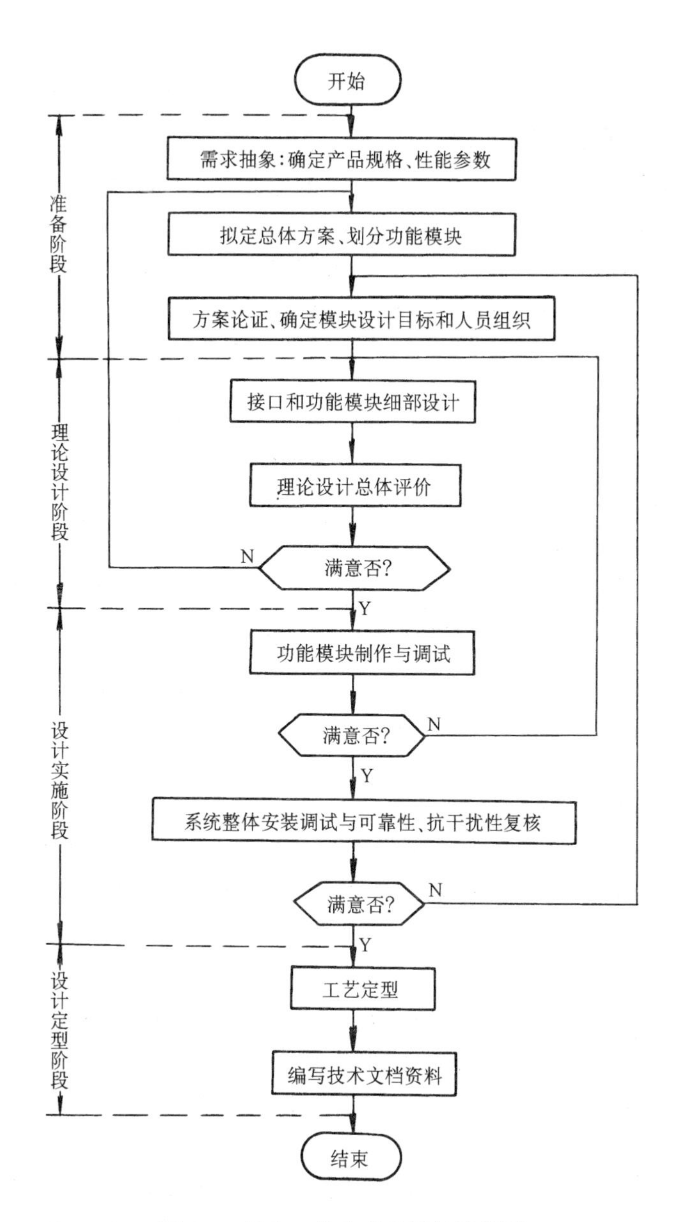

图 6-1　机电一体化产品设计流程图

环体，即以产品的规划和讨论为中心的可行性设计循环；以产品的最佳方案为中心的概念性设计循环；以产品性能和结构优化为中心的技术性设计循环。循环设计使产品设计在可行性规划和论证的基础上求得概念上的最佳方案，再在最佳方案的基础上求得技术上的优化，使系统设计的效率和质量大大地提高。

二、用户需求的抽象

用户的需求虽然是设计所要达到的最终目标，但它并不全是设计的技术参数，因为用户对产品提出的要求往往面向产品的使用目的。因此，需要对用户的需求进行抽象，要在分析对象工作原理的基础上，澄清用户需求的目的、原因和具体内容，经过理论分析和逻辑推理，提炼出问题的本质和解决问题的途径，并用工程语言描述设计要求，最终形成产品的规格和性能参数。对于加工机械而言，它包括如下几个方面：

(1) 运动参数　表征机器工作部件的运动轨迹和行程、速度和加速度。

(2) 动力参数　表征机器为完成加工动作应输出的力（或力矩）和功率。

(3) 品质参数　表征机器工作的运动精度、动力精度、稳定性、灵敏度和可靠性。

(4) 环境参数　表征机器工作的环境，如温度、湿度、输入电源。

(5) 结构参数　表征机器空间几何尺寸、结构、外观造型。

(6) 界面参数　表征机器的人—机对话方式和功能。

三、功能要素和功能模块

机电一体化系统的功能要素是通过具体的技术物理效应实现的，一个功能要素可能是一个功能模块，也可能由若干个功能模块组合而成，或者就是一个机电一体化子系统。功能模块则是实现某一特定功能的具有标准化、通用化或系列化的技术物理效应。功能模块在形式上，对于硬件表现为具体的设备、装置或电路板，对于软件则表现为具体的应用子程序或软件包。

进行机电一体化系统设计时，将功能模块视为构成系统的基本单元，根据系统构成的原理和方法，研究它们的输入输出关系，并以一定的逻辑关系连接起来，实现系统的总功能。因此可以说机电一体化系统的设计过程是一个从模块到系统的设计过程。

四、接口设计要点

接口设计的总任务是解决功能模块间的信号匹配问题，根据划分出来的功能模块，在分析研究各功能模块输入输出关系的基础上，计算制定出各功能模块相互连接时所必须共同遵守的电气和机械的规范和参数约定，使其在具体实现时能够“直接”相连。

应当说明的是，系统设计过程中的接口设计是对接口输入输出参数或机械结构参数的设计，而功能模块设计中的接口设计则是遵照系统设计制定的接口参数进行细部设计，实现接口的技术物理效应，两者在设计内容和设计分工上是不同的。不同类型的接口，其设计要求有所不同。某一类中的某一种接口的设计要求请分别参阅第三章和第五章的内容，这里仅从系统设计的角度讨论接口设计的要求。

传感器接口要求传感器与被测机械量信号源具有直接关系，要使标度转换及数学建模精确、可行，传感器与机械本体的联接简单、稳固，能克服机械谐波干扰，正确反映对象的被测参数。

变送接口应满足传感器模块的输出信号与微机前向通道电气参数的匹配及远距离信号传输的要求，接口的信号传输要准确、可靠，抗干扰能力强，具有较低的噪声容限；接口的输入阻抗应与传感器的输出阻抗相匹配；接口的输出电平应与微机的电平相一致；接口的输入信号与输出信号关系应是线性关系，以便于微机进行信号处理。

驱动接口应满足接口的输入端与微机系统的后向通道在电平上一致，接口的输出端与功率驱动模块的输入端之间不仅电平要匹配还应在阻抗上匹配。另外接口必须采用有效的抗干扰措施，防止功率驱动设备的强电回路反窜入微机系统。

传动接口是一个机械接口，要求它的联接结构紧凑、轻巧，具有较高的传动精度和定位精度，安装、维修、调整简单方便，传动效率高，刚度好，响应快。

五、系统整体方案拟定和评价

拟定系统整体方案一般分为两个步骤，首先根据系统的主功能要求和构成系统的功能要素进行主功能分解，划分出各功能模块，确定它们之间的逻辑关系；然后对各功能模块输入输出关系进行分析，确定功能模块的技术参数和控制策略、系统的外观造型和机械总体结构；最后以技术文件的形式交付设计组讨论、审定。系统总体方案文件的内容应包括：

1）系统的主要功能、技术指标、原理图及文字说明。

2）控制策略及方案。

3）各功能模块的性能要求，模块实现的初步方案及输出输入逻辑关系的参数指标。

4）方案比较和选择的初步确定。

5）为保证系统性能指标所采取的技术措施。

6）抗干扰及可靠性设计策略。

7）外观造型方案及机械主体方案。

8）人员组织要求。

9）经费和进度计划的安排。

系统功能分解应综合运用机械技术和电子技术各自的优势，力求系统构成简单化、模块化。常用的设计策略如下：

1）减少机械传动部件，使机械结构简化，体积减小，提高系统动态响应性能和运动精度。

2）注意选用标准、通用的功能模块，避免功能模块在低水平上的重复设计，提高系统在模块级上的可靠性，加快设计开发的速度。

3）充分运用硬件功能软件化原则，使硬件的组成最简化，使系统智能化。

4）以微机系统为核心的设计策略。

一项设计通常有几种不同的设计方案，每一种方案都有其优点和缺点，因此，在设计阶段应对不同的方案进行整体评价，择优选择综合指标最优的设计方案。

六、制作与调试

制作与调试是系统设计方案实施的一项重要内容。根据循环设计及系统设计的原理，制作与调试分为两个步骤：第一步是功能模块的制作与调试；第二步是系统整体安装与调试。

功能模块的制作与调试是由专业技术人员根据分工，完成各功能模块的硬件组配、软件编程、电路装配、机械加工和部件安装等细部物理效应的实现工作，对各功能模块的输入、输出参数进行仿真（模拟）、调试和在线调试，使它们满足系统设计所规定的电气、机械规范。

系统总体调试是在功能模块调试的基础上进行的，整体调试以系统设计规定的总目标为依据，调整功能模块的工作参数及接口参数。此外，由于物质流、能量流、信息流均融汇在系统中，系统中的各薄弱环节以及影响系统主功能正常发挥的“瓶颈”会充分暴露出来，系统还受到内外部各种干扰的影响，因此，系统整体的调试还要进一步解决系统可靠性、抗干扰等问题。

第二节　机电一体化系统设计应用举例Ⅰ

一、设计任务

设计一种电脑刺绣机，刺绣花样由刺绣打版机输出存放在磁盘或 EPROM 中；刺绣范围：长 400mm，宽 500mm；绣品物料为机织物、针织物及皮革等；刺绣机头数为 6 头；刺绣速度：根据线迹长短自动调整，调速范围为 150～650 针/min；刺绣精度：≤0.1mm；最大刺绣线迹长度：12.5mm。

二、系统工作原理分析及模块划分

图 6-2 所示为刺绣工艺原理示意图。刺绣工艺的动作是通过绣框在 x、y 两个方向的往复直线运动与绣针在 z 方向的连续上下往复直线运动的配合，在刺料机构的作用下形成线迹。绣针在织物之上时，绣框沿 x、y 两个方向移动到规定的位置，当锈针自上而下落到织物表面时，停止绣框移动，刺料机构便完成一针线迹的动作。线迹的长度和方向由绣框在 x、y 两个方向的移动距离决定，线迹的集合构成了锈品。

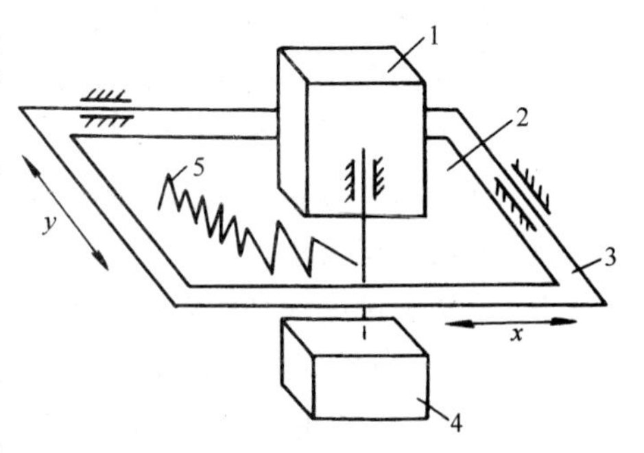

图 6-2　刺绣工艺原理示意图
1—刺料机构　2—绣品　3—绣框
4—旋梭箱　5—线迹

图6-3为电脑刺绣机工作原理方框图。系统工作过程如下：控制计算机启动主轴运转，由刺料机构带动针杆及旋梭运动，微机从刺绣数据文件中顺序读取每一针的 x、y 相对位移坐标，根据坐标数据驱动绣框移动，计算机通过读取针杆位置检测器的信号使绣框移动与刺料机构的运动相配合。

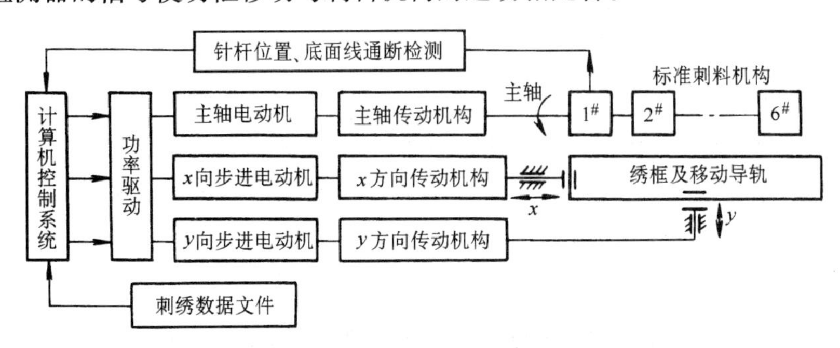

图6-3　电脑刺绣机工作原理框图

根据机电一体化构成的功能要素，电脑刺绣机由计算机控制系统（控制器），针杆位置传感器（检测器），x、y、z 三个方向的传动机构及刺料机构，移框步进电动机及主轴电动机（执行机构），220V单相交流电源（动力源）以及机架（结构）几个部分组成。根据系统设计方法，将系统划分成若干功能模块，见表6-1。

表6-1　电脑刺绣机功能模块一览表

功能模块名称	模块的作用
绣框传动机构	使绣框能沿 x、y 方向作独立直线运动
主轴传动机构	传动六个机头主轴作单方向连续回转
刺料机构	线迹成形
机器本体	提供传动机构支承座体，机头座体，绣花面线支架，操作台面
x、y 步进电动机功率驱动	驱动 x、y 步进电动机转动
主轴功率驱动	驱动主轴电动机转动
针位检测	检测针杆在布上/布下，最高点位置
绣框位置检测	检测绣框极限位置
继线检测	检测绣花底面线的断线和供应情况
控制计算机	读取绣花数据，控制绣框与针杆的运动配合，接受检测模块信号和挡车操作命令，控制绣花进程

三、用户需求的抽象

1. x、y、z 三个方向运动件的速度参数计算

(1) 主轴转速范围　主轴转速 n_z=刺绣速度 n_s/主轴每转刺绣的针数。用户要求 n_s=150～650针/min。由于刺料机构的工作原理决定了主轴每转只能刺绣1针。所以 n_z=150～650r/min。考虑到线迹长度变化时，绣框移动的速度也要随着变化，线迹长度愈大，移框速度应愈快，反之亦然，所以主轴转速应在一个变

速范围内自动变速。如果这时主轴转速不变，刺绣线与刺料机构中导线装置的相对运动速度过快，导致刺绣断线率增大，因此要求转速随线迹长度的增大而减小。

设 S_{xy} 为一针线迹的相对位移坐标（S_x，S_y）中的最大值，即 $S_{xy}=\max[S_x, S_y]$。当 $S_{xy}=(S_{xy})_{max}=12.5$mm 时，$n_z=(n_z)_{min}=150$r/min；$S_{xy}\leqslant 3$mm 时，$n_z=(n_z)_{max}=650$r/min。

(2) 绣框位移　绣框位移是指绣框每针移动的距离，设计中要求“最大线迹长度为 12.5mm”，是指绣框沿 x 或 y 单方向位移的最大值。由于实际线迹是绣框沿 x 和 y 两个方向运动的合成，线迹长度为 $S=\sqrt{S_x^2+S_y^2}$，实际最大线迹长度为 $S_{max}=17.68$mm。

(3) 绣框位移与主轴转动的运动配合　设 T_{xy} 为绣框完成 1 针位移的时间，T_z 为绣针在绣品表面之上时，对应于主轴转过的时间，则有

$$T_{xy}\leqslant T_z \tag{6-1}$$

若在 1 针线迹形成过程中，主轴转动与绣框移动均为匀速运动，则由式（6-1）得：

$$\frac{S_{xy}}{v_{xy}(S_{xy})}\leqslant\frac{1}{n_z(S_{xy})}\times\frac{\alpha_z}{360}\times 60 \tag{6-2}$$

式中　$S_{xy}=3, 3.1, \cdots, 12.5$（mm）；

$v_{xy}(S_{xy})$——对应于 S_{xy} 的移框速度（mm/s）；

$n_z(S_{xy})$——对应于 S_{xy} 的主轴转速（r/min）；

α_z——刺绣针在绣品表面之上时，主轴转过的角度（°）。

(4) 绣框运动速度计算　设移框速度与线迹长度呈如下线性关系：

$$\begin{cases} v_{xy}(S_{xy})=K_1S_{xy}+K_2; & (S_{xy})_{min}\leqslant S_{xy}\leqslant(S_{xy})_{max} \\ v_{xy}(S_{xy})=K_3; & S_{xy}\leqslant(S_{xy})_{min} \end{cases}$$

根据式（6-2）的条件，则有

$$\begin{cases} v_{xy}(S_{xy})=4.1228S_{xy}+52.6316; & 3\leqslant S_{xy}\leqslant 12.5 \\ v_{xy}(S_{xy})=65\text{mm/s}; & 0\leqslant S_{xy}\leqslant 3 \end{cases} \tag{6-3}$$

(5) 主轴转速计算　根据式（6-2）可以得出对应于 S_{xy} 的主轴转速 $n_z(S_{xy})$ 计算式

$$n_z(S_{xy})=\frac{v_{xy}(S_{xy})\,\alpha_z}{6S_{xy}};\quad 3\leqslant S_{xy}\leqslant 12.5 \tag{6-4}$$

$$n_z(S_{xy})=650\text{r/min};\quad 0\leqslant S_{xy}\leqslant 3$$

图 6-4 所示为 $n_z(S_{xy})$ 的曲线。

(6) x，y 步进电动机工作频率及传动比计算　根据传动的精度要求，取步

进脉冲当量为 $\delta=0.1\text{mm}/p$，则步进电动机的工作频率$f_{xy}(S_{xy})$为

$$f_{xy}(S_{xy})=\frac{v_{xy}(S_{xy})}{\delta} \tag{6-5}$$

由此，可计算出（$f_{xy})_{\max}=1.042\text{kHz}$。

由于绣框运动是直线运动，因此必须设计一套传动机构实现运动变换，见图6-5。

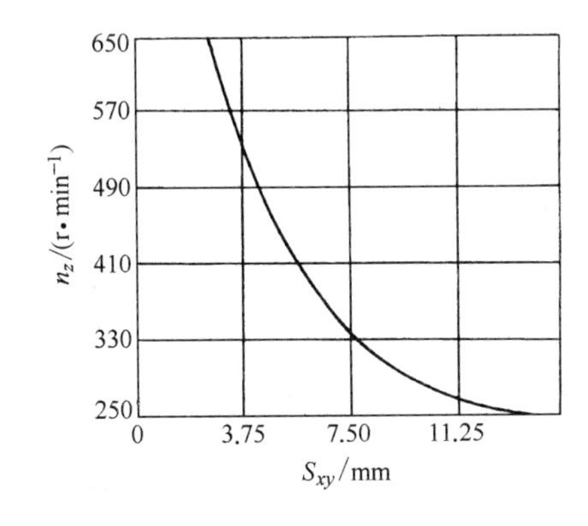

图6-4　主轴转速曲线

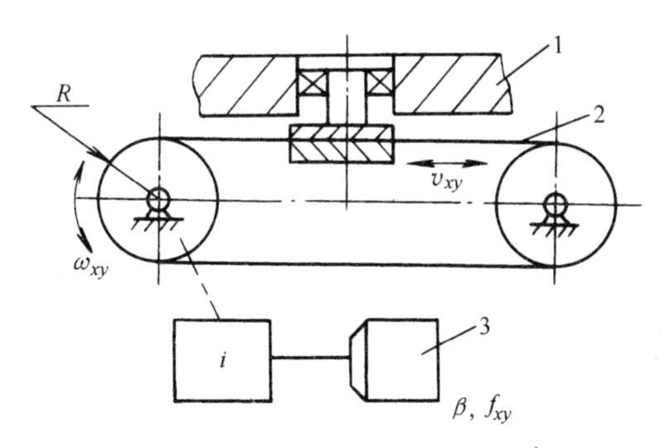

图6-5　绣框传动机构示意图

1—绣框　2—同步齿形带　3—步进电动机

因为，步进电动机运动角速度为

$$\omega_s=f_{xy}(S_{xy})\beta\pi/180 \tag{6-6}$$

β 为步进电动机的步距角（度/步），一般有1.5°和0.75°两种。而同步齿形带传动线速度为 $v_{xy}=R\omega_{xy}$，R 为驱动同步齿形带轮的半径（mm），所以图6-5中的传动比计算公式为

$$i_{xy}=\frac{\omega_s}{\omega_{xy}}=\frac{f_{xy}(S_{xy})\beta(\pi/180)R}{v_{xy}(S_{xy})}=\frac{\pi\beta R}{180\delta} \tag{6-7}$$

当 $\alpha_s=1.5°$时，$i_{xy}=0.2618R$；

当 $\alpha_s=0.75°$时，$i_{xy}=0.1309R$。

(7) 移框加速度计算　由于步进电动机是脉冲控制运行的，因此，移框加速度 α_{xy}可由式（6-8）计算得到。图6-6为移框加速度曲线。

$$\alpha_{xy}(S_{xy})=v_{xy}(S_{xy})f_{xy}(S_{xy})\times10^{-3}$$
$$\alpha_{xy}(S_{xy})=f_{xy}^2(S_{xy})\delta\times10^{-3} \tag{6-8}$$

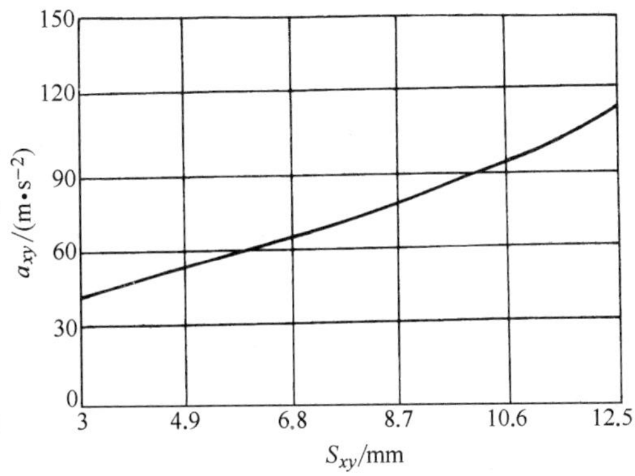

图6-6　移框加速度曲线

2. 动力参数的确定

电脑刺绣机动力参数是指绣框及

主轴运转所需的功率，在机械系统尚未确定前，这些功率参数只是估算值，一般采取实验分析法或类比法进行估算。

（1）刺料机构的驱动功率　刺料机构最大的工作阻力 F_z 包括绣针穿透绣品所需的力 F_{z1} 以及针杆为克服压脚弹簧所需的力 F_{z2}，$F_z = F_{z1} + F_{z2}$。机头驱动功率则为 $P_{z0} = v_{z1}F_{z1} + v_{z2}F_{z2}$，$v_{z1}$ 为针杆运动速度；v_{z2} 为压脚运动速度。若考虑主轴运动机构的传动效率 η，主轴驱动功率估算公式为

$$P_z = \frac{P_{z0}}{\eta} = \frac{v_{z1}F_{z1} + v_{z2}F_{z2}}{\eta} \tag{6-9}$$

若采用标准刺绣机头作刺料机构，根据生产厂家提供的数据，可初步确定其驱动功率为 $P_z = 200\text{W}$，根据转速要求，主轴驱动转矩

$$M_z = \frac{P_z}{\omega} = \frac{30P_z}{\pi n_z} \tag{6-10}$$

因此，主轴驱动最大转矩 $(M_z)_{\max} = 12.73\text{N·m}$。

（2）移框步进电动机驱动力矩计算　绣框传动机构是一个两自由度的机构，从模块化设计的角度出发，这两个传动机构的传动方式应一致，所以，在驱动功率的分析上只需对一个方向的传动进行讨论，而系统受力分析则考虑力的合成。绣框传动机构所要克服的是绣框合成运动的惯性力和机构运动副的摩擦阻力，绣框惯性力的计算如下

$$F_{xy} = m\frac{\mathrm{d}v_{xy}}{\mathrm{d}t}$$

式中　m——移框机构各构件在绣框上的等效质量（kg）。

根据机构力等效原理，可得到步进电动机的平衡力矩 M_s 与绣框惯性力有如下的关系

$$M_s = F_{xy}\frac{v_{xy}}{\omega_s}$$

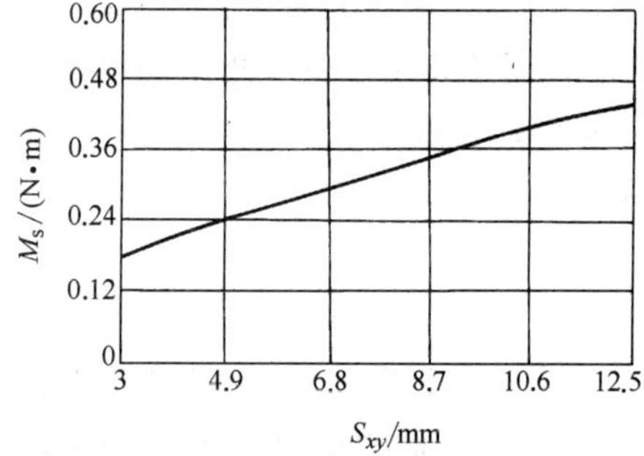

图 6-7　步进电动机力矩曲线

$$M_s(S_{xy}) = \frac{180 f_{xy} v_{xy}(S_{xy})}{\pi \alpha_s} \times 10^{-3} \tag{6-11}$$

图 6-7 为步进电动机力矩曲线，其变化范围为 0.16～0.41N·m。

3. 结构参数计算

结构参数计算主要指刺绣机工作台面的长、宽、高三个方向的尺寸及机头的头距，如图 6-8 所示。其中 A_1 为机头的头距 = 刺绣最大长度（500mm）；C 为操作平台的高度；D 为操作面板的高度；B 与刺绣最大宽度有关，A 与刺绣最大长度及机头数有关。

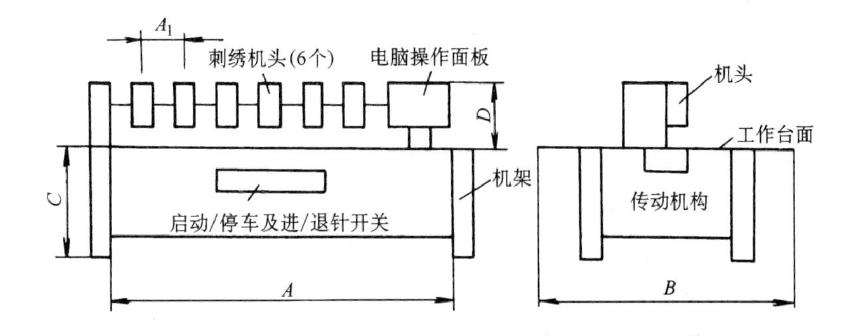

图 6-8　刺绣机的总体结构尺寸

4. 其他参数的确定

品质参数：

(1) 传动精度　由于绣框运动采用步进电动机驱动，根据刺绣精度要求，取步进脉冲当量 $\delta=0.1\mathrm{mm}/p$。

(2) 可靠性　电脑刺绣机为 24h 连续工作方式，根据电子元器件标准失效率、机械零件的疲劳极限、以及机器折旧年限，确定其平均无故障时间（MTBF）为 15 年。

(3) 环境参数　工作电压：交流 (220 ± 10%) V；环境温度：－20～35℃；环境湿度：＜80%。

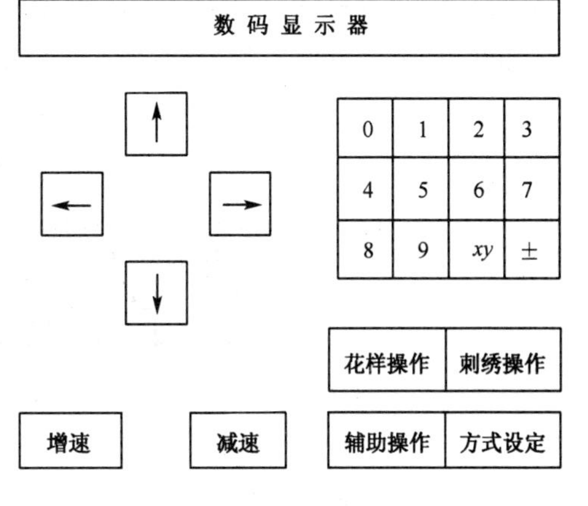

图 6-9　刺绣机的操作面板示意

(4) 界面参数　尽管电脑刺绣机由微机对刺绣工艺实行全面控制，但由于刺绣过程会出现断线、断针、更换底面线、更换刺绣花样等随机因素，要求计算机对刺绣机的工作参数实时显示，工艺参数的设定需要操作者对计算机输入操作指令。因此，要求系统能提供良好的人—机界面，它的空间位置如图 6-8 所示。刺绣机操作面板如图 6-9 所示。

四、系统接口设计

图 6-10 所示为系统接口构成示意图，系统的接口主要包括各传感器模块的输出与计算机控制系统前向通道的接口以及计算机控制系统后向通道与各功率驱动模块的接口。为了防止外部模块对计算机控制系统的回馈干扰，防止安装维修中的误操作把强电信号接入计算机电源，各接口均采用光电隔离技术。

为保证刺绣工艺的准确进行，系统必须对针杆位置，绣线通断状况，绣框极限位置进行实时检测，因此，传感器模块包括绣针布上布下位置检测模块、针杆最高位置检测模块、断线检测模块、绣框越界检测模块等。由于被测信号均为开

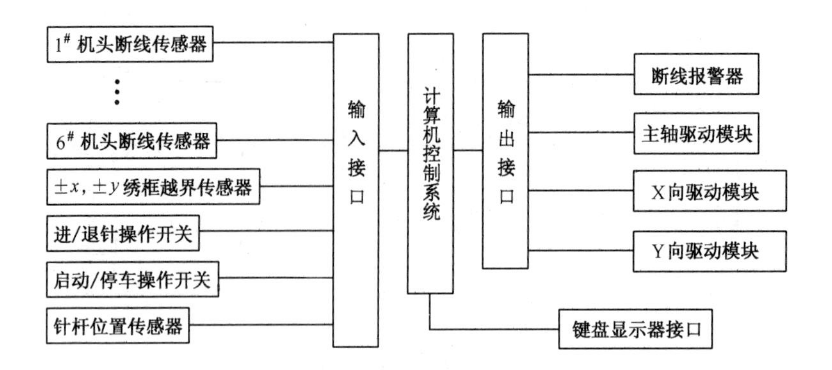

图 6-10 刺绣机系统接口构成示意图

关量信号，根据系统设计模块化要求，要使各器件的 MTBF 一致，模块中的传感器选用同一种器件，这里拟定用槽型光电开关，如图 6-11 所示。

断线检测传感器工作原理：当不断线时，在面线张力的作用下，遮光片不断

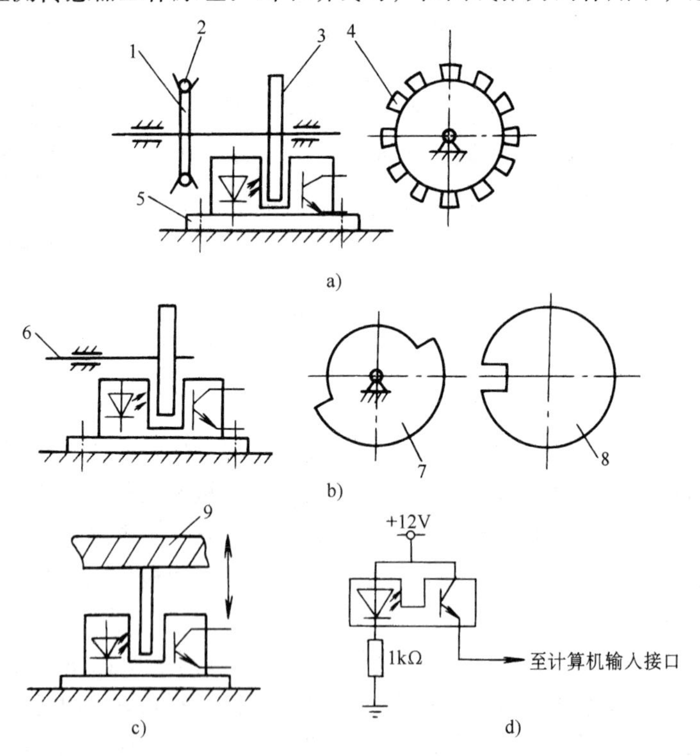

图 6-11 传感器模块设计方案示意

a）断线检测方案 b）针杆位置检测方案

c）绣框越界检测方案 d）传感器电路方案

1—绕线轮 2—绣线 3、4—齿形遮光片 5—槽形光电开关 6—主轴

7—布上/布下遮光片 8—最高位遮光片 9—绣框传动架

地旋转，使传感器输出脉冲信号，当断线或底线用完时，由于面线无张力，绕线轮不再旋转，这时传感器输出高电平或低电平。只要计算机接口电路中设计一套脉冲丢失识别电路即可完成断线检测功能。

功率驱动模块的输出功率由选用的步进电动机决定，步进电动机根据参数计算得到的最大工作转矩（M_{xy}）$_{max}$和最大工作频率（f_{xy}）$_{max}$来选择。功率驱动模块的输入方式有两种：一种是单脉冲输入，加上方向信号，输入的脉冲数即为绣框移动的步数。另一种是由计算机进行软件脉冲环形分配，输入三相步进脉冲信号。如图 6-12 所示。根据硬件软件化的原则，拟选用第二种方法。

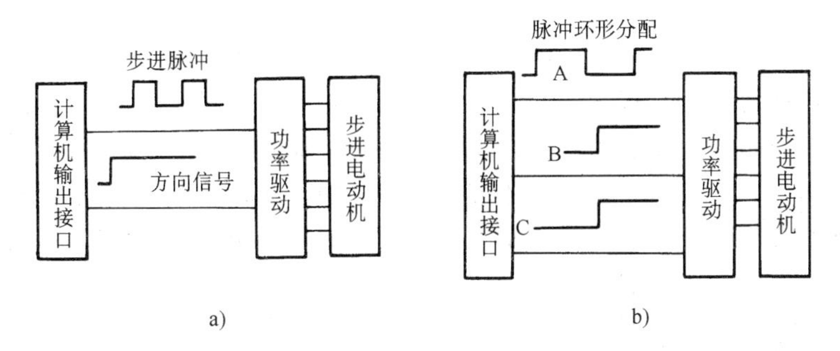

图 6-12　功率驱动模块的信号输入方案

a）单脉冲输入　b）脉冲环形分配

由于传感器输出均为光敏三极管射极输出，所以，计算机各个输入接口设计如图 6-13 所示。

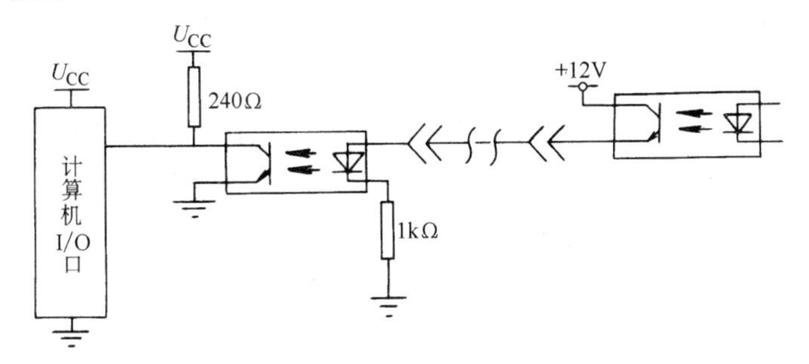

图 6-13　计算机输入接口设计方案

功率驱动接口要求信号传输的信噪比低，因此采用双光电隔离电流传输，其接口设计如图 6-14 所示。

五、主轴传动系统设计

电脑刺绣机主轴传动系统有如下的设计要求：

(1) 低速启动　在刺绣机启动时，为了有效的将底线勾出，防止因快速启动，机头挑线杆对面线产生过大的冲击张力，要求在刺绣机启动的第 1～第 2 针之间，主轴转速在 200r/min 左右。

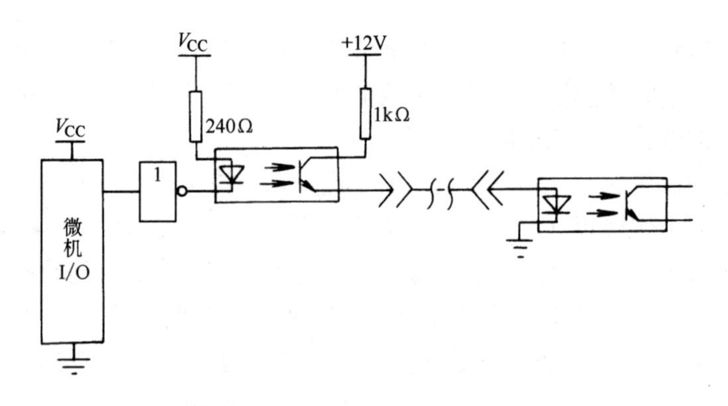

图 6-14 计算机输出接口设计方案

(2) 自动变速 要求主轴转速随针迹的长度变化，按照式（6-4）实时变速。

(3) 快速制动 在发生断线或故障时，往往需要主轴在 1 转内实现快速制动并控制针杆停留在最高位置上，不然会因绣针原地刺针造成“轧线”事故。

为了满足上述要求，驱动电动机可选用伺服电动机或步进电动机。由于交流伺服电动机目前已逐步替代直流伺服电动机，因此只考虑步进电动机或交流伺服电动机，在驱动性能与控制性能上后者优于前者，但其控制电路复杂，成本高。由于系统对启/制动平稳性无特殊要求，因此，拟采用步进电动机驱动，其传动机构如图 6-15 所示。

由于刺绣机头主功能是完成线迹成形，要求旋梭箱与主轴的传动完全同步，且两者传动轴中心距为 208mm（由标准机头确定），所以图中传动机构采用同步齿形带传动。主轴步进电动机的工作频率与主轴转速的关系如下：

$$f_z = \frac{6n_z}{\beta_z} \qquad (6\text{-}12)$$

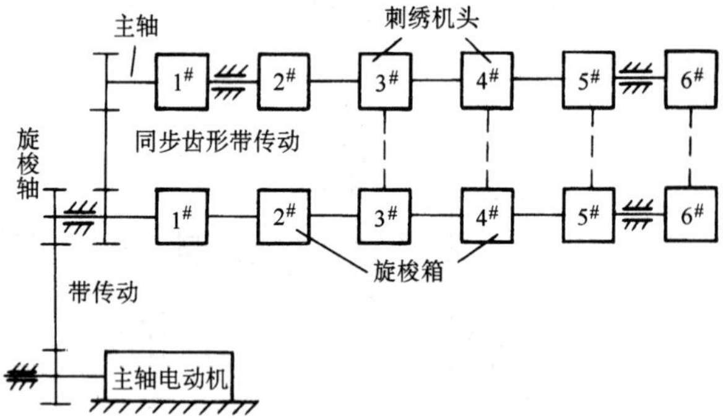

主轴
刺绣机头
旋梭轴
同步齿形带传动
旋梭箱
带传动
主轴电动机

图 6-15 刺绣机主轴传动示意图

式中 β_z——主轴步进电动机的步距角。对于 $\beta_z = 1.5$ 的步进电动机，其最大工作频率 $f_z = 5.2$kHz，这个频率参数要求对功率步进电动机而言，已是比较高的。因此，传动机构的传动比取为 1。若要增大驱动转矩，一般只能选择功率较大的步进电动机，根据动力参数的分析结果，这里选择 BF110 步进电动机。

六、计算机控制系统的设计

根据用户要求和工艺分析，控制计算机除完成用户的基本要求外，还应具备如下的功能：

(1) 花样存储与选择功能　能接受并存储来自磁盘或 EPROM 存储器的花样信息，并通过键盘操作选择内存中指定的花样。

(2) 记忆功能　对于存入的花样数据应具有掉电保持的功能，当刺绣过程中遇到停电或中途关机时，应记忆停机瞬间的刺绣状态，待再开机时继续停机前的状态进行工作。

(3) 工作状态显示功能　能在线显示当前的刺绣进程和工艺参数（已绣针数、花号）以及停车状态（断线，越界、换色）。

(4) 具有人—机对话辅助功能　使操作者通过键盘操作对指定的花样进行比例缩放（0.5～2.0 倍）、旋转、镜像、阵列（反复绣）、删除、增删线迹密度（1%～12%）及设定起针点等 CAD 功能。

(5) 各种进退针功能　能在刺绣中途，实施对指定针数的进针或退针控制，即进退到换色针位，跳针针位及起始针位等各种进针或退针操作。

系统设计除满足上述设计要求外，还应对控制计算机的软硬件组成方案进行初步设计。显然，可编程序控制器不适用于本系统，若选用 PC 机作控制器，因为要求系统具有记忆功能，必须加设不间断电源及存盘操作，或安装固态 RAM 盘，且控制器体积庞大，也不适用。因此，STD 总线型计算机系统和单片机系统就成为选择的对象。图 6-16 所示为 STD 总线型控制系统的设计方案。图 6-17 为单片机系统设计方案。

两种方案相比较，STD总线型系统由于采用标准模板，因此设计方便，可

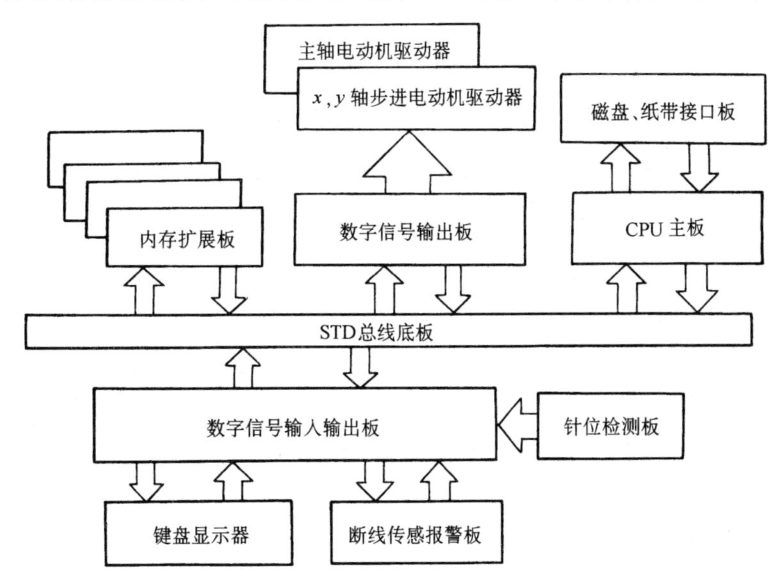

图 6-16　STD 总线型控制器设计方案

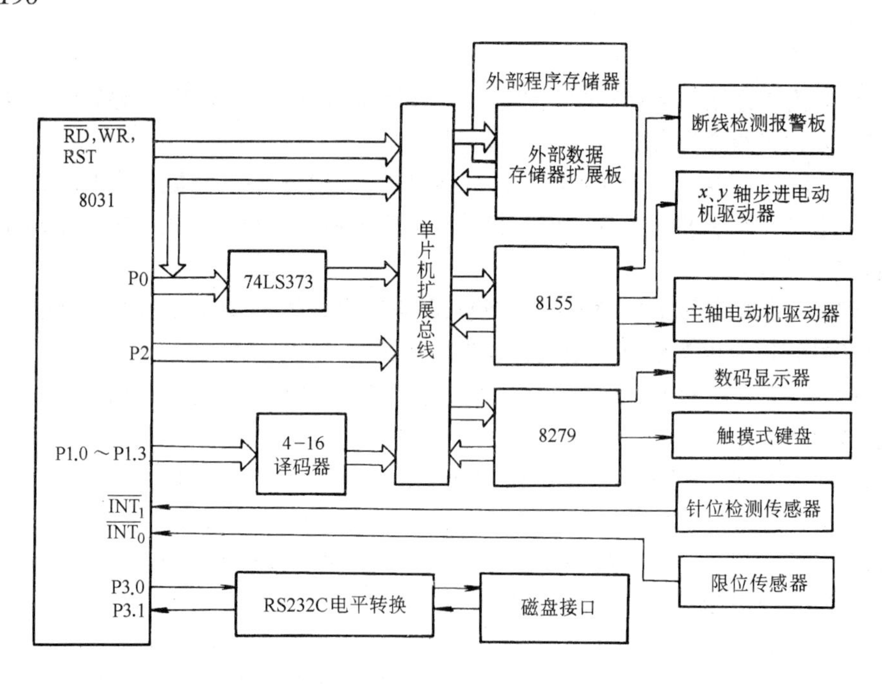

图 6-17 单片机系统设计方案

靠性容易保证，但系统资源费用大，成本高。而单片机系统采用单片机、外部RAM扩展电路、8279键盘控制器、8155I/O扩展电路构成系统，系统资源得到了最大限度的利用，成本低，但由于它在芯片级的基础上构成，所以要求设计者注意可靠性和抗干扰的设计。控制系统的软件框图如图 6-18 所示。

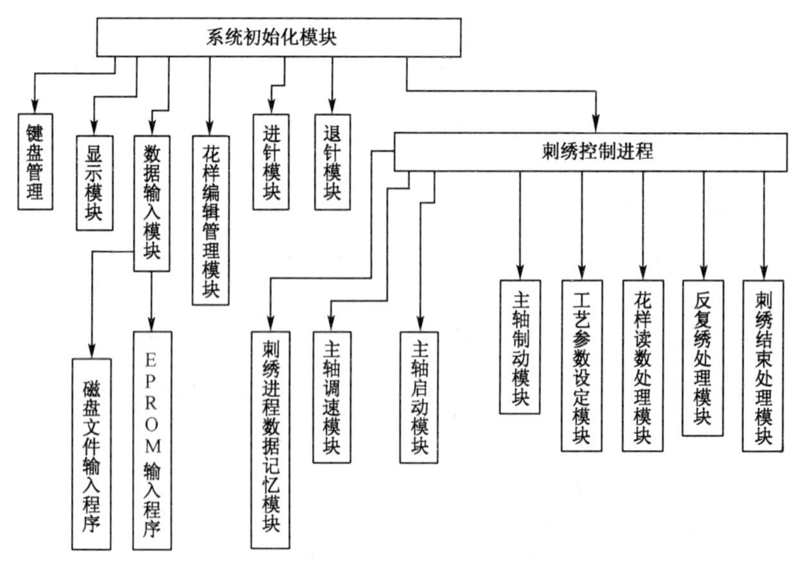

图 6-18 系统的软件构成框图

第三节　机电一体化系统设计应用举例Ⅱ

一、设计任务

设计运动目标模拟器和干扰器，用于模拟目标平面运动轨迹，每个平面通过控制两个交流伺服电动机带动同步齿形带实现滑块 x—y 平面运动，其中两个平面的两个滑块分别安装模拟红外目标源，如图 6-19 所示。对运动目标模拟器的技术要求为：

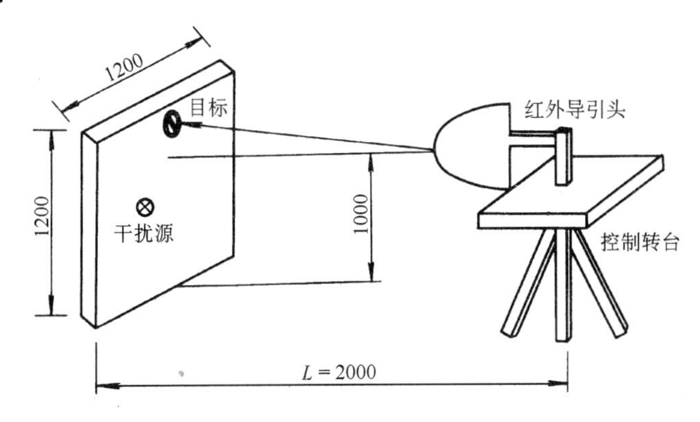

图 6-19　模拟器工作简图

1）使用环境：实验室环境。

2）结构形式：落地支架式。

3）导引头的摆动范围：≥28°。

4）导引头的摆动速度：最大角速度≥60°/s。

5）能够快速、方便地设定模拟目标源、干扰源各自不同大小的运动速度。

6）能够快速、方便地设定模拟目标源、干扰源各自的运动轨迹。

7）外形美观，工作稳定可靠。

二、方案设计

伺服控制系统以机械设计为基础，例如机械传动形式往往决定了伺服系统的动力装置是使用电动机还是液压等。伺服控制系统主要是通过计算确定对动力装置的功率、速度等要求，相应采取何种形式的驱动部件；同时根据系统的要求如位置、速度精度以及运动形式的要求（预定轨迹运动或随动跟踪）确定控制方式，选择相应的控制器件。在此基础上还要考虑系统的软件设计，确定用户界面、伺服控制系统、主要设计系统的选型以及控制系统软硬件结构等方面的工作。

1. 有关尺寸计算

模拟器的工作布置见图 6-19 所示。下面计算模拟器运动部分的一些技术参数。

已知辅助光学系统焦距为 $L=2000\text{mm}$。

首先计算满足导引头摆动范围 $\alpha \geqslant 28°$要求时，目标运动半径的最小值 R。

如图 6-20 所示，$R=L\tan(\alpha/2)=2000\tan14°\text{mm}=499\text{mm}$。

其次，要满足导引头摆动最大角速度$\geqslant 60°/\text{s}$，则目标、干扰源最大运动速度 v 应满足

$$v/\sqrt{L^2+R^2}=v/\sqrt{500^2+2000^2}\text{mm/s}\geqslant 60\times3.14/180\text{mm/s}$$

于是 $v\geqslant 2158\text{mm/s}$。

具体模拟器设计的技术要求：

(1) 模拟器形式　落地支架方式，中心高 0.86m。

(2) 目标，干扰运动范围　1.0m×1.0m。

(3) 速度范围　0～2.5m/s。

(4) 速度精度偏差　≤±5mm/s。

(5) 位置精度偏差　≤±2mm/s。

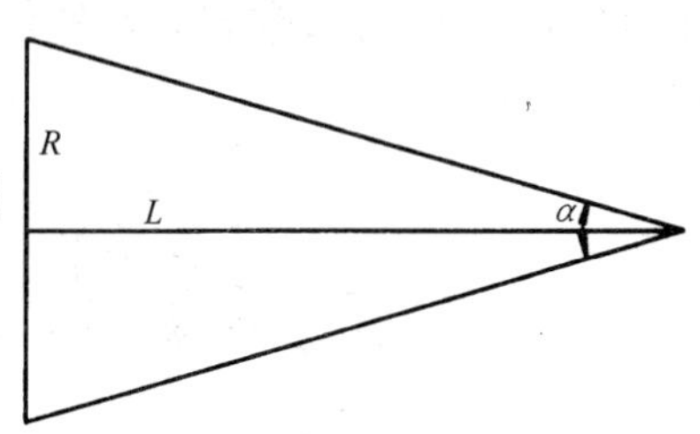

图 6-20　目标运动半径与辅助光学系统焦距关系示意图

2. 机械本体的设计

为保证目标、干扰源分别在 1.0m×1.0m 的平面内运动，两平面平行并且它们之间的距离尽可能的小，同时保证目标、干扰源可沿任意曲线运动，可采用以下几种比较成熟的形式。

(1) 结构形式选择

1) 关节式　如图 6-21 所示，采用两关节方式，可保证沿任意平面作曲线运动，这种方案占用空间小，但定位精度不高，不适应高速、大加速度运动。

2) 极坐标式　如图 6-22 所示，这种方式比较简单，但运动轨迹多变时，大大增加了控制运算的速度。

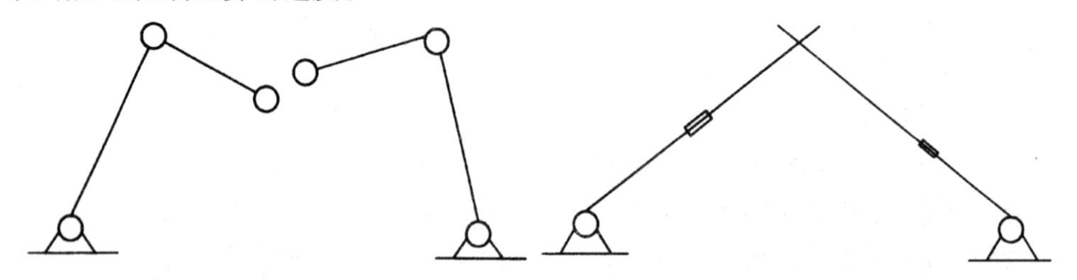

图 6-21　关节式结构　　　　图 6-22　极坐标式结构

3) 直角坐标式　如图 6-23 所示，这种方式应用比较多，也比较成熟。定位精度较高，易于控制，但占用空间比较大。

直角坐标式又有两种设计形式，一种形式如图 6-23a 所示，其横坐标整体上下移动。运动时电动机等无效负载也跟随运动，它们的重力增加了纵轴电动机的负荷。另一种如图 6-23b 所示，纵轴整体移动，这种方式的纵轴电动机重力不会

增加横轴的电动机功率，但纵轴运动范围应该用框架保护起来以增加安全系数。综合分析目标及干扰模拟器的工作环境，认为直角坐标式的纵轴整体运动方式比较合适。

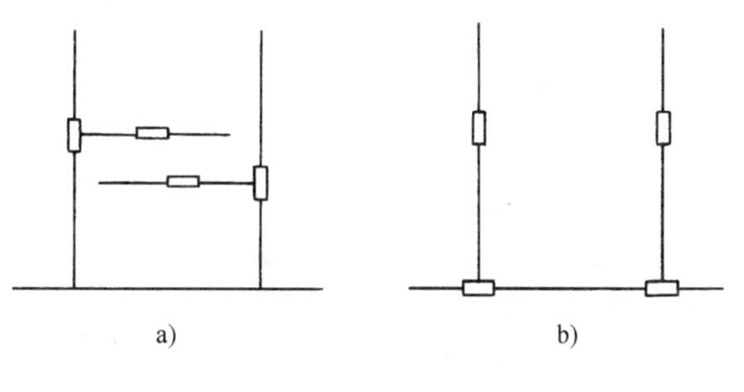

图 6-23 直角坐标式

(2) 传动方案选择 直角坐标式传动方案拟用直线传动单元，现已有标准系列化产品—机械直线传动单元。机械直线传动单元按传动方式分为两类：一类是齿形带传动方式，另一类是丝杠导轨传动方式。齿形带传动方式的特点是：允许的工作速度和加速度大（分别为 2.5m/s、20m/s^2），自重小，价格低，但驱动功率大，精度比丝杠传动低。丝杠导轨传动方式特点是：允许的工作速度和加速度较小，自重大，价格高，但驱动功率小，重复定位精度高，在垂直方向可以自锁。针对目标、干扰运动模拟器的工作环境和技术指标要求，垂直和水平方向的直线传动方式均采用同步齿形带方式。

(3)机械外形结构 图6-24所示中目标模拟器及干扰模拟器的运动平面相

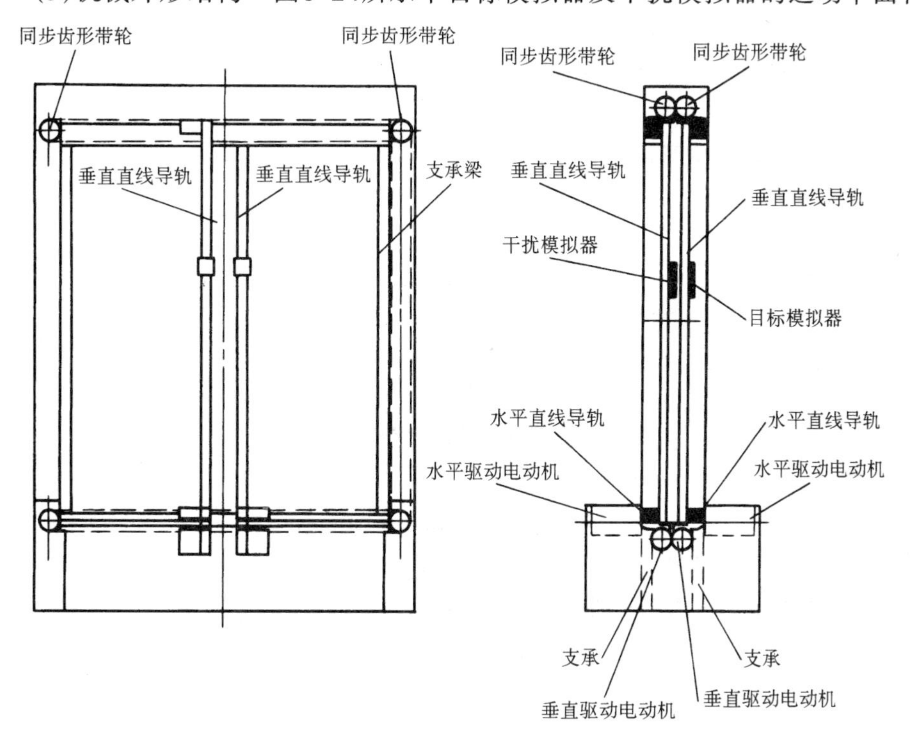

图 6-24 运动目标及干扰模拟器机械外形

互之间垂直距离为40mm，而导轨的宽度为40mm，在相对速度为1m/s时，两者的干涉时间约0.04s，可以满足设计的要求。

3. 电气系统设计

目标、干扰运动模拟器要求在运动范围内，沿任意曲线匀速运动。由于最大运动速度为2.5m/s，这样要求有足够的加速度，其运动半径和加速度的关系为

$$a = v^2/r$$

其中 a——运动加速度（m/s^2）；

v——切线速度（m/s）；

r——曲率半径（m）。

可见，加速度越大则曲率半径越小，对目标、干扰源的运动轨迹设定越有利。考虑到电动机的能力及系统的振动等问题，本系统的最大加速度设为20m/s²。取水平运动某一点，加速度 a_y 为 $20m/s^2$，$a_x = 0$，速度 $v_x = 2.5m/s$，$v_y = 0$，则轨迹曲率半径为0.3125m，已能满足系统要求。

依据以上设计要求，有直流伺服电动机、步进电动机、交流伺服电动机三种驱动装置，其中直流伺服电动机的方案与交流伺服电动机相比较，前者的速度较低，体积较大，同时价格相差不大，方案可用性较差。因而以下只对步进电动机及交流伺服电动机方案进行计算及比较。

（1）面向垂直运动单元的参数计算

1）步进电动机方案

① 确定同步齿形带轮直径

取直线运动速度

$$v = 2.5m/s$$

电动机转速

$$n = 600r/min = 10r/s$$

同步齿形带轮直径为

$$d = \frac{v}{3.14 \times n} = 79.6mm$$

实际中取

$$d = 84mm，厚度\ h = 30mm$$

② 转动惯量计算

负载包括信号源及齿形带，负载质量

$$m_1 = 0.235kg$$

主从带轮质量

$$m_2 = \pi d^2 h\rho/4 = 1.3kg$$

带轮转动惯量

$$J_1 = m_2 R^2/2 = 0.0011\text{kg}\cdot\text{m}^2$$

带轮半径

$$R = d/2$$

电动机转动惯量

$$J_2 = 0.0003\text{kg}\cdot\text{m}^2$$

③ 电动机力矩计算

负载加速度力

$$F_a = m_1 (a + g) = 0.235 \times (20 + 10)\text{N} = 7.05\text{N}$$

式中 a——运动加速度（m/s^2），取为 20m/s^2；

g——重力加速度（m/s^2），取为 10m/s^2。

负载加速度力矩

$$T_1 = F_a \times d/2 = 0.3\text{N}\cdot\text{m}$$

式中 d——主动轮的直径（mm）。

转动惯量力矩

$$T_2 = (2J_1 + J_2)\frac{2a}{d} = 1.2\text{N}\cdot\text{m}$$

总力矩

$$T = T_1 + T_2 = 1.5\text{N}\cdot\text{m}$$

2）交流电动机方案

① 确定同步齿形带直径

直线运动速度

$$v = 2.5\text{m/s}$$

电动机转速

$$n = 3000\text{r/min}$$

则带轮的直径

$$d = \frac{v}{\pi n} = 16\text{mm}$$

取青岛同步带厂 XL 系列节距 $P = 5.08$，带轮最少齿数为 10，则

$$d > mz = \frac{P}{\pi}z = \frac{5.08 \times 10}{\pi}\text{mm} = 16.1\text{mm}$$

实际中取 $d = 26\text{mm}$，厚度 $h = 30\text{mm}$。

② 转动惯量计算

负载质量取 $m_1 = 0.235\text{kg}$（负载包括信号源及齿形带）

带轮的质量

$$m_2 = 0.124\text{kg}$$

带轮的转动惯量

$$J_1=\frac{m_2d^2}{8}=1.04\times10^{-5}\text{kg}\cdot\text{m}^2$$

电动机的转动惯量

$$J_2=0.23\times10^{-4}\text{kg}\cdot\text{m}^2$$

③　电动机力矩计算

加速度力

$$F_a=m_1\ (a+g)\ =0.235\times30\text{N}=7.05\text{N}$$

传动力矩

$$T=T_1+T_2=F_ad/2+J\varepsilon=F_ad/2+\ (J_2+2J_1)\ 2a/d=0.04\text{N}\cdot\text{m}$$

(2) 面向水平运动单元的参数计算

1) 步进电动机方案

①　确定同步齿形带直径

取直线运动速度

$$v=2.5\text{m/s}$$

电动机转速

$$n=600\text{r/min}=10\text{r/s}$$

同步齿形带轮直径为

$$d=\frac{v}{3.14\times n}=79.58\text{mm}$$

实际中取 $d=84\text{mm}$

②　负载质量

立杆　$m_1=3\text{kg}$

电动机　$m_2=2.5\text{kg}$

同步齿形带　$m_3=0.81\text{kg}$

托板　$m_4=1\text{kg}$

同步带轮　$m_5=2.6\text{kg}$

总质量　$m=10\text{kg}$

③　电动机力矩计算

负载进给力

$$F_x=\mu mg\approx0.3\text{N}$$

式中　μ——摩擦系数，取为0.003。

负载进给力矩

$$T_1=F_xd/2=0.0126\text{N}\cdot\text{m}$$

负载加速度力

$$F_a = ma = 200\text{N}$$

负载加速度力矩

$$T_2 = F_a d/2 = 8.4\text{N}\cdot\text{m}$$

转动惯性力矩

$T_3 = J\varepsilon = 3.6\text{N}\cdot\text{m}$（取水平运动惯量为垂直运动转动惯量的 3 倍）

总力矩

$$T = T_1 + T_2 + T_3 = 12\text{N}\cdot\text{m}$$

2) 交流电动机方案

① 确定同步齿形带直径

取 $d = 52\text{mm}$，厚度 $h = 30\text{mm}$。

② 垂直直线单元质量

立杆　$m_1 = 3\text{kg}$

电动机　$m_2 = 1.7\text{kg}$

同步齿形带　$m_3 = 0.135\text{kg}$

托板　$m_4 = 0.6\text{kg}$

同步带轮　$m_5 = 0.1\text{kg}$

总质量　$m = m_1 + m_2 + m_3 + m_4 + m_5 = 5.5\text{kg}$

实际中取为 6kg。

③ 电动机力矩

负载进给力

$$F_x = \mu mg = 0.18\text{N}$$

μ 取为 0.003。

负载加速度力

$$F_a = ma = 120\text{N}$$

负载进给力矩

$$T_1 = F_x d/2 = 0.0047\text{N}\cdot\text{m}$$

负载加速度力矩

$$T_2 = F_a d/2 = 3.1\text{N}\cdot\text{m}$$

转动惯性力矩

$$T_3 = J\varepsilon = 1.12\text{N}\cdot\text{m}$$

$$T = T_1 + T_2 + T_3 = 4.23\text{N}\cdot\text{m}$$

通过以上的分析计算及实际调研，可以得到结果如表 6-2 所示。

从以上的比较来看，在价格合理的情况下，交流伺服电动机的各项性能均能较好的满足要求，因而决定采用此种方案。

表 6-2　步进电动机和交流伺服电动机性能比较

参数	步进电动机	交流伺服电动机
尺寸体积	体积大	体积小
转动惯量	较大	较小
高速性能	一般小于 600r/min 工作	一般大于 2000r/min 工作
精度	开环运动，精度较高	精度高
价格	电动机较低，驱动器较高	较高
其它	过负载时有丢步现象	有较强的超载能力

三、系统控制结构设计

本控制系统主要由伺服控制卡、电动机驱动器、伺服电动机组成。

伺服控制卡作为系统的主控制器，担任控制算法、轨迹算法的任务，提供了 PID 和阶式位置伺服环滤波器，还提供了速度和加速度前馈，以减小伺服系统的轨迹误差。其中，速度前馈的作用是减小微分增益所引起的跟踪误差，加速度前馈项的作用是减小惯性带来的跟踪误差。

由于滞后、静摩擦以及回差等原因，驱动（电动机）和负载之间很难做到理想的耦合。这些问题共同作用会使系统产生机械谐振，从而严重损害系统的性能。为此伺服控制卡提供了数字阶式滤波器及双反馈选项，可以解决机械谐振的问题。

下位驱动器为松下全数字交流伺服驱动器及凯奇的模拟交流伺服驱动器。伺服电动机采用交流伺服电动机，模型一般由电动机的转动惯量、电动机的机电时间常数、机械时间常数决定。如图 6-25 所示为电动机的传递函数结构图。其中 U_a 为外加电压，I_a 为电枢电流，t_e 为电动机电气时间常数，t_m 为电动机机电时间常数，R_a 为电枢电阻，T_L 为负载力矩，C_e 为反电动势系数，C_m 为电磁力矩系数，ω_n 为电动机转速。

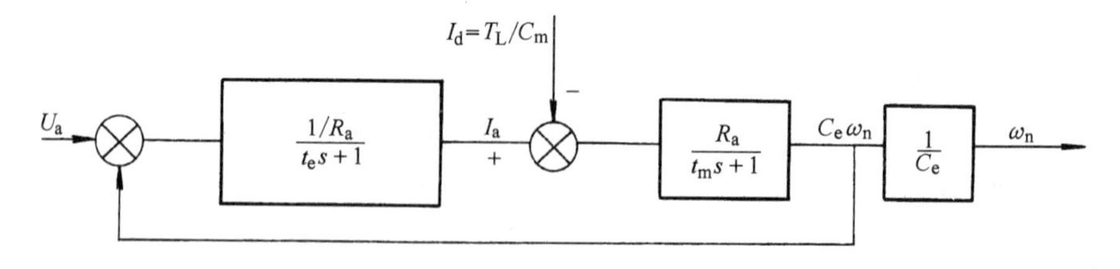

图 6-25　电动机控制模型

一般情况下，电气常数远小于机电时间常数，因此系统在空载情况下，可简化为如下的传递函数：

$$T(s)=\frac{1/C_e}{t_m s+1}$$

由于电动机的具体参数难以得到，以下采用功率相似的三洋电动机参数进行分析。

力矩常数

$$C_m = 0.553\text{N}\cdot\text{m/A}$$

电枢电阻

$$R_a = 0.41\Omega$$

机电时间常数

$$t_m = 7\text{ms}$$

转动惯量

$$J_m = 2.654 \times 10^{-4}\text{kg}\cdot\text{m}^2$$

感应电压常数

$$C_e = 1.16\text{v/s}$$

由以上数据，可得到传递函数

$$T(s) = \frac{0.86}{7 \times 10^{-3}s + 1}$$

四、负载情况分析及系统的整体建模

根据模拟器的机械结构，系统采用电动机、带作为传动方式。负载包括电动机、滑块及导杆的惯性负载，滑块与导轨的摩擦，带的弹性负载等。系统受力简化示意图如图 6-26 所示。

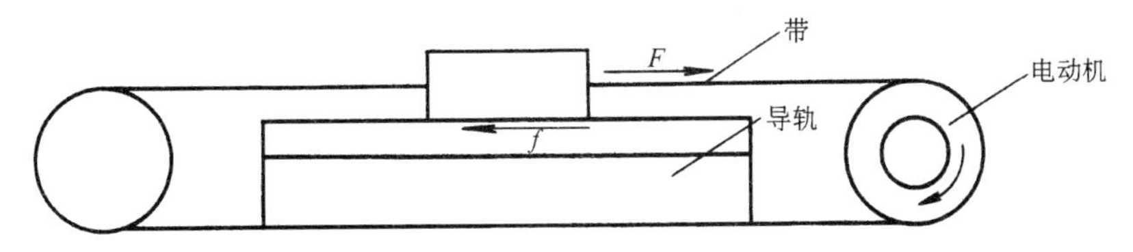

图 6-26 系统受力图

简化后的系统的总体模型近似图 6-27 所示，其中，r 为系统的输入的速度指令，ω_n 为电动机的角速度，ω_L 为负载的等效角速度，K_L 为传动机构的刚度，C_L 为传动机构的阻尼系数。

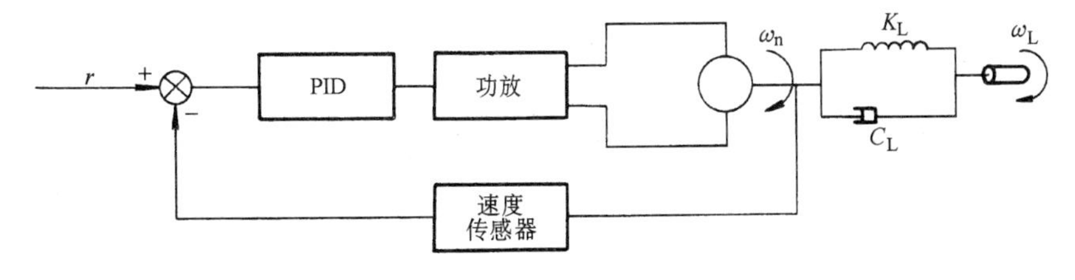

图 6-27 简化后的系统的总体模型

电动机电压平衡方程

$$U_a = R_a I_a + C_e \omega_n$$

式中 U_a——电动机的输入电压（V）；

R_a——电枢电阻（Ω）；

I_a——电枢电流（A）；

C_e——反电动势系数。

电动机力矩平衡方程

$$C_m I_a = J_m \dot{\omega}_n + C_L(\omega_n - \omega_L) + K_L \int (\omega_n - \omega_L) dt$$

式中 C_m——电磁力矩系数；

$\dot{\omega}_n$——负载角加速度（rad/s²）。

负载力矩平衡方程

$$J_L \dot{\omega}_L = C_L(\omega_n - \omega_L) + K_L \int (\omega_n - \omega_L) dt$$

式中 J_L——负载的转动惯量（N·m）；

$\dot{\omega}_L$——负载的等效角加速度（rad/s²）。

上述三个方程拉普拉斯变换后，可得

$$E_a(s) = R_a I_a(s) + C_e \Omega_n(s)$$

$$C_m I_a(s) = J_m s \Omega_n(s)$$

$$J_L s \Omega_L(s) = \frac{C_L s + K_L}{s} (\Omega_n(s) - \Omega_L(s))$$

式中 $E_a(s)$、$I_a(s)$和$\Omega_n(s)$——分别为U_a、I_a和$\dot{\omega}_n$的拉普拉斯变换。

传动机构结构图如图 6-28 所示。

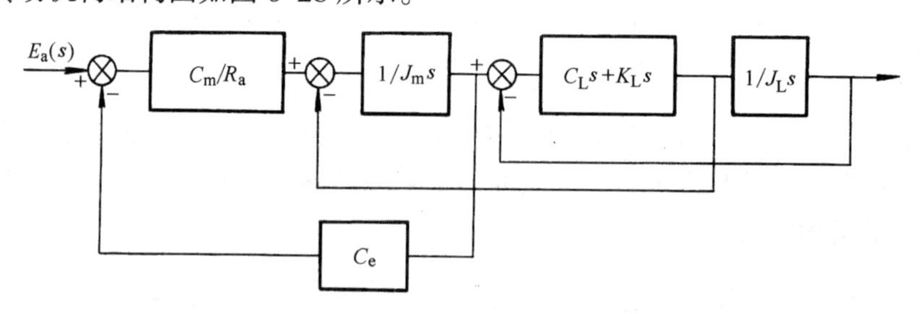

图 6-28 传动机构图

传动机构的阻尼系数近似取为 $C_L = 0.1$，刚度系数 $K_L = 1000$，负载的转动惯量 $J_L = 1/6000$，采用 PI 控制算法，完整的控制框图如图 6-29 所示（Matlab 软件绘制）。

五、控制算法

以上对系统各个控制环节及系统的负载情况等作了较为详细的阐述，下面结

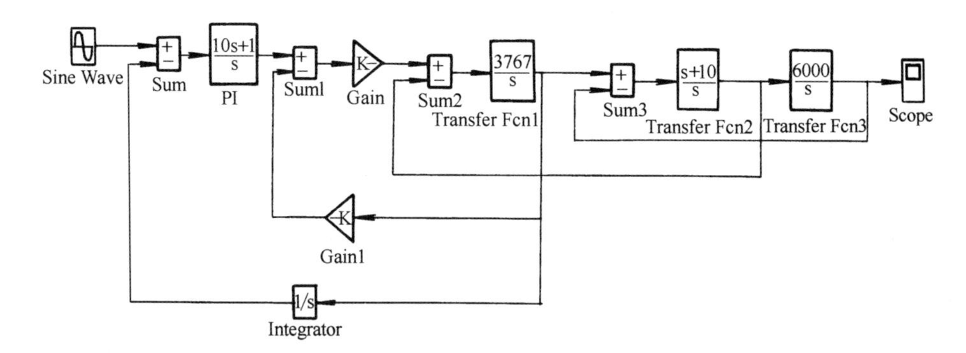

图 6-29 MATLAB 控制框图

合系统在实际运行中所遇到的问题，对控制方法作进一步的分析。

1. 对前馈环节的分析

机电控制系统如数控机床和工业机器人，它们的输入是已知时变轨迹，要求系统响应以零稳态误差跟踪这些输入信号。简单的 PID 控制器是不能满足上述要求的，采用前馈控制是简单而有效的措施。图 6-30 所示为其控制框图。其中，$R(s)$ 为系统的输入，$C(s)$ 为系统的输出，$G_c(s)$ 为反馈控制器传递函数，$G_p(s)$ 为受控对象传递函数，$F(s)$ 为前馈环节的传递函数。

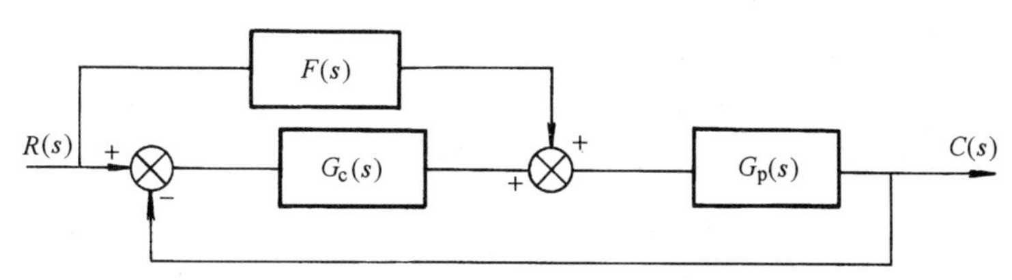

图 6-30 采用前馈环节的复合控制结构

采用前馈环节的误差传递函数为

$$E(s)=\frac{1-G_p(s)F(s)}{1-G_p(s)G_c(s)}R(s)$$

当前馈补偿装置的参数满足 $F(s)=G_p^{-1}(s)$ 时，$E(s)=0$。这说明输出完全复现输入。没有过渡过程，系统具有无限大的通频带，不管输入信号如何变化，系统误差始终为零。

系统未加前馈补偿前的闭环传递环数为

$$C(s)=\frac{G_p(s)G_c(s)}{1-G_p(s)G_c(s)}R(s) \tag{6-13}$$

由该式可以看出，采用前馈控制后，系统的特征方程没有变化，即前馈补偿不会影响原有系统的稳定性。所以，从原理结构上讲，复合控制系统要比单纯按误差控制的闭环系统优越得多，是一种比较理想的控制方式。但是完全实现这种理想化的复合控制系统是不可能的，因实际控制系统的功率与线性范围都有限，此外，要设计出高阶微分装置很困难，更重要的是微分阶次越高，对输入噪声越敏感，反而影响系统正常工作，因此，通常采用微分的最高阶次为 2 比较合适，可以获得满意的效果。

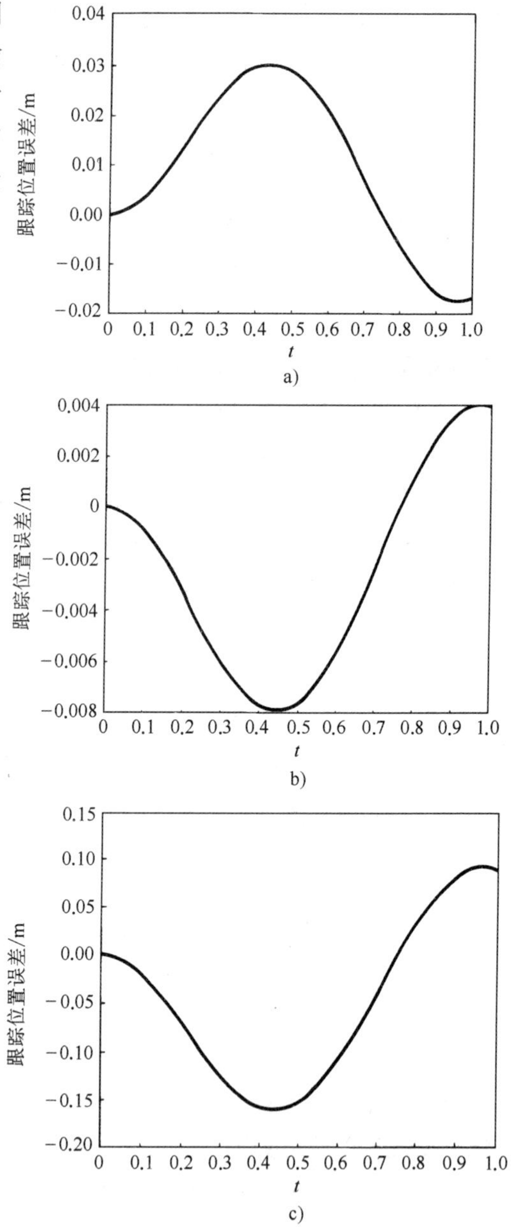

图 6-31　采用不同速度前馈参数的跟踪误差

a）前馈系数 1.0　b）前馈系数 1.2　c）前馈系数 2

电动机的传递函数为 $\frac{0.86}{7\times10^{-3}s^2+s}$，倒数为 $8.1\times10^{-3}s^2+s$；在只采用速度前馈时，跟踪误差在前馈系数为 1.16 时最小。图 6-31 所示为仿真的结果，横坐标为运动时间，纵坐标为运动的跟踪位置误差，其中前馈系数分别为 1，1.2，2。

当前馈系数为 1，最大误差为 0.03；前馈系数为 1.2，最大误差为 0.008；前馈系数为 2，最大误差为 0.15。同时从图 6-31 所示中可以看出速度前馈的调节过程。当前馈参数不够时，误差将与信号同相，而前馈参数过大时，误差将与信号反相，这对系统调试时前馈系数的调节有一定的指导意义。

2. 库仑摩擦问题

在任何机械加工面之间进行滑动，都存在制动的摩擦力。除了可以用线性项建模的粘性阻尼摩擦以外，还存在两种非线性摩擦。一种是库仑摩擦，通常表现为相对运动方向相反的恒定制动力；另一种是运动开始时所需要克服的静摩擦力。一般的说，静摩擦力随着速度提高而逐渐减少，并在适当速度时改变为库仑摩擦力。然而，为了分析方便，常常将静摩擦逐渐变为库仑摩擦的过程简化为突变特性。

从稳态观点看，库仑摩擦非线性相当于执行机构中存在死区，从而造成系统的稳态误差。如图 6-32 所示为系统存在库仑摩擦的控制框图，图 6-33 所示为其在正弦信号输入下的输出曲线。其中 6-32 所示中的 MATLAB Function 为符号函数 sgn，即当输入大于零时输出为 1，小于零时输出为 -1。

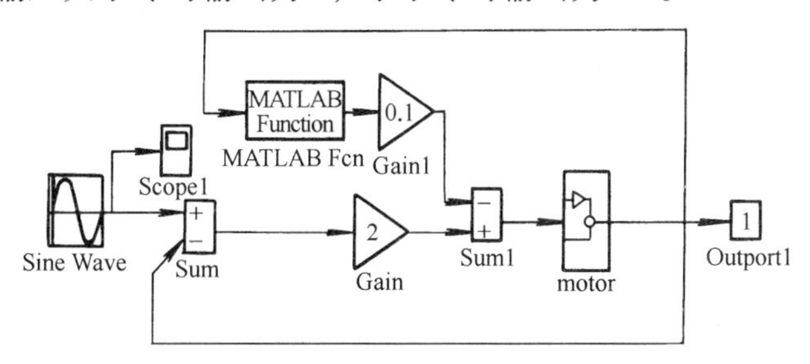

图 6-32　存在库仑摩擦的控制框图

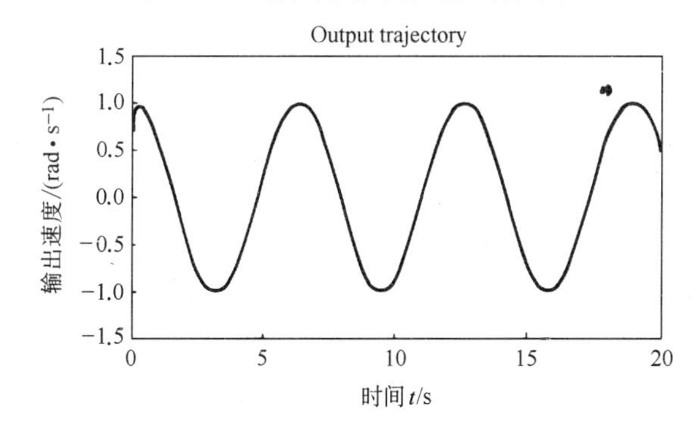

图 6-33　正弦响应曲线图

为了克服静摩擦与库仑摩擦给系统带来的稳态误差，最直接的办法是尽量减小摩擦力矩，例如，提高有关机械零件的加工精度，改进润滑条件等。这些纯机械方法往往造价比较高，甚至是不可能的。另一种方法是采用高增益控制器，以减小摩擦的影响。然而高增益将受机械传动机构谐振频率的限制，可能会引起系统不稳定。下面，将利用模型参考自适应控制的设计方法，讨论带有库仑摩擦的系统自适应控制问题。如图6-34所示为系统的控制示意图，$\dot{r}$表示指令速度输

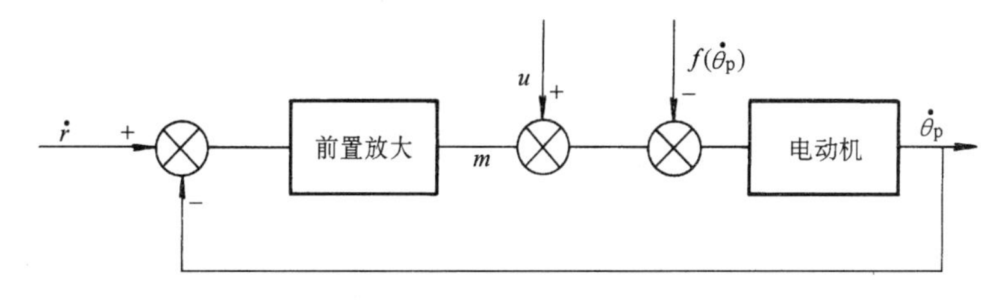

图 6-34　具有库仑摩擦的结构

入，m 表示前置放大器输出，u 是自适应控制输入信号，$\dot{\theta}_p$ 为电动机输出速度，$f(\dot{\theta}_p)$ 为轴承摩擦力矩，则由电动机的模型 $T(s)=\frac{0.86}{7\times10^{-3}s+1}$，可以得到如下公式：

$$\ddot{\theta}_p+142\dot{\theta}_p=122.8\ [m-f(\dot{\theta}_p)+u] \tag{6-14}$$

设受控对象参数的理想模型为

$$\ddot{\theta}_n+100\dot{\theta}_n=1000m \tag{6-15}$$

式中 $\dot{\theta}_n$——模型速度或理想速度。

式（6-15）减式（6-14）可得误差方程为

$$\ddot{e}+100\dot{e}=-(142-100)\dot{\theta}_p-(122.8-1000)m+122.8f(\dot{\theta}_p)-122.8u$$

式中 $\dot{e}=\dot{\theta}_n-\dot{\theta}_p$ 为速度误差；$\ddot{e}=\ddot{e}_n-\ddot{e}_p$ 为加速度误差；$f(\dot{\theta}_p)$ 取为 $\mathrm{sgn}\dot{\theta}_p$。

为了提供自适应参数，使得方程右边的差值最小，定义控制输入 u 取为

$$u=K_1\dot{\theta}_p+K_2m+K_3\mathrm{sgn}\dot{\theta}_p$$

式中 K_1、K_2、K_3 是可调参数，由李雅普诺夫函数决定。因此

$$\ddot{e}+100\dot{e}=\sum_{i=1}^{3}x_ig_i \tag{6-16}$$

式（6-16）中

$$x_1=-42-122.8K_1$$
$$x_2=877.2-122.8K_2$$
$$x_3=122.8-122.8K_3$$

$$g_1=\dot{\theta}_p,\quad g_2=m,\quad g_3=\mathrm{sgn}\dot{\theta}_p$$

李雅普诺夫函数选为

$$V=\dot{e}^2+\sum_{i=1}^{3}\frac{1}{\alpha_i}(x_i+\beta_i\dot{e}g_i)^2$$

对 V 求导，并代入式（6-16），可得

$$\dot{V}=-200\dot{e}^2+2\dot{e}\sum_{i=1}^{3}x_ig_i+2\sum_{i=1}^{3}\left\{\frac{1}{\alpha_i}[x_i+\beta_i\dot{e}\ g_i]\left[\dot{x}_i+\beta_i\frac{\mathrm{d}}{\mathrm{d}t}(\dot{e}g_i)\right]\right\}$$

为使上式负定，可选

$$\dot{x}_i=-122.8K_i=-\alpha_i\dot{e}g_i-\beta_i\frac{\mathrm{d}}{\mathrm{d}t}(\dot{e}g_i) \tag{6-17}$$

由上式可得

$$\dot{V}=-200\dot{e}^2-2\sum_{i=1}^{3}\beta_i(\dot{e}g_i^2)$$

根据李雅普诺夫稳定性理论，利用上述的自适应控制方案，将保证 $\dot{e}\rightarrow 0$。

由式（6-17）可以得到系统的自适应控制率如下：

$$K_1(t) = B_1\int \dot{e}\theta_p \mathrm{d}t + C_1\dot{e}\dot{\theta}_p$$

$$K_2(t) = B_2\int \dot{e}m\mathrm{d}t + C_2\dot{e}m$$

$$K_3(t) = B_3\int \dot{e}\mathrm{sgn}\dot{\theta}_p \mathrm{d}t + C_3\dot{e}\mathrm{sgn}\dot{\theta}_p$$

式中，B_i 和 C_i 是任意正增益，最终系统的控制框图如图 6-35 所示（Matlab 仿真软件绘制）。

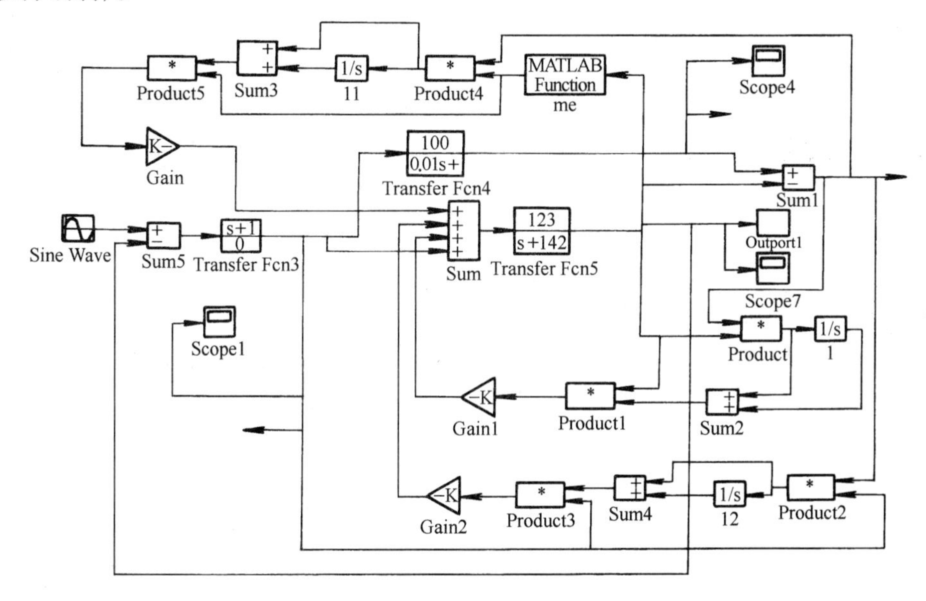

图 6-35 自适应控制框图

当 B_i 和 C_i 均取为 5，系统在正弦输入信号下的输出如图 6-36 所示，可以看

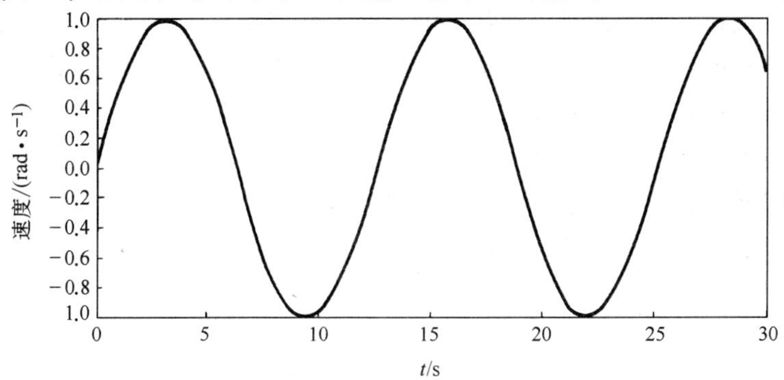

图 6-36 正弦响应曲线

出系统的输出已经趋于平滑。

3. 积分饱和问题

本系统伺服控制器采用 PID 控制是有其弊病的，如积分饱和问题。积分饱和是指系统在启动过程中，因为误差信号会长时间保持较大的值，控制器的积分部分的输出将很大，将导致控制信号趋于极限值，容易造成超调过大等问题。

为了解决该问题，可以在标准 PID 控制器的基础上增加非线性环节。图 6-37 所示即是采用非线性 PID 环节的控制框图。图 6-38 所示为其内部结构，其中 Dead Zone 为死区环节。当积分的输入信号达到一定范围时死区非线性环节将起作用，这将削弱积分器的作用，从而可以在一定程度上抑制饱和问题。

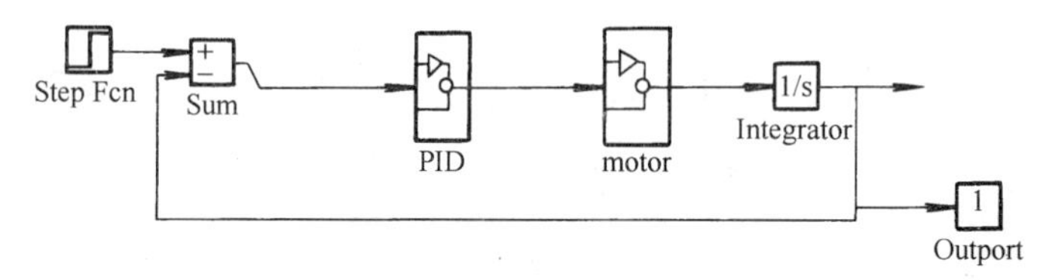

图 6-37　非线性 PID 控制结构

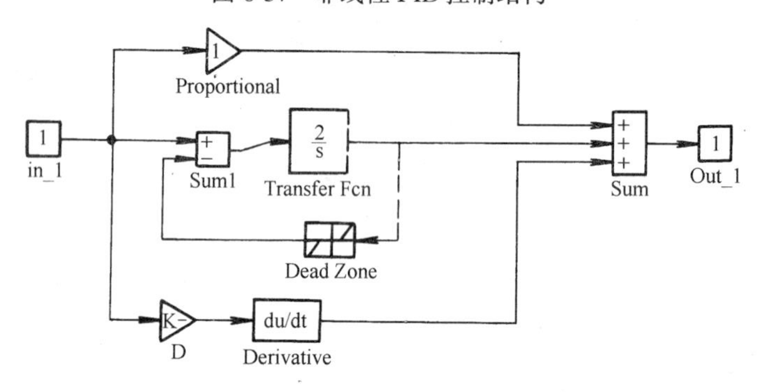

图 6-38　改进的 PID 内部结构

六、控制系统软件设计

友好的人机交互手段是控制系统的重要组成部分，由于计算机在控制系统领域的使用越来越广泛，软件界面也成为控制系统的主要人机交互手段。与其它类型的软件设计比较，控制系统软件在安全性、软件功能等有其不同之处。软件主要完成了以下功能：

1）实现轨迹规划、轨迹插补、数据显示功能。

2）实现运动控制、控制参数设定功能。

3）实现运动数据的分析、显示、打印。

1. 软件设计思想

本软件是为模拟器系统设计的，考虑到系统运行环境等因素，软件必须具有以下的特点。

安全性　首先，由于系统的运行速度、加速度高，因此出现失控时，系统必须具有必要的保护措施。其次，速度、加速度误差及轨迹跟踪误差超出一定的限度时，系统必须提示用户并采取一定的措施。第三，系统必须设置必要的位置极限及上电复位功能。第四，系统的响应必须快速，保证在 Windows 环境下的实时运行，第五，在系统的规划阶段必须判断运行的速度和加速度范围，检查不合适的输入。

灵活、美观的用户界面　第一，考虑到界面美观、通用，系统的运行环境选为 Windows 系统。第二，为了便于使用者方便，系统采用图形输入方式来设置各种运行轨迹并可设置运行速度等参数。第三，为了加快用户的输入速度，软件可把常用的圆、抛物线、B 样条曲线等设定为模板。第四，系统必须方便用户在规划界面及运行界面之间进行转换，同时利用系统的上下位机结构，实现上下位软件的并行运行。

灵活、准确的轨迹规划功能　轨迹曲线的种类应较为完备，需要提供以下几种形式：直线，圆，圆弧，B 样条曲线，任意数据曲线。前三种曲线可利用控制卡内嵌的插补算法，实现准确的轨迹。而后两种曲线则需要上层软件实现插补运算，必须保证其运行速度平稳并保证运动精度。

数据的实时显示及数据的分析　系统的实时显示主要提供给用户实时的监测信息。同时为了系统的测量，软件还必须提供完备的数据分析功能。

软件根据系统硬件结构可分为上下位两部分，其中上位软件实现人机交互功能，下位软件实现伺服电动机的控制及运动实现。其中，上层 PC 软件采用 VisualC + + 语言，下层运动控制软件是用汇编语言。

2. 上位软件结构及程序流程

图 6-39 所示为上层软件的总体流程，首先用户在运动规划模块中进行轨迹规划、插补等工作，其次在实际运行模块中完成运动控制、运动数据处理等工作。

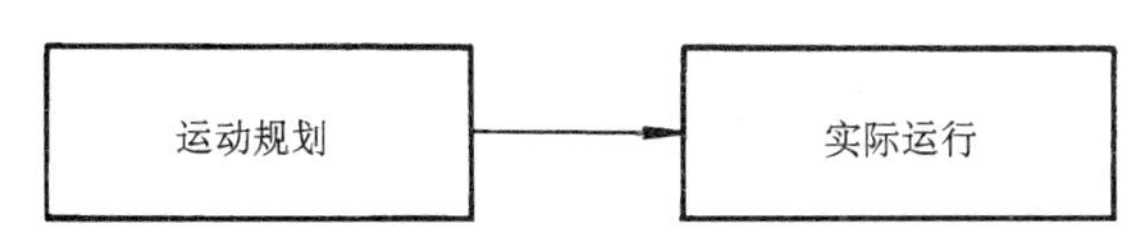

图 6-39　上位软件总体流程

(1) 轨迹设定及规划　轨迹设定及规划功能是系统的重要组成部分之一，本系统提供了直线、圆、圆弧、抛物线、样条曲线等运动轨迹。

轨迹规划的流程如图 6-40 所示。

为了实现模拟前设定轨迹运动，必须把轨迹分解到各个电动机，平面轨迹只需分解为 xy 方向即可。PMAV 控制卡下位软件提供了直线及圆弧插补算法，因

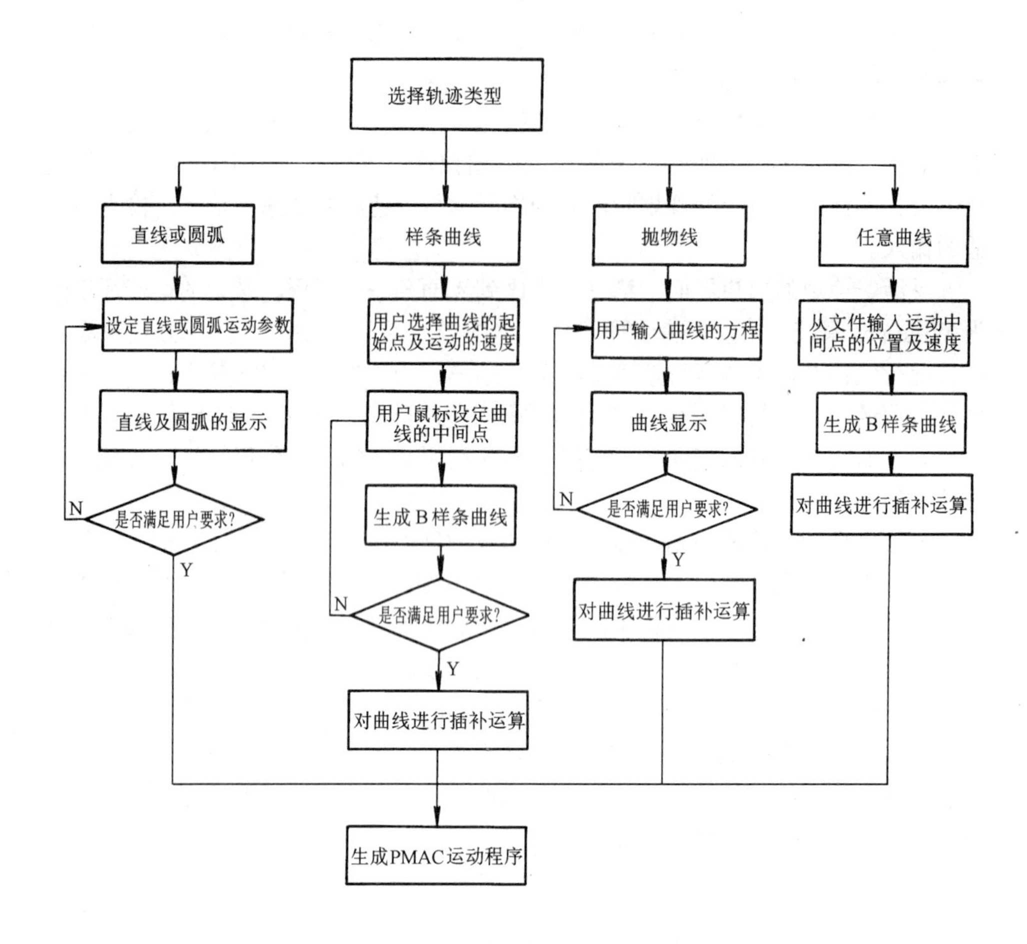

图 6-40　轨迹规划流程图

而直线及圆弧只需设定轨迹的起点、终点及运动速度即可。

而对于样条曲线及任意曲线，需要在上层软件采用二维 B 样条曲线给予生成。其算法实现如下。

如图 6-41 所示，首先由三次 B 样条曲线的型值点反求控制点：即已知一组空间型值点 Q_i，要找一条 3 次 B 样条曲线 $C_j(u)$ 过 Q_i ($i=1, 2, \cdots, n$) 点，也即找一组与点列 Q_i 对应的 B 样条特征多边形顶点 P_j ($j=0, 1, \cdots, n+1$)。其之间的关系由以下方程决定

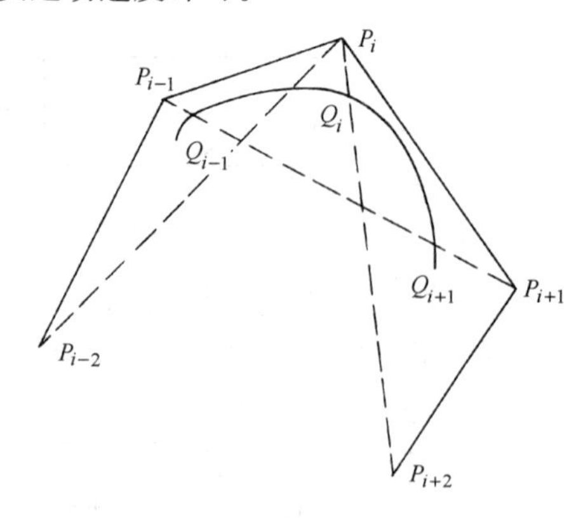

图 6-41　三次 B 样条曲线

$$\begin{bmatrix} 6 & 0 & & & & & \\ 1 & 4 & 1 & & & 0 & \\ & 1 & 4 & 1 & & & \\ & & & \vdots & & & \\ & 0 & & & 1 & 4 & 1 \\ & & & & & 0 & 6 \end{bmatrix} \begin{bmatrix} P_1 \\ P_2 \\ P_3 \\ P_4 \\ P_5 \\ P_6 \\ P_7 \end{bmatrix} = 6 \begin{bmatrix} Q_1 \\ Q_2 \\ Q_3 \\ Q_4 \\ Q_5 \\ Q_6 \\ Q_7 \end{bmatrix}$$

这是一个主对角占优的三带状矩阵，可用追赶法求解出 P_j（$j=1, 2, \cdots, n$）。为了满足端点条件，需要二个附加顶点 $P_0=2P_1-P_2$，$P_{n+1}=2P_n-P_{n-1}$。

其次，可生成三次 B 样条。

从空间 $n+1$ 个顶点 P_j（$j=0, 1, \cdots, n+1$）中每次取相邻的四个顶点，可构造一段三次 B 样条曲线，其对应的矩阵式如下

$$C_{i,4}(u) = (1/6)[u^3 \quad u^2 \quad u \quad 1] \begin{bmatrix} -1 & 3 & -3 & 1 \\ 3 & -6 & 3 & 0 \\ -3 & 0 & 3 & 0 \\ 1 & 4 & 1 & 1 \end{bmatrix} \begin{bmatrix} P_{i-1} \\ P_i \\ P_{i+1} \\ P_{i+2} \end{bmatrix}$$

样条曲线、任意曲线等需要进行插补后才能在下位控制卡上运行，样条曲线由于速度一定，采用简单的等长插补，插补步长可以根据系统的位置精度要求进行选择。任意曲线的设定则需要考虑速度的变化，其中速度是由运动补偿与单步时间决定的，由于在下位控制程序中，控制卡的单步时间是固定的，因此为了实现变速运动，我们采用改变补偿的方法来对曲线进行插补。

（2）数据实时显示　采集数据有目标及干扰源的运动轨迹、运动速度、运动误差等，如图 6-42 所示。伺服控制卡的数据采集有两种不同方式，首先，可以由上位机每隔一段时间用指令查询当前位置、当前速度等；其次，系统提供了一段采集内存，可存储一定数量的位置及速度。前者通过 I/O 口进行实时采集，后者在运行后进行数据提取。因此为了实现数据的实时显示，只有采用前一种方式。

本系统采用 Windows 平台，它是非实时的操作系统，同时模拟器的运动速度高达 2.5m/s，因此简单的利用该操作系统的时间事件无法实现数据的实时显示，参考众多的时间中断。但驱动程序的编写有一定的难度，同时对 Windows 98、Windows NT 需要不同的驱动程序，系统的兼容性较差。因此，本系统的实现方式是一种更为简单的方式，即在时间事件响应程序内部，每次进行多次 I/O 循环操作以实现数据在短时间内进行多次采集。这种方法的问题是循环的次数如果过多，系统会出现不稳定或不响应其他事件的现象，但只要合适选择循环的次

数就可以保证数据显示与系统响应的实时性。

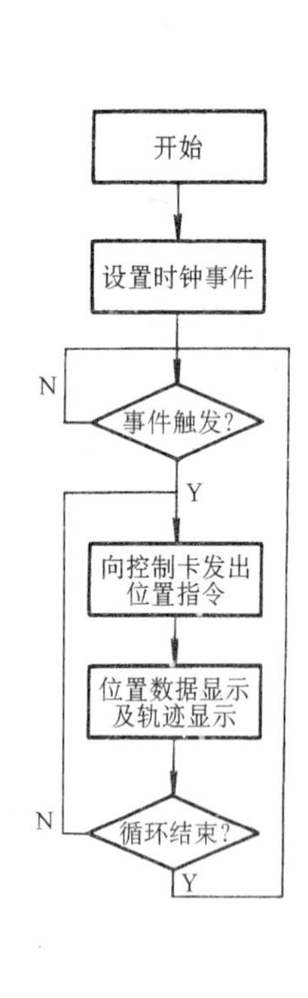

图 6-42　数据实时显示流程图

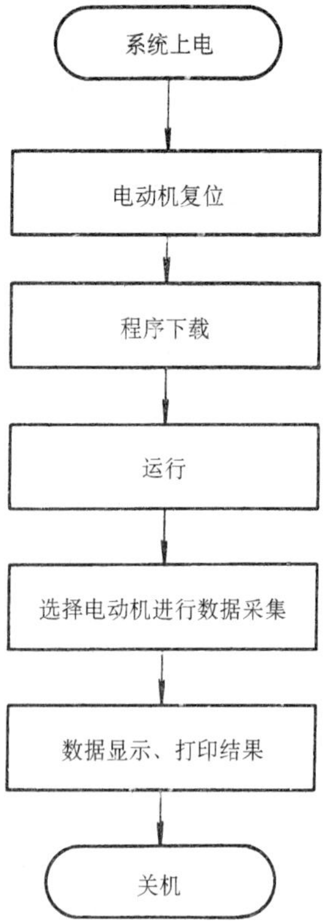

系统上电
电动机复位
程序下载
运行
选择电动机进行数据采集
数据显示、打印结果
关机

图 6-43　系统的操作流程图

(3) 运动控制流程　为了实现模拟器的运动，用户必须按一定的程序进行操作。图 6-43 所示为系统总的操作流程。其中电动机复位流程如图 6-44 所示，由于系统采用增量码盘，电动机上电时码盘的位置不确定，需要进行复位操作以标定零位。电动机的复位方式一般有以下两种：一是采用电位器，二是采用复位开关。前者需要单独的 A/D 输入，同时由于电位器的精度较低，因此在该系统采用复位开关的方式。PMAC 卡中专门提供了复位检测功能，系统在上电时，只需运行相应的复位程序即可。

3. 控制卡下位软件

为了完成指定的运动，必须通过下达指令给控制卡以完成各种参数设置及参数采集等功能，或通过下载运动程序给控制卡，使控制卡按程序运行。在本系统中下位程序主要由以下的部分组成：系统初始化、轨迹生成、数据采集等。

(1) 系统初始化　系统初始化需要设置控制卡各部分参数，主要包括各种安全参数，运动启动方式等。

1) 安全性设置　为了保证系统运行的稳定性，以及在系统出现故障时能够正常恢复，必须对各种安全性参数进行设置。

① 越程极限

硬件 为使模拟器的横轴及纵轴两端的极限开关用来限制目标及干扰的运动范围，可通过控制卡提供的硬件极限接口输入。当超过极限时，控制卡将使系统在最短时间内使目标及干扰停止运动。

软件 在PMAC内部可通过设置软件极限来设置运动范围，超程时系统可以触发程序，使运动停止。

② 速度极限 模拟器按程序运动时，控制器将各轴速度与其速度极限进行比较，如果超过设定值，运动将会减速，使保持在极限内。

③ 跟踪误差极限 如果实际位置对命令位置的滞后超出预设值，控制器就将按照固定程序关断出错电动机。这种情况一般发生在位置反馈消失或者电动机发生故障时。

④ 对外部接口监测 通过设置控制器的状态寄存器，可监测D/A输出以及码盘反馈等信号的状态，以判断系统的外部接口是否正常工作。

2）坐标系建立 为了实现目标及干扰源按照规定的轨迹运行，必须定义运动坐标系使各电动机能够彼此协调。建立坐标系的步骤如下：

首先，确定坐标系的维数，即确定坐标系中电动机的个数及位置。目标及干扰源的运动位于两个分离的运动平面，因而需要定义两个平行的二维直角坐标系。控制器可使目标模拟器和干扰模拟器在不同的坐标系中并行运行。

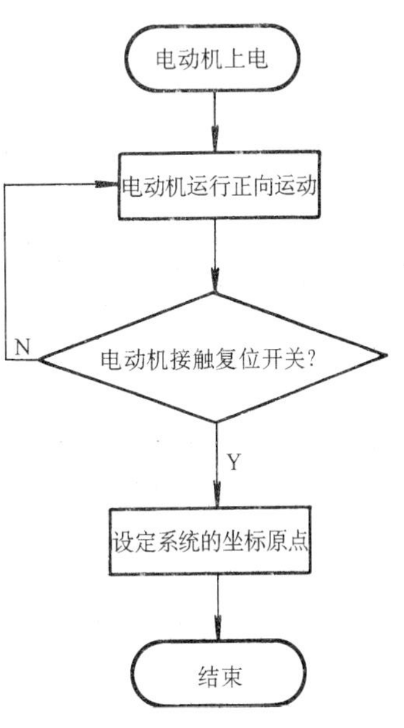

图6-44 电动机复位流程

其次，坐标变换。坐标系定义好了以后，可以进行比例缩放、平移、旋转，即确定电动机轴转角至直角坐标的变换关系。

(2) 轨迹生成 启动方式及运动的加速形式，按照加速时间（T_A），S曲线加速（T_S）时间，以及线性加速（T_L）时间的不同关系，一般采用以下两种方式：

一是线性加速度方式，S曲线时间为零（$T_S=0$），$T_A=T_L$；

二是S曲线加速方式，线性加速时间为零（$T_L=0$），$T_A=2T_S$。

为了保证模拟器有较小的速度冲击，本系统采用S曲线方式作为系统的加速方式，如图6-45所示。

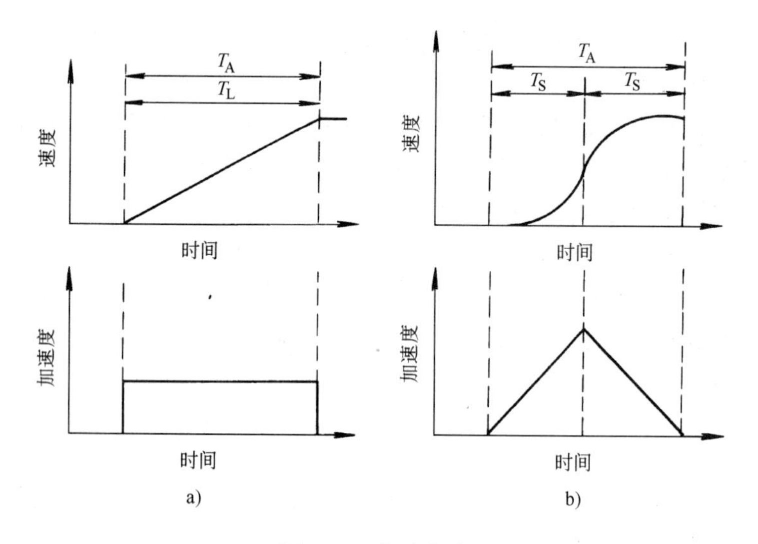

图 6-45 启动方式

a) $T_A = T_L$ b) $T_A = 2T_S$

第四节 机电一体化系统设计应用举例Ⅲ

一、设计任务

设计轿车车身冲压机器人生产线。

1. 生产线的功能要求

1）钢板自动分层抓取。抓取时要求有检测装置，对同时抓取多块、抓牢等情况进行自动检测报警。

2）要求冲压工件始终沿一条直线运动。

3）工件传送过程中，对一些重要参数要进行自动监控处理或报警。

4）满足生产能力，150000 辆/年，共有 12 种不同的冲压件。

5）工件传送过程中在某些冲床后有 180°翻转或 90°回转功能。

6）冲床上下模之间的最小干涉距离按 400mm 考虑。

7）考虑到冲床及机械手的可维修性，中间传送装置应方便从冲床间整体移出。

2. 压力机及生产零件参数

(1) 压力机性能参数

Erfurt 公司压力机	20000kN 双动压力机	10000kN 单动压力机
台面尺寸	4500mm×2200mm	4500mm×2200mm
滑块行程	1100/900mm	900mm
行程次数	8～15 次/min	8～15 次/min

最大装模高度　　　　2100mm/1850mm　　　　1300mm

调节量　　　　　　　200mm/200mm　　　　　2500mm

（2）压力机的布置压力机的布置如图6-46所示。

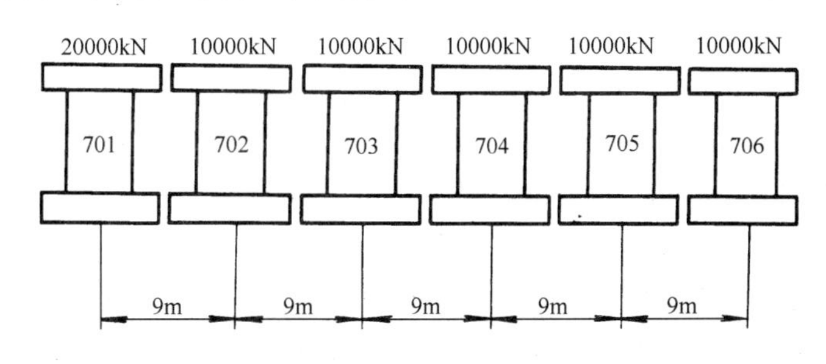

图6-46　压力机布置图

（3）零件参数　共有12种冲压件。

最大毛坯尺寸为：

0.9mm×1360mm×3200mm，最大质量为31kg。

最小毛坯尺寸为：0.8mm×875mm×1385mm，最大质量为7.6kg。

二、生产能力的分析计算

1. 压力机允许机械手的操作时间

从压力机凸轮曲线可知，20000kN压床最小干涉距离为400mm时，机械手被允许的操作时间如表6-3所示。

表6-3　20000kN压床的机械手被允许的操作时间

序　号	节　拍	允许操作时间/s	压床外动作时间/s	总时间/s
1	12件	2.02	2.98	5
2	11件	2.2	3.25	5.45
3	10件	2.4	3.6	6
4	9件	2.69	3.98	6.67
5	8件	2.73	4.47	7.5
6	7件	3.06	5.51	8.57
7	6件	3.54	6.46	10.0
8	5件	4.25	7.55	12.0

2. 对生产节拍的要求

计算条件　一年按254天工作日（扣除104天双休日，7天法定节假日），每天按三班生产，每班工作7h，这样一年共有5334h的工作时间，用于维护的时间为764h。另外，用于更换机械手操作工具及更换模具的时间为0.5h/件，模具调整时间为 0.3h/次；零件周转周期为 15 天，一年内用于更换机械手操作工具及更换模具的总时间为：12（月）×12（件）×0.8h = 230.4h。每班换料时间为 0.5h，一年为 381h。一年的实际工作时间为：（5334 − 230.4 − 381）h = 4722.6h。

生产线的节拍为　150000×12 件/（4722.6×60min）= 6.4 件/min。

生产线的设计能力　为确保能达到生产能力，取富裕系数为 1.25。取生产线的设计生产能力为　8 件/min。

3. 初始条件

选用适当的真空发生器，可使吸牢时间为 0.2s，释放时间为 0.1s。

机械手动作初始条件：最大加速度 $6m/s^2$，最大速度 4.0m/s；冲床内部行程距离为 2000mm。

4. 节拍核算

因 2000t 冲床机械手被允许的操作时间比 1000t 冲床的短，因此，计算节拍以表 6-3 为依据进行核算。

动作过程如图 6-47 所示。对于一个压床循环周期、冲床压下后抬起 400mm 时，取工件机械手开始进入压床（图 a），进入后吸牢工件立即向外移动，同时放工件机械手也处于压床边缘吸着工件开始向压床移动（图 b），待放工件机械手到位，取工件机械手已完全退出压床（图 c），放工件机械手释放工件，退出压床。放工件机械手到完全退出时，压床又处于最小干涉位置（图 d）。

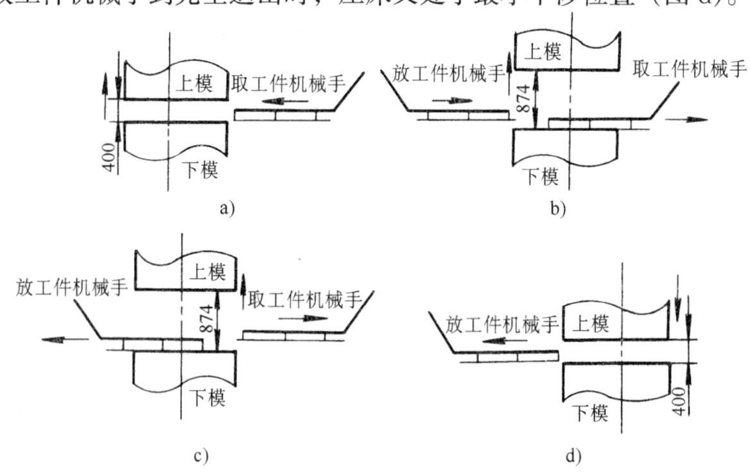

图 6-47　机械手动作过程

a）取工件机械手刚进入压床　b）取工件机械手开始退出压床，放工件机械手开始进入机床　c）取工件机械手完全退出压床，放工件机械手完全进入机床　d）放工件机械手完全退出压床

机械手进入压床时，以初速度4m/s进入，加速度为$-6m/s^2$，得如下方程

$$v_0 = at_2$$

$$s = v_0 t_1 + 0.5 a t_2^2$$

$$v_0 = 4m/s, \quad s = 2.0m, \quad a = 6m/s^2$$

解得

$$\begin{cases} t_1 = 1/6s \\ t_2 = 2/3s \end{cases}$$

进入的最快时间　$t_1 + t_2 = 0.83s$

机械手取出时，先加速到最大速度，然后以最大速度退出。

同理可得，退出的最快时间　$t_1 + t_2 = 0.83s$

按前述的动作过程，机械手在压床内的最快时间为$(3\times0.83+0.2+0.1)s=2.7s$，查表6-3，这时的最大节拍为8件/min。满足设计能力的要求。

三、机械系统

1. 机械系统配置

毛坯的拆垛、进料由一只装在701机上的上料机械手完成。它负责把毛坯放入701机上。加工后的工件由装在701冲床上的下料手取出。701与702间有一个传输翻转装置，702—703、703—704、704—705、705—706间是四台穿梭传输车，其车梁有侧移及滚转功能。装在706机上的下料机械手负责取出压完的工件，并把它放在传送带上运走。其主要部分见图6-48所示。

2. 上、下料机械手

（1）上、下料机械手参数指标

负载能力　50kg　　　　　　重复定位精度　±0.5mm；

水平运动范围　0～3000mm；　　水平运动速度　4.0m/s；

垂直运动范围　0～1000mm；　　垂直运动速度　1.0m/s。

加速度：水平　$6m/s^2$　　　　垂直　$6m/s^2$

（2）上、下料机械手结构　上、下料机械手水平运动轴采用椭圆形机构，垂直运动轴为直线提升机构，为保持末端的姿态，采用平行四边形结构，这样既可保持末端姿态，又可增大刚度。

3. 翻转装置

翻转装置配置在第一台和第二台压床之间，实现对工件的180°翻转，其主要参数如下：

翻转角度　±180°；

翻转速度　90°/s=15r/min；

翻转半径　1500mm；

翻转动作是可控的。

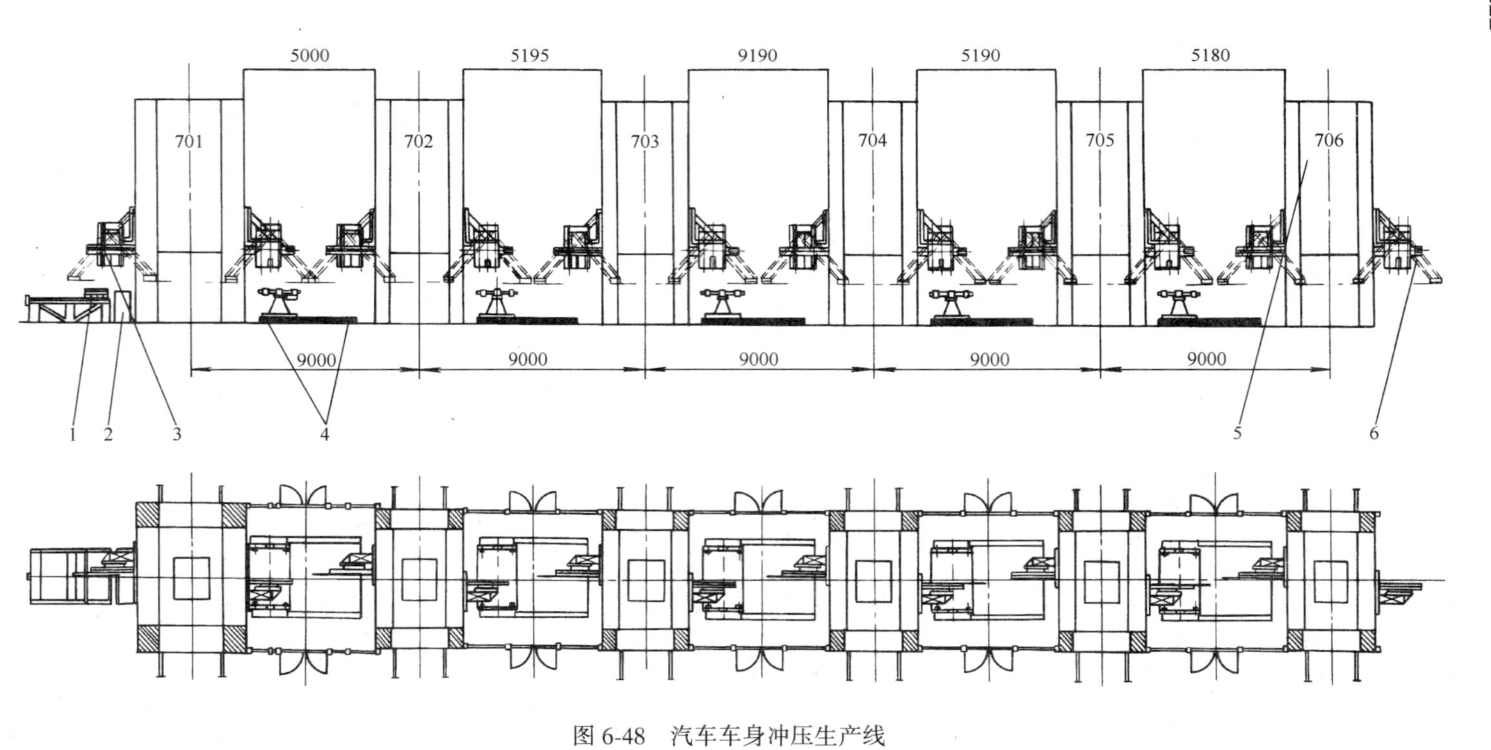

图6-48 汽车车身冲压生产线

1—磁力分层装置 2—涂油装置 3—上料机械手 4—翻转传输装置 5—压床 6—下料机械手

翻转装置固定于直角坐标组合传送单元之内，传动方案采用伺服电动机与谐波齿轮传动。

4. 气动系统及夹具

（1）气动系统　气动系统采用工厂原有的气源，通过过滤，去油处理直接送往各执行器件。真空系统采用国外标准的组合一体化装置，其特点是该组合控制装置包括了真空发生器、真空给定电磁阀、真空破坏电磁阀、真空开关、过滤器、消音器等 6 件一体化装置，使操作过程稳定可靠、体积小、重量轻。真空吸盘根据工件的不同形状，每个零件每个机械手选用 15 套吸盘，吸盘直径选用如下：

工件重 31kg，每个吸盘承载 2.0kg，设安全系数为 3.0，则每个吸盘设计承载为 6.0kg，取真空度为 5kPa，吸盘直径为 35mm。

（2）夹具　为适应不同零件在不同工位时的形状，采用万能组合式夹具安装真空吸盘，其结构形式有伸缩式和转动式。

四、控制系统

控制系统硬件配置如图 6-49 所示。

汽车车身冲压自动生产线由 6 台压床、12 个机械手、1 台翻转传输车、4 台穿梭传输车、1 台总控制柜、1 台磁力分层控制柜、6 台本地控制柜及气路、传感器系统等构成。

本地控制柜的 PLC 所要完成的主要工作有：接受来自操作员终端的信息，完成上下料机械手及冲床之间的协调控制、翻转传输车和穿梭传输车的控制、抓取装置真空发生器的控制。此外，本地控制还有与总控制柜通信的功能、自诊断的功能等。

701—706 六台压床控制器与相应的 PLC 连锁，完成压床动作控制。

总控制柜具有如下的功能：冲压自动生产线全线起动、停止、暂停、急停；磁力分层、冲床、上下料机械手、传输车、翻转台故障报警及显示；送出工件号、工件计数、设备运行动画显示。

传感器的功能：上料堆检测；抓料检测；冲床滑块位置检测；机械手安全检测；机械手的零点位置检测；气路系统气压检测。

五、故障报警系统

本系统对部件与器件进行合理选择，使硬件系统具有很高的可靠性，软件系统具有多种保护功能，使其运行更为可靠，该系统达到的平均无故障工作时间 2000h，相当于 100 天连续生产。系统的使用寿命为 40000h。按前面的生产节拍，可使用 8 年以上。

1. 故障保护的原则

1）重大故障急停。

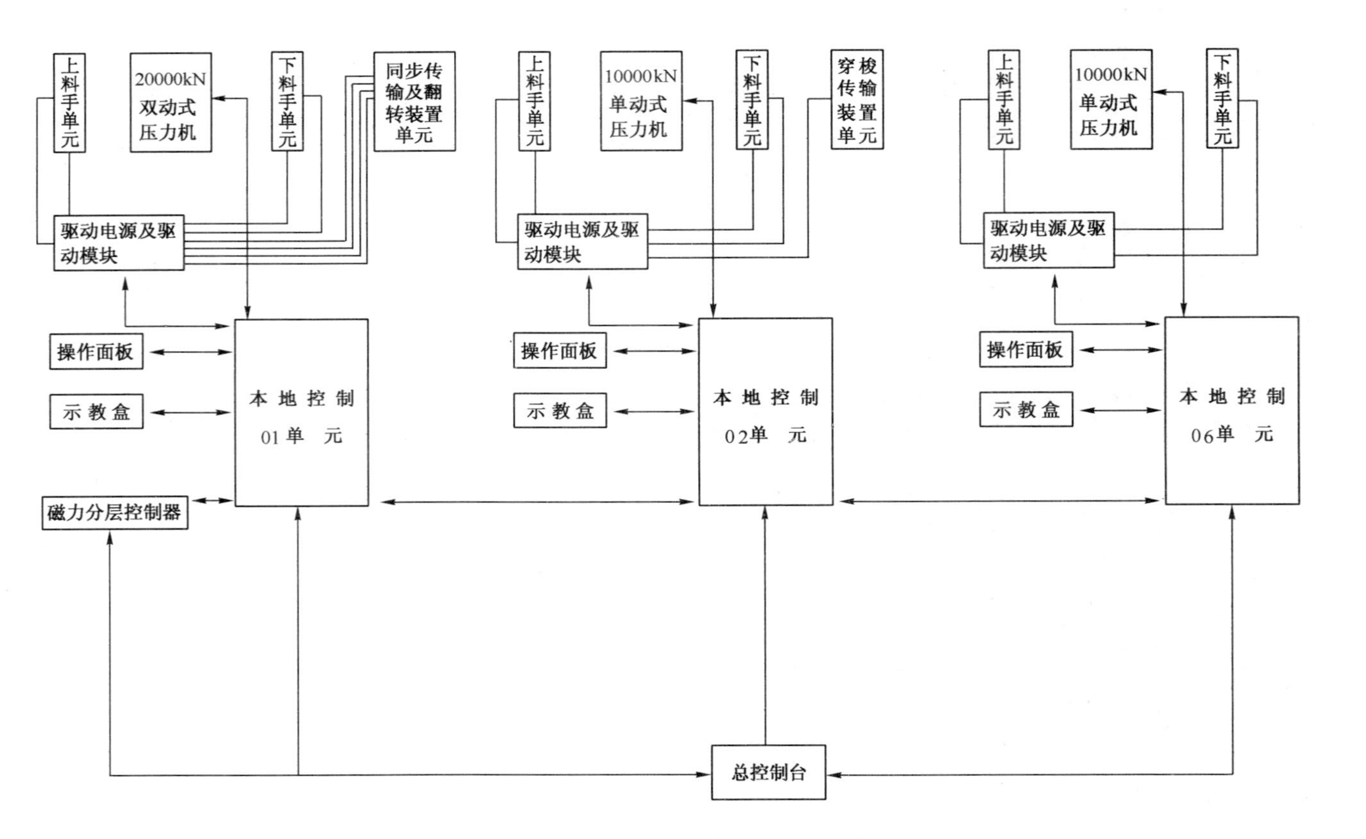

图 6-49 汽车车身冲压生产线控制系统框图

2）出现故障直接相关的设备全部急停。其它设备若处于故障设备之后，则执行完所有的操作；若处于故障设备之前，则仅执行完成当前动作。

3）设置操作权限　所有设备的动作必须在所有的工作条件都得到满足的条件下才允许其动作。

2. 故障的种类

1）冲床故障　冲程未到位；行程变化与压力变化不一致；冲床润滑系统异常；冲床电源系统故障；冲床控制系统故障等。

2）机械手系统故障　机械手未运动到位；机械手伺服系统故障；机械手电源系统故障；机械手未吸牢工件；气源系统故障；机械手控制系统异常等。

3）控制协调系统　温度过高；电源不稳定；通信系统故障；显示系统故障等。

4）其它故障　翻转装置工作异常；上料系统工作异常；下料传送系统异常；环境温度超过范围等。

第五节　机电一体化系统设计应用举例Ⅳ

数字控制技术是在金属切削机床数控的基础上发展起来的。自 1952 年由美国帕森斯公司与麻省理工学院机构实验室研制成功世界上第一台三坐标数控铣床以来，数控机床经历了晶体管、集成电路控制（NC）、计算机控制（CNC）、多台计算机直接群控（DNC）和微处理器控制（MNC）四个发展阶段，形成了门类齐全、品种繁多的数控机床，如数控车床、铣床、钻床、磨床和加工中心等。

一、数控机床的组成

图 6-50 所示为数控机床的组成框图。被加工零件图是数控机床加工的原始数据，在加工前需根据零件图制定加工工序及工艺规程，并将其按照标准的数控编程语言编制成加工程序。

图 6-50　数控机床组成框图

程序载体是用于记录数控程序的物理介质，通过输入接口可将载体中的数控程序输入数控系统。早期的程序载体是纸带，将加工程序制作在穿孔纸带上，由光电读带机将纸带上的二进制数控信息输入微机系统中。现代数控机床多用键盘直接将加工程序输至控制计算机中。在通信控制的数控机床中，控制程序可以由计算机接口传送，如果需要保留程序，则可拷贝到磁盘等存储介质上。

数控微机系统用来接受并处理由程序载体输入的加工程序，依次将其转换成使伺服驱动系统动作的脉冲信号。

伺服驱动系统是整个数控系统的执行部分，由伺服放大器（包括伺服控制电路和功率放大电路）伺服电动机等组成，为机床的进给运动提供动力。

反馈系统用于检测机床工作的各个运动参数、位置参数、环境参数（如温度、振动、电源电压、导轨坐标、切削力等），并将其变换成控制计算机系统能接受的数字信号，以构成闭环或半闭环控制。经济型的数控机床一般采取开环控制。

二、数控车床的机械结构

图 6-51 表示一种普通车床改造后的方案。图中不改变车床主轴箱，即主轴变速仍靠人工控制，走刀丝杠改成滚珠丝杠 11，去掉光杠，在走刀段右端增加一个丝杠支承。丝杠 11 的右端用纵向步进电动机 4 直接驱动（或经传动齿轮减速驱动）。纵向走刀丝杠采用滚珠丝杠的目的是为了提高纵向走刀的移动精度，对于半精加工的车床可直接使用原来的丝杠。同样，横向走刀丝杠由步进电动机 3 直接驱动，完成横向走刀的进给和变速。另外，刀架部分采用了电动刀架 1 实现自动换刀。为了使车床能实现自动车制螺纹，还要在主轴尾部加装光电编码器（图中未示出）作为主轴位置检测装置，使车刀运动与主轴位置相配合。

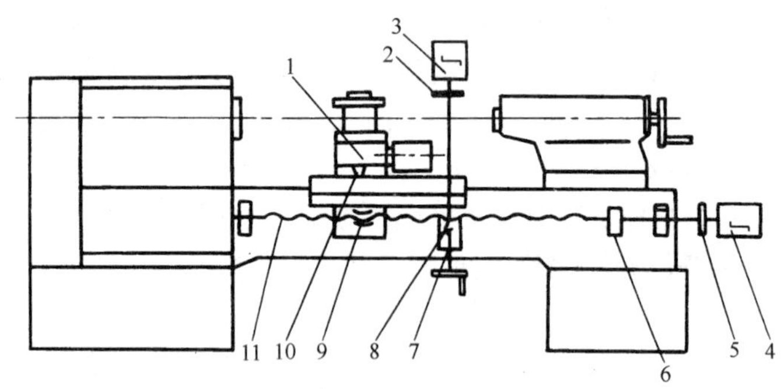

图 6-51　改造后的车床传动系统

1—电动刀架　2—联轴器　3—横向步进电动机　4—纵向步进电动机　5—联轴器　6—纵向微调机构　7—横向滚珠丝杠　8—横向螺母　9—纵向螺母　10—横向微调机构　11—纵向滚珠丝杠

1. 步进电动机与丝杠联接

步进电动机与丝杠的联接要可靠，传动无间隙。为了便于编程和保证加工精度，一般要求纵向运动的步进当量为 0.01mm，横向运动的步进当量为 0.005mm，步进电动机与丝杠的联接方式有直连式（同轴连接）和齿轮联接两种形式。

直连式如图 6-52 所示，步进电动机与丝杠轴采用联轴套直接同轴相联，这种联接方式结构紧凑，改装方便。

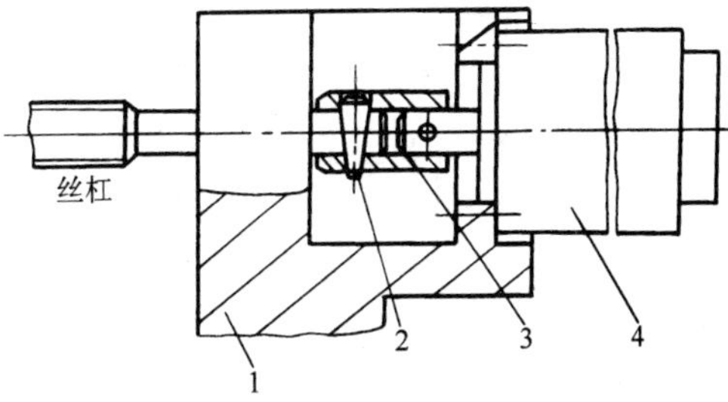

齿轮联接式如图 6-53 所示。在步进电动机步距角 β、步进脉冲当量 δ 及丝杠螺距 L 确定后，步进电动机和丝杠的联接传动比不一定正好是 1:1 的关系，这时采用一对齿轮，齿轮传动比的计算可根据下面计算

$$i=\frac{z_2}{z_1}=\frac{\beta L}{360\delta} \quad (6\text{-}18)$$

图 6-52　直连式示意图

1—车床支架　2—销钉　3—联轴套　4—步进电动机

例　设改造一台 C620 车床，其纵向丝杠的螺距 $L=12\text{mm}$，采用 110BF003 型步进电动机，步距角 $\beta=0.75°$，系统规定的纵向步进当量 $\delta=0.01\text{mm}$，计算步进电动机与纵向丝杠之间的联接传动比。

解：根据式（6-18）

$$i=\frac{z_2}{z_1}=\frac{\beta L}{360\delta}=\frac{12\times 0.75}{360\times 0.01}=\frac{4}{1}$$

可选 $z_1=20$，$z_2=80$，模数 $m=1.5$ 的齿轮传动副。

2. 步进电动机与床身的联接

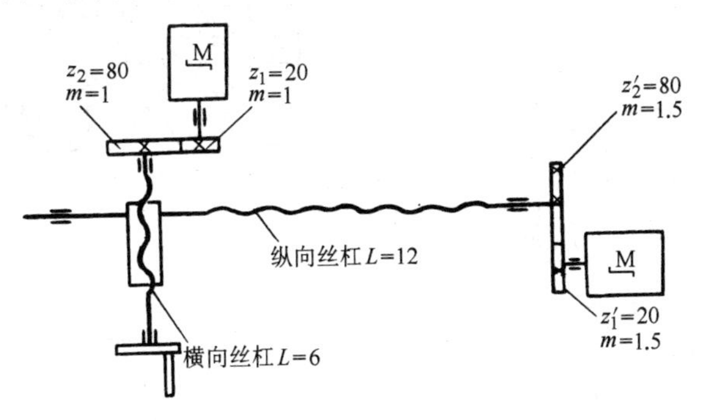

图 6-53　齿轮联接示意图

步进电动机与床身的联接，不但要求安装方便、可靠，同时又能确保精度。常用的有固定板联接和变速箱联接两种，如图 6-54 和图 6-55 所示。

3. 自动回转刀架

加工复杂工件时，需要几把车刀轮换使用，这就要求刀架能自动换位，如图 6-56 所示。

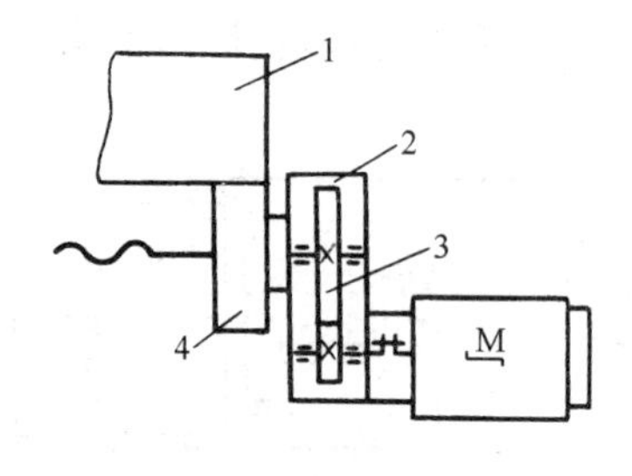

图 6-54 固定板连接示意图

1—床身 2—齿轮箱 3—变速齿轮 4—丝杠支架

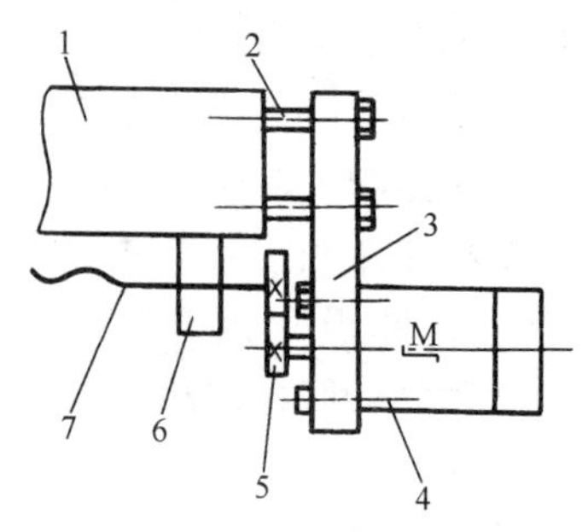

图 6-55 变速箱联接示意图

1—床身 2—圆柱套筒 3—连接板 4—步进电动机 5—齿轮 6—丝杠托架 7—丝杆

当控制计算机系统发出换刀信号后，如果要求的刀号与实际在位的刀号不一致，电动机正转，通过螺杆推动螺母使刀台上升到精密端齿盘脱开时的位置，当刀台随螺杆体转动至与刀号要求相符的位置时，控制计算机发出反转信号，使电动机反转，于是刀台被定位卡死而不能转动，便缓慢下降至精密端齿盘的啮合位置，实现精密定位并锁紧。当夹紧力增大到推动弹簧而窜动压缩触点时，电动机立即停转，并向控制计算机发出换刀完成的应答信号，程序继续执行。

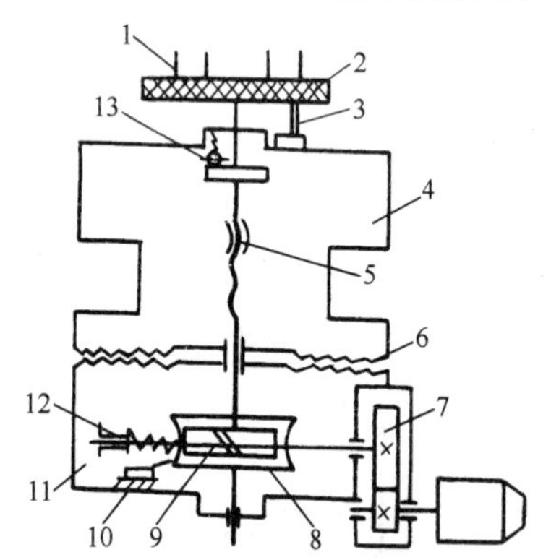

图 6-56 自动回转刀架原理示意图

1—刀位触头 2—胶木板 3—触点 4—刀台 5—螺杆副 6—精密齿盘 7—变速齿轮 8—蜗轮 9—滑套式蜗杆 10—停车开关 11—刀架座 12—压簧 13—粗定位

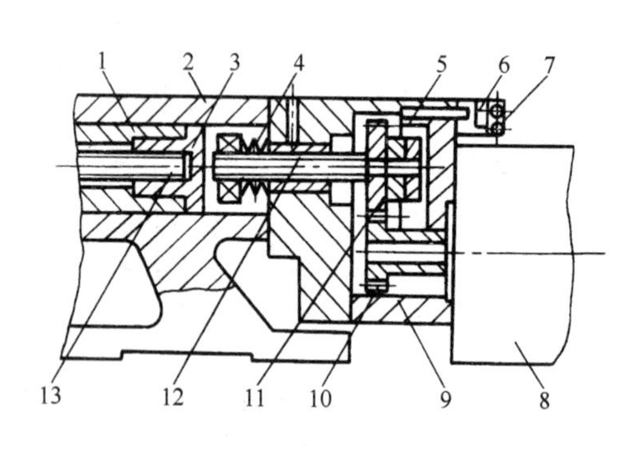

图 6-57 电动尾座

1—轴套 2—原尾架体 3—丝杆螺母 4—蝶形弹簧 5—顶杆 6—微型限位开关 7—调整螺钉 8—电动机 9—减速箱 10—主动齿轮 11—从动齿轮 12—丝杆 13—顶尖推动丝杆

4. 电动尾架

有的数控车床为实现轴类零件的自动化加工，采用了电动尾座装置，图 6-57 所示是一种适用于经济型数控车床的可控力电动尾座。电动机通电转动，通过一对齿轮副减速，带动丝杠转动，再通过装在轴套上的丝杠螺母使轴套前进，并稍稍压缩蝶形弹簧。当顶尖推动丝杠转动，迫使顶尖紧顶工件时，丝杠以及螺母不能前进，这样就迫使丝杠后退，压缩蝶形弹簧并使从动齿轮后退。从动齿轮后退时压下顶杆，顶杆又压下微动开关，切断电动机的电源，至此顶紧操作完成。顶尖后退时，利用一个微型限位开关进行限位控制，电动机控制电路除要有正反转点动控制外，还需要接向控制计算机的开关。

三、数控机床计算机控制系统硬件

数控机床微机系统有两种基本形式，即经济型和全功能型。所谓经济型系统是用一个计算机系统作主控单元，伺服系统大都为功率步进电动机，采用开环控制系统，步进脉冲当量为 0.01～0.005mm/脉冲，机床快速移动速度为 5～8m/min，传动精度较低，功能也较为简单。全功能型的系统用 2～4 个计算机系统进行控制，各 CPU 之间采用标准总线接口，或者采用中断方式通讯。在主控计算机的管理下，各计算机之间分别进行指令识别、插补运算、文本及图形显示、控制信号的输入输出等。伺服系统一般采用交流或直流电动机伺服驱动的闭环或半闭环控制，这种形式可方便地控制进给速度和主轴转速。机床最快移动速度为 8～24m/min，步进脉冲当量为 0.01～0.001mm/脉冲，控制的轴数多达 20～24 个，因而广泛用于精密数控车床、铣床、加工中心等精度要求高、加工工序复杂的场合。

1. 单片机系统

早期的经济型数控系统多采用功能简单的 Z80 单板机控制。近年来，多采用单片机为核心，做成专用的数控系统，图 6-58 所示为一种经济数控系统的硬

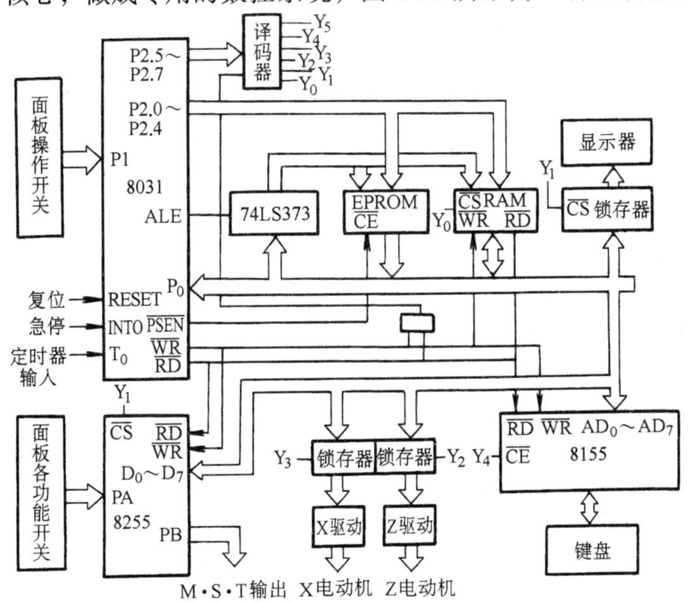

图 6-58　经济型数控系统的硬件框图

件框图，适用于普通车床的数控系统。

图 6-58 中键盘用于手工输入零件的加工程序，显示器用于显示输入的指令和加工状态，8031 对加工程序进行指令识别和运算处理后，向锁存器 Y_2、Y_3 输出进给脉冲，经 X、Y 驱动模块伺服放大后，驱动 X 轴、Z 轴步进电动机，产生进给运动；8255 的 PB 口输出控制信号 M.S.T。其中 M 为辅助功能，主要是主电动机、冷却电动机的启/停控制信号；S 为主轴调速控制信号；T 为转刀架的转位换刀控制信号。

1）存储器扩展电路，存储器扩展电路如图 6-59 所示，EPROM 用于存储控制程序，RAM 用于存储加工程序。为了保证 RAM 在掉电时加工数据不丢失，电路中还设计了掉电保护电路。

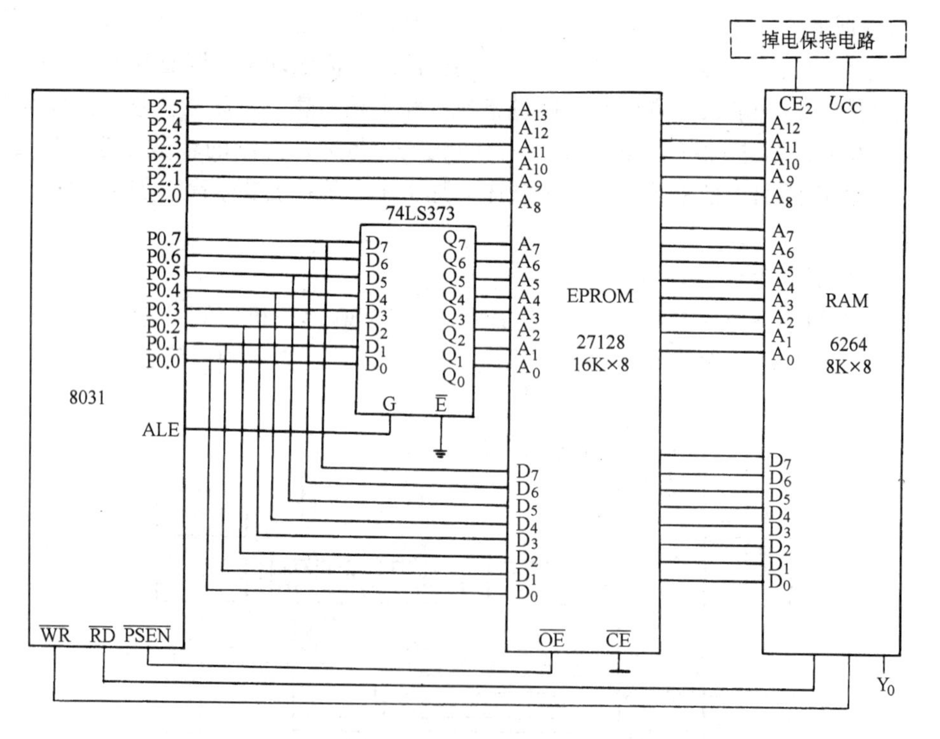

图 6-59　系统的存储器

2）面板操作键和功能选择开关，面板操作键与 8031 的 P1 口接口电路如图 6-60 所示。图中 $SB_1 \sim SB_4$ 为手动操作进给键，分别完成人工操作的 ± X，± Y 的进给。运行时按下此键，可中断程序的运行。SA_1 是一个两位开关，用于单段/连续控制，置于“单段”位置时，每运行一个程序段就暂停，只有按下启动键，才继续运行下一个程序段。单段工作方式一般用于检查输入的加工程序。SA_1 置于“连续”位置时，程序将连续执行。

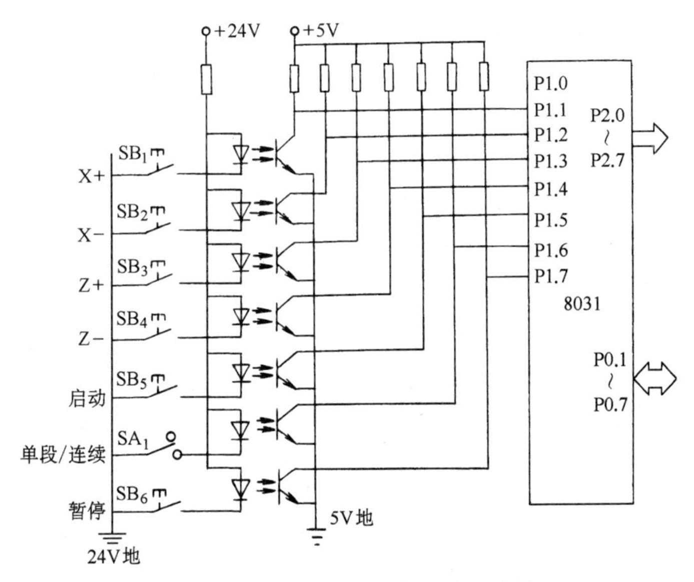

图 6-60 P1 口与面板操作开关的连接

功能选择开关 SA_2 为一个单刀 8 掷波段开关，它与系统的 8255 的 PA 口相连，如图 6-61 所示，用于编辑、空运行、自动、回零、手动、通讯等功能的选择。

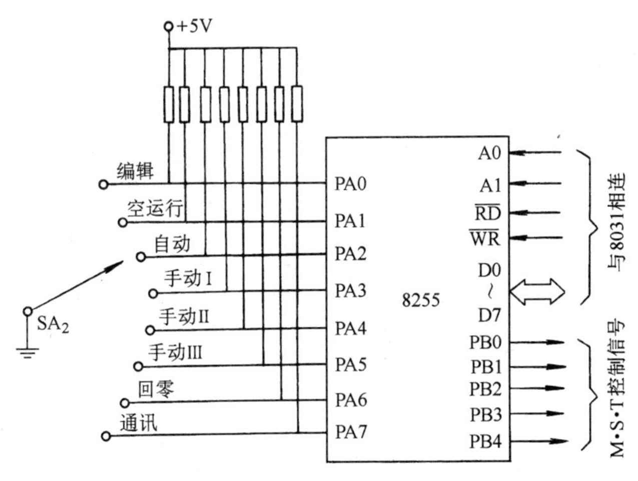

图 6-61 功能选择开关的接线图

编辑方式 用于加工程序的输入、检索、修改、插入和删除等操作。

空运行方式 启动加工程序后，只执行加工指令，对 M.S.T 指令则跳过不执行，而且刀具以设定的速度运行。这种方式主要用于检查加工程序，而不用于加工。

自动方式 只有在这个方式下，才可以按启动键实行加工。在编辑状态下输入程序并经检查无误后，将 SA_2 置自动方式，再按下启动键，认定当前刀具为起点位置，开始执行加工程序。

手动方式　用于加工前对刀调整或进行简单加工。该方式有Ⅰ、Ⅱ、Ⅲ共 3 种选择，分别对应于不同的进给速度。

回零方式　使刀架沿 X 轴、Z 轴回到机械零点。

通讯方式　该方式中包括系统与盒式磁带机、打印机及上位机的数据通讯、转存等操作。

3）M.S.T 接口　M.S.T 信号有两个特点，一是信号功率较大，微机输出的信号要进行放大后才能使用；二是信号控制的都是 220V 或 380V 强电开关器件，因此必须采用严格的电气隔离措施，如图 6-62 所示，由 8255PB 口输出控制信号，先经过一次光隔离，经译码放大后，由中间继电器 KA 再次隔离，因此该接口电路具有较强的抗干扰能力。

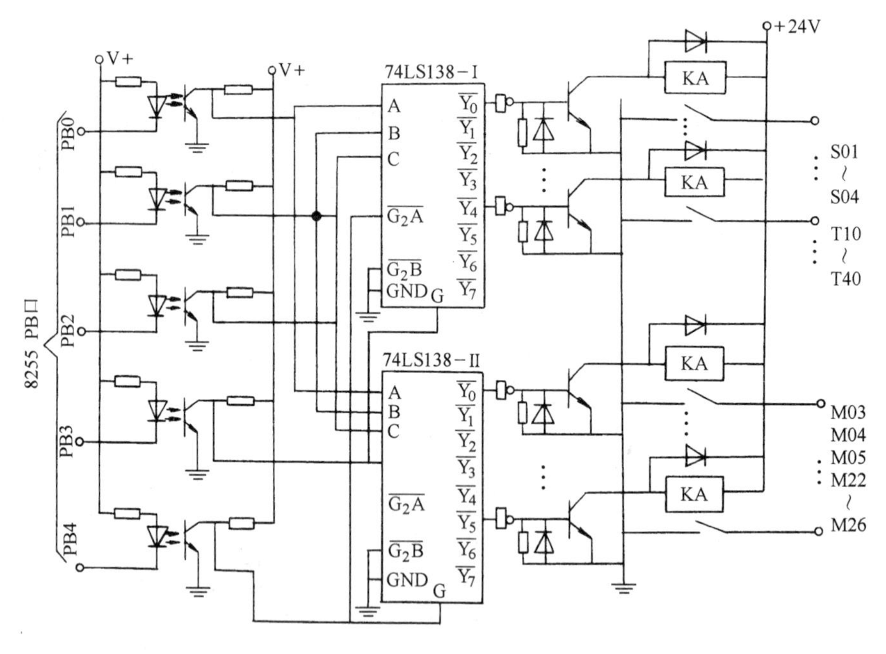

图 6-62　强电接口电路

8255PB 口定义为基本输出方式，从 PB0～PB4 输出的 5 个信号经光电耦合后，送至 3～8 译码器，其中 PB0～PB2 为译码地址信号，PB3、PB4 为译码器片选信号。S01～S04 为与调整电动机相连的 4 种主轴调整信号，T10～T40 为 4 种换刀信号。

M03～M26 为 8 个辅助功能信号，其中 M03 用于启动主轴正转，M04 用于控制主轴反转，M05 使主轴停止。M22～M26 是用户自用信号，可用于控制冷却电动机的启/停、液压电动机的启/停、第三坐标的启/停或电磁铁动作等。各M.S.T的译码逻辑联系如表6-4所示。

表6-4　M.S.T信号地址对照表

8255PB口					输出信号	8255PB口					输出信号
PB4	PB3	PB2	PB1	PB0		PB4	PB3	PB2	PB1	PB0	
0	1	0	0	0	S01	1	0	0	0	0	M03
0	1	0	0	1	S02	1	0	0	0	1	M04
0	1	0	1	0	S03	1	0	0	1	0	M05
0	1	0	1	1	S04	1	0	0	1	1	M22
0	1	1	0	0	T10	1	0	1	0	0	M23
0	1	1	0	1	T20	1	0	1	0	1	M24
0	1	1	1	0	T30	1	0	1	1	0	M25
0	1	1	1	1	T40	1	0	1	1	1	M26

2.STD总线系统

图6-63所示为一种两坐标的STD数控系统。它由CPU、带掉电保护的RAM、键盘、步进电动机接口、I/O接口、CRT显示接口等6个模板组成。

CPU模块采用Z80A作CPU，晶振频率为4MHz，EPROM容量为32KB，用于存放系统的控制程序。板内的CTC0通道作串行口波特率发生器，CTC2号通道作监控程序的单步操作，板内并行口采用Z80PIO芯片，提供2×8位并行接口。串行口为RS232C标准，用于与上位机的数据通讯。

64K的RAM模块用于存放加工程序，为使掉电后输入的加工程序不被丢失，选用带掉电保护功能的静态RAM模板。

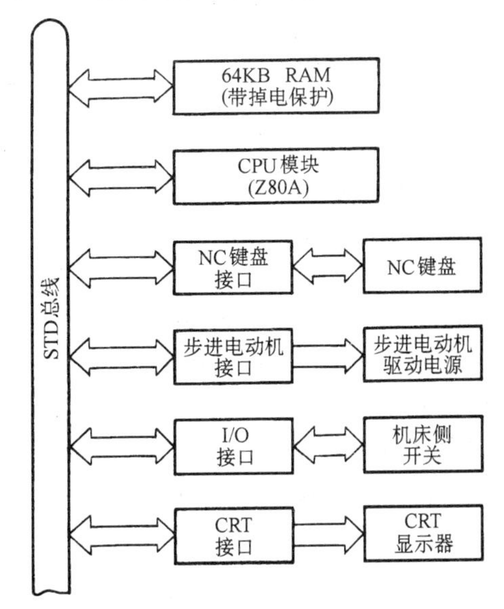

图6-63　STD总线数控系统

两个轴的步进电动机共用一个接口模板，该模板有两组相同结构的电路，包括进给脉冲发生器、脉冲计数器、进给方向控制逻辑和脉冲分配器等。进给脉冲发生器与脉冲计数器由8253定时/计数器芯片实现。8253的0号通道作进给脉冲发生器，进给脉冲频率由装入的时间常数决定。8253的1号通道为脉冲计数器，用来监测是否有脉冲丢失。进给方向逻辑主要用于控制步进电动机的进给方向，脉冲分配器则将进给脉冲依次分配给步进电动机的各相绕组。

I/O模板中的输入通道主要与机床侧的各种开关相连，如限位开关、零点接近开关等；输出通道用于输出M.S.T功能信号，输出信号经锁存器、光电隔离及晶体管放大后，可以驱动24V、200mA以下的继电器、电磁阀等。

CRT模板与普通CRT监视器连接，可实现数控过程的显示及加工程序、加工零件显示。该模板以MC6845CRT控制器为核心，产生CRT所需的行同步、场同步信号，并与STD总线接口。

3．全功能型数控系统的硬件

全功能型数控系统也称标准数控系统，是国际上较流行的数控系统，其构成框图如图6-64所示。

该系统有X、Y、Z三轴控制，其中任意两轴可联动。链式刀库可储40～60把刀具，由换刀机械手自动进行换刀（ATC）。系统配有工作台精密转动控制（TAB），转动角度由数控编程中的第二辅助功能B指定。该系统可完成各种加工工序（如铣、钻、镗、扩和攻丝等）的控制。

系统通过接口接受来自MDI的数据，并在CRT上显示，又可通过RS232C接口读入上位机传来的数控加工程序。操作面板上有各种功能选择开关。从机床和操纵面板上输出的信号，大部分由PLC处理，但也有一部分信号，如紧急停车、超程、返回原点等，可直接输入计算机控制系统。

三轴驱动采用伺服驱动方式，各电动机均加装光电编码器作为位置和速度的检测反馈元件，反馈信号一路输入计算机系统（CNC）作精插补；另一路经F/V变换送入伺服驱动模块中的速度调节器，速度放大部分可配SRC或PWM。

在计算机控制系统（CNC）的控制下，经PLC进行译码可输出12位二进制速度代码，再经D/A转换和电压比较后形成主轴电机转速控制信号，由矢量处理电路得到三种相位相差120°的电流信号，经PWM调制放大后加到三相桥式晶体管电路，使主轴的交流伺服电动机按规定的转速和方向转动，磁放大器为主轴定向之用。

计算机控制系统（CNC）将相应的T、M、B功能送至PLC，经PLC译码识别，发出相应的控制信号，该信号自动切换伺服单元工作状态，即由ATC转换为TAB，或由TAB转换为ATC。刀库和分度台均由直流伺服电动机驱动，通过控制相应的直流伺服电动机，实现自动换刀和工作台的分度。

从上面的介绍中可以看出，除进给插补外，几乎其它所有的工作（S、T、M、B）都离不开PLC，经PLC处理的信号有194个。

四、数控机床的软件构成

数控机床的软件分为系统软件（控制软件）和应用软件（加工软件）两部分。加工软件是描述被加工零件的几何形状、加工顺序、工艺参数的程序，它用

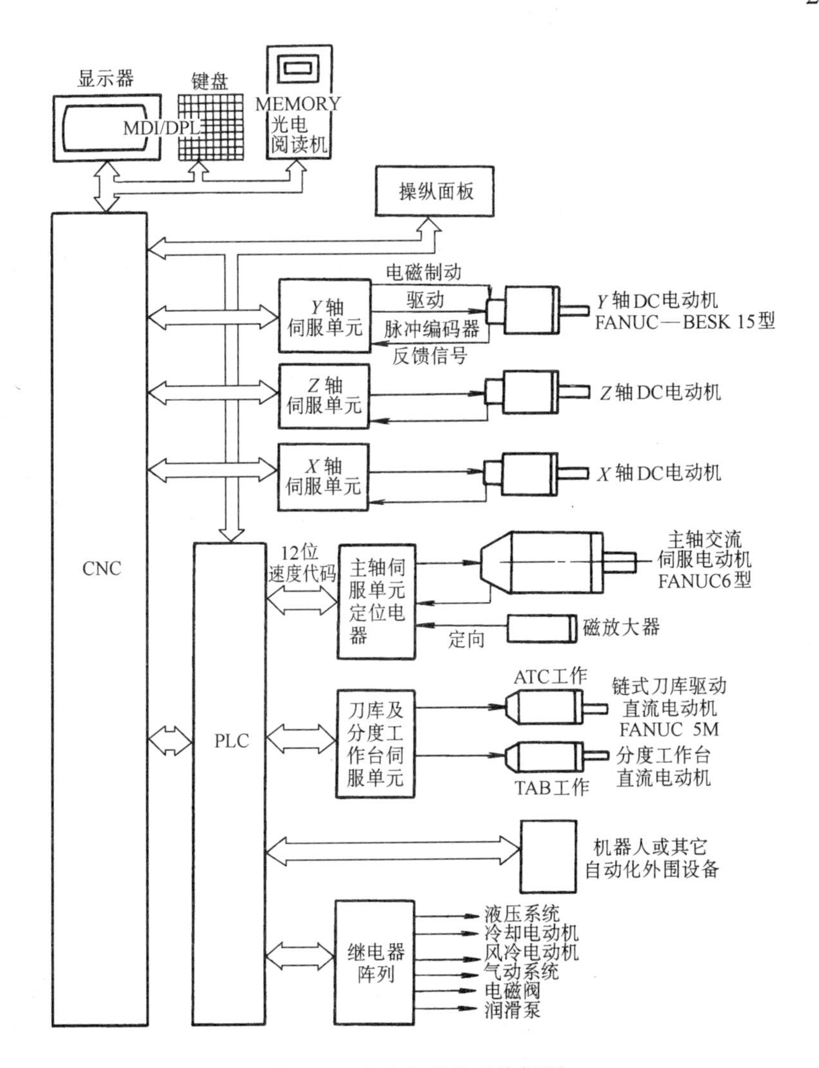

图 6-64　全功能数控系统框图

国际标准的数控编程语言编程，有关数控编程的规范和编程方法，可参阅有关的标准手册及文献资料。

控制软件是为完成机床数控而编制的系统软件，因为各数控系统的功能设置、控制方案、硬件线路均不相同，因此在控制软件的结构和规模上相差很大，但从数控的要求来看，控制软件应包括输入数据预处理、插补运算、速度控制、自诊断和管理程序等模块。

1. 数据输入模块

系统输入的数据主要是零件的加工程序（指令），一般通过键盘输入，也有通过上一级计算机直接传入的（如 CAD/CAM 系统）。系统中所设计的输入管理程序通常采用中断方式。例如，当通过键盘输入加工程序时，每按一次键，键盘就向 CPU 发出一次中断请求，CPU 响应中断后就转入键盘服务程序，对相应的按键命令进行处理。

2. 数据处理模块

输入的零件加工程序是用标准的数控语言编写的 ASCII 字符串，因此需要把输入的数控代码转换成系统能进行运算操作的二进制代码，还要进行必要的单位换算和数控代码的功能识别，以便确定下一步的操作内容。

3. 插补运算模块

数控系统必须按照零件加工程序中提供的数据，如曲线的种类、起点、终点等，按插补原理进行运算，并向各坐标轴发出相应的进给脉冲。进给脉冲通过伺服系统驱动刀具或工作台作相应的运动，完成程序规定的加工。插补运算模块除实现插补各种运算外，还有实时性要求，在数控过程中，往往是一边插补一边加工的，因此插补运算的时间要尽可能的短。

4. 速度控制模块

一条曲线的进给运动往往需要刀具或工作台在规定的时间内走许多步来完成，因此除输出正确的插补脉冲外，为了保证进给运动的精度及平稳性，还应控制进给的速度。在速度变化较大时，要进行自动加减速控制，以避免因速度突变而造成伺服系统的驱动失步。

5. 输出控制模块

输出控制包括：

（1）伺服控制　将插补运算出的进给脉冲转变为有关坐标的进给运动。

（2）误差补偿　当进给脉冲改变方向时，根据机床的精度进行反向间隙补偿处理。

（3）M.S.T 等辅助功能的输出　在加工中，需要启动机床主轴、调整主轴速度和换刀等，因此，软件需要根据控制代码，从相应的硬件输出口输出控制脉冲或电平信号。

6. 管理程序

管理程序负责对数据输入、处理、插补运算等操作，对加工过程中的各程序模块进行调度管理。管理程序还要对面板命令、脉冲信号、故障信号等引起的中断进行中断处理。

7. 诊断程序

系统应对硬件工作状态和电源状况进行监视，在系统初始化过程中还需对硬件的各个资源（如存储器、I/O 口等）进行检测，使系统出现故障时能及时停车并指示故障类型和故障源。

参 考 文 献

1 赵松年，张奇鹏主编．机电一体化机械系统设计．北京：机械工业出版社，1996

2 魏俊民，周砚江主编．机电一体化系统设计．北京：中国纺织出版社，1998

3 梁景凯主编．机电一体化技术与系统．北京：机械工业出版社，1999

4 张建民，唐水源等编著．机电一体化系统设计．第2版．北京：高等教育出版社，2001

5 潘新民，王燕芳编著．微型计算机控制技术．北京：电子工业出版社，2003

6 蒋心怡，吴汉松等编著．计算机控制工程．长沙：国防科技大学出版社，2002

7 赖寿宏主编．微型计算机控制技术．北京：机械工业出版社，1994

8 郑堤，唐可洪主编．机电一体化设计基础．北京：机械工业出版社，1997

9 林述温主编．机电装备设计．北京：机械工业出版社，2002

10 王田苗，丑武胜主编．机电控制基础理论及应用．北京：清华大学出版社，2003

11 胡泓，姚伯威主编．机电一体化原理及应用．北京：国防工业出版社，1999

12 卢金鼎，山静民主编．机电一体化技术．北京：中国轻工业出版社，1996

13 谢存禧，邵明主编．机电一体化生产系统设计．北京：机械工业出版社，1999

14 黄继昌，徐巧鱼等编著．传感器工作原理及应用实例．北京：人民邮电出版社，1998

15 王兆义编著．小型可编程控制器实用技术．北京：机械工业出版社，1997

16 李清新主编．伺服系统与机床电气控制．第2版．北京：机械工业出版社，1999

17 唐光荣，李九龄等编著．微型计算机应用技术（上）．北京：清华大学出版社，2000

18 徐志毅主编．机电一体化实用技术．上海：上海科学技术文献出版社，1995

19 陈隆昌，阎治安等编著．控制电机．第3版．西安：西安电子科技大学出版社，2000

20 张建民主编．机电一体化系统设计．北京：北京理工大学出版社，1996

21 张君安主编．机电一体化系统设计．北京：兵器工业出版社，1997

22 Bradley D A. Mechatronics：Electronics in products and processes. London：Chpman and Hall，1991

23 Dinsdale Hunt V. Mechatronics-Japan’s Newest Threat. New York：Chapman and Hall，1991

24 Westkaemper E，Osten-Sacken D V D. Product Life Cycle Costing Applied to Manufacturing System. Annals of the CIRP，1998，47：353～356

25 Bollingen John G.，Daffie Neil A. Computer Control of Machines and Processes. USA：Addison-wesley Publishing Company，1988

26 George R. Human-Computer Interaction and Complex System. Saddle River：Harcount Brace Jovanovich Pub，1991